精品课程配套教材

21世纪应用型人才培养“十四五”规划教材

“双创”型人才培养优秀教材

高等数学

（下）

主编　彭春晓　邓　敏　宋英平

内 容 简 介

本教材内容包括向量代数与空间解析几何、多元函数微分法及其应用、重积分、曲线积分与曲面积分、无穷级数和常微分方程等。每章配有适量课后习题，书末配有阶段性综合练习题，题型丰富，难度由浅入深。部分习题选用了近几年的研究生入学考试试题。

本书既可作为高等学校工科专业本科生的教材，也可兼作文科专业本科生和专科生的教材，还可作为其他专业高等数学课程的参考书。

图书在版编目(CIP)数据

高等数学.下 / 彭春晓，邓敏，宋英平主编. — 北京：北京航空航天大学出版社，2021.7

ISBN 978-7-5124-3574-2

Ⅰ. ①高… Ⅱ. ①彭…②邓… ③宋… Ⅲ. ①高等数学-高等学校-教材 Ⅳ. ①O13

中国版本图书馆 CIP 数据核字(2021)第 150323 号

高等数学(下)

主编 彭春晓 邓 敏 宋英平

策划编辑 刘 伟 责任编辑 宋淑娟

*

北京航空航天大学出版社出版发行

北京市海淀区学院路 37 号(邮编 100191) http://www.buaapress.com.cn

发行部电话：(010)82317024 传真：(010)82328026

读者信箱：goodtextbook@126.com 邮购电话：(010)82316936

北京俊林印刷有限公司印装 各地书店经销

*

开本：787×1 092 1/16 印张：13 字数：333 千字

2021 年 8 月第 1 版 2021 年 8 月第 1 次印刷 印数：5 000 册

ISBN 978-7-5124-3574-2 定价：39.80 元

高等数学（下）编委会

主　编：彭春晓　邓　敏　宋英平

副主编：李亚楠　柳雪飞　猫良泽

前　　言

这本《高等数学》教材是以教育部《高等数学课程教学基本要求》为标准集体编写的。编撰此教材的宗旨是：提高学生自身的数学素质，帮助学生掌握数学的思想方法，培养学生应用数学理论于实践的创新能力。

在编写中，本教材充分吸收了多年来的教学实践和教学改革成果，在保留传统教材优点的基础上，对教材的内容和体系进行了适当的调整和优化，力求教材结构严谨、层次清晰、内容精炼和理论体系完备。本书配置了充分且典型的例题和适量的习题，题型丰富，难度由浅入深，便于学生在学习过程中掌握和理解知识点。

本教材的编写除了把强化数学概念和提高数学素质作为重点之外，也注重培养学生对数学知识的应用能力。在理论应用上，精选了很多微积分的应用性例题和习题，其中涉及科学领域、经济管理和日常生活等诸多方面，使得本教材更加适合大学各专业的学习需要。

本教材分为上、下两册，上册内容包括极限与连续、导数与微分、微分中值定理与导数的应用、不定积分、定积分及其应用等；下册内容包括向量代数与空间解析几何、多元函数微分法及其应用、重积分、曲线积分与曲面积分、无穷级数和常微分方程等。每章都配备了适量的习题，上、下册书末都提供了阶段性综合练习题。为了满足学生的考研需要，书中还有限选用了若干考研试题。

本书既可以作为高等学校工科专业学生的教材，也可兼作文科专业学生的教材，还可以作为其他专业高等数学课程的参考书。在使用本教材时，可根据工科专业和文科专业自身课程的特点以及课时安排的实际情况，对本教材中的某些章节做适度删减和选择。如：对于工科专业的学生，可略去第 3 章中的“导数在经济学中的应用”和第 6 章中的“定积分在经济学中的应用”等章节内容；对于文科专业的学生，可略去第 6 章中的“定积分在物理学中的应用”和第 9 章中的“三重积分的计算”以及第 10 章中的“曲线积分与曲面积分”等章节内容。另外，书中有部分内容加了 * 号标注，教师可以根据不同专业的教学要求，灵活选择确定是否将其加入授课内容。

在本书编撰过程中，一直得到了武汉大学数学与统计学院极富教学经验的同行们的支持，他们不仅对全部书稿提出了许多宝贵意见和建议，最终还由万仲平教授和刘丁酉教授对全书内容做了系统、细致的审阅，在此一并隆重鸣谢！同时，由于本书所参阅的国内外相关教材和文献纷杂繁多，故未能详尽列出，敬请作者谅解并对他们表示由衷谢意！最后，对关心和支持本书出版的同仁和老师们也表示真诚的感谢！

本书虽经反复推敲修改，但由于编者水平有限，书中仍难免有瑕疵甚至不妥之处，敬望读者不吝指正，以待日后再版时使之日臻完善。

编　者

CONTENTS

目 录

第 7 章

向量代数与空间解析几何

空间解析几何是用代数方法研究空间几何图形的学科.正像平面解析几何的知识对学习一元函数微积分是不可缺少的一样,空间解析几何的知识对学习多元函数微积分也是必不可少的.本章先学习向量的基本知识,然后以向量为工具讨论空间解析几何的有关内容.

7.1 向量及其线性运算

7.1.1 向量的概念

在初等数学中,已经简单学习了平面向量和空间向量的概念.

在实际生活中遇到的量通常分为两类:一类是只有大小的量,称为数量;一类是既有大小又有方向的量,例如位移、速度、加速度、力等,这一类的量叫做向量.

在几何上,常用一条有方向的线段,即有向线段来表示向量.有向线段的长度表示向量的大小,有向线段的方向表示向量的方向.以 A 为起点、B 为终点的有向线段所表示的向量记作 $\overrightarrow{AB}$ (图 7.1.1)或用小写黑体字母 $\boldsymbol{a}$,$\boldsymbol{b}$,$\boldsymbol{c}$ 等表示.

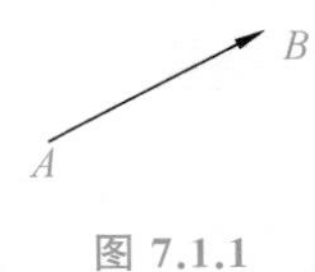

图 7.1.1

在实际问题中,有些向量与起点无关,由于一切向量的共性是都有大小和方向,因此在数学上只研究与起点无关的向量,并称这种向量为自由向量(以后简称向量).由于我们只讨论自由向量,所以两个大小相等、方向相同的向量 $\vec{a}$,$\vec{b}$ 称为相等向量,记作 $\vec{a}=\vec{b}$. 这就是说,经过平移之后能重合的向量是相等的.与向量 $\vec{a}$ 大小相等但方向相反的向量叫做向量 $\vec{a}$ 的负向量(或反向量).向量 $\vec{a}$ 的负向量记作 $-\vec{a}$.

向量的大小叫做向量的模.向量 $\overrightarrow{AB}$,$\vec{a}$ 的模依次记作 $|\overrightarrow{AB}|$,$|\vec{a}|$. 模等于 1 的向量叫做单位向量,模等于 0 的向量叫做零向量,记作 $\vec{0}$.

7.1.2　向量的线性运算

1.向量的加减法

向量的平行四边形法则.

如图 7.1.2 所示，过空间一点 O，作 $\overrightarrow{OA}=\vec{a}$，$\overrightarrow{OB}=\vec{b}$，以 $\overrightarrow{OA}$，$\overrightarrow{OB}$ 为邻边作平行四边形，那么对角线向量 $\overrightarrow{OC}=\vec{c}$ 就表示向量 $\vec{a}$，$\vec{b}$ 的和，记作

$$\vec{c}=\vec{a}+\vec{b}.$$

向量的减法可以定义为

$$\vec{a}-\vec{b}=\vec{a}+(-\vec{b}).$$

如图 7.1.3 所示，向量 $\overrightarrow{BA}$ 就是向量 $\vec{a}$ 减去向量 $\vec{b}$ 的差.

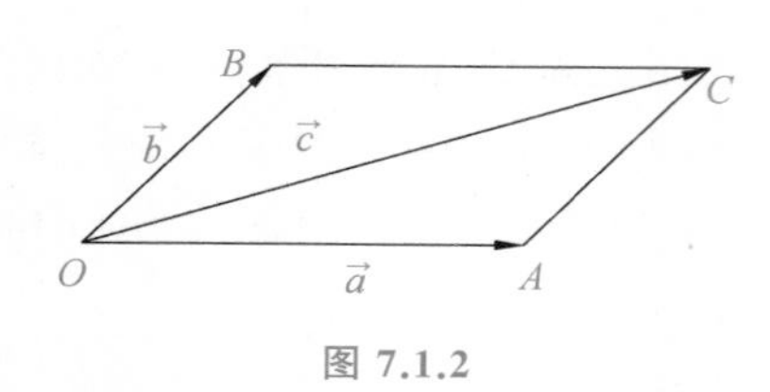

图 7.1.2

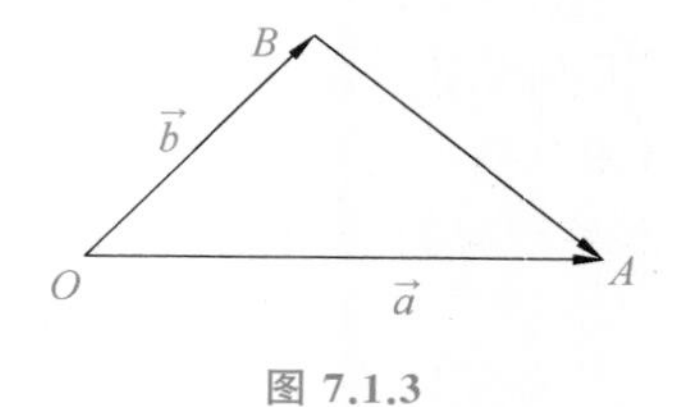

图 7.1.3

例如，在物理学的力学中求合力就用到平行四边形法则.

2.向量与数的乘法

数量 λ 与向量 $\vec{a}$ 的乘积，记作 $\lambda\vec{a}$，规定该向量：它的模为 $|\lambda\vec{a}|=|\lambda|\cdot|\vec{a}|$，当 $\lambda>0$ 时，与 $\vec{a}$ 的方向相同；当 $\lambda<0$ 时，与 $\vec{a}$ 的方向相反；当 $\lambda=0$ 时，$\lambda\vec{a}$ 为零向量，即 $\lambda\vec{a}=\vec{0}$.

向量的加法和向量与数的乘法符合下列运算规律：

(1)交换律：$\vec{a}+\vec{b}=\vec{b}+\vec{a}$.

(2)结合律：$\vec{a}+\vec{b}+\vec{c}=(\vec{a}+\vec{b})+\vec{c}=\vec{a}+(\vec{b}+\vec{c})$；

$\lambda(\mu\vec{a})=(\lambda\mu)\vec{a}=\mu(\lambda\vec{a})$.

(3)分配律：$(\lambda+\mu)\vec{a}=\lambda\vec{a}+\mu\vec{a}$；

$\lambda(\vec{a}+\vec{b})=\lambda\vec{a}+\lambda\vec{b}$.

特别地，$\vec{a}+(-\vec{a})=\vec{0}$.

7.1.3　空间直角坐标系

过空间一定点 O，由三条互相垂直的数轴按右手规则组成一个空间直角坐标系.三个坐标轴的正方向符合右手法则，即以右手握住 z 轴，当右手的四个手指从正向 x 轴以 $\frac{\pi}{2}$ 角度转向正向 y 轴时，大拇指的指向就是 z 轴的正向，如图 7.1.4 所示.

三条坐标轴中任意两条可以确定一个平面，这样定义出的三个平面统称为坐标面. x 轴与 y 轴确定的坐标面叫做 xOy 面，另两个面分别是 xOz 面和 yOz 面.三个坐标面把空间分成八个卦限，其中在 xOy 面上方且在 yOz 面的前方及 xOz 面右方的那个卦限叫做第一卦

限(含有 x,y,z 轴的正半轴的卦限称为第一卦限,而含有 x 轴的负半轴及 y、z 轴的正半轴的卦限称为第二卦限),在 xOy 面的上方,按逆时针方向确定,类似可得其他第三、第四卦限.第五至第八卦限在 xOy 面的下方,由第一卦限之下的第五卦限按逆时针方向确定,这八个卦限分别用字母Ⅰ、Ⅱ、Ⅲ、Ⅳ、Ⅴ、Ⅵ、Ⅶ、Ⅷ表示(图 7.1.5).

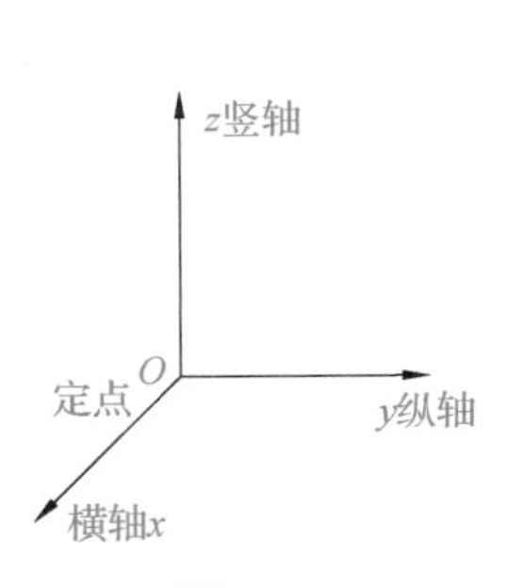

图 7.1.4

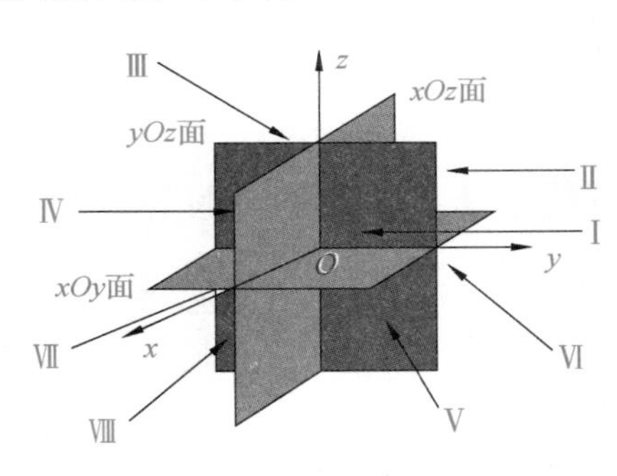

图 7.1.5

有了空间直角坐标系,就可以建立空间上的点与有序数组之间的一一对应关系.设 M 为空间一点,过点 M 作三个平面分别垂直于 x 轴、y 轴和 z 轴,并与三个坐标轴分别交于点 P,Q,R (图 7.1.6).设这三点在 x 轴、y 轴、z 轴的坐标依次取为x,y,z,从而空间一点 M 就唯一确定了一个有序数组 (x,y,z);反过来,已知一个有序数组 (x,y,z),在 x 轴上取坐标为 x 的点 P,在 y 轴上取坐标为 y 的点 Q,在 z 轴上取坐标为 z 的点 R,然后通过 P,Q,R 分别作垂直于 x 轴、y 轴、z 轴的平面.这三个平面的交点 M 便是有序数组 (x,y,z) 所唯一确定的点.这样,就建立了空间上的点 M 与有序数组 (x,y,z) 之间的一一对应关系.

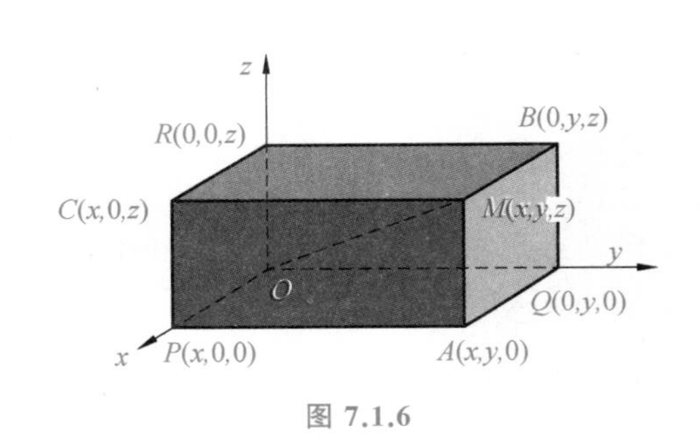

图 7.1.6

因此,称有序数组 (x,y,z) 为点 M 的坐标,称 x,y,z 分别为点 M 的横坐标、纵坐标、竖坐标.坐标原点 O 的坐标为 $(0,0,0)$;坐标轴上的点 P,Q,R 的坐标分别为 $(x,0,0)$、$(0,y,0)$、$(0,0,z)$;坐标面上的点 A,B,C 的坐标分别为 $(x,y,0)$、$(0,y,z)$、$(x,0,z)$.

注意　各坐标面和坐标轴上点的坐标特点,以及落在不同卦限中的点的坐标特点.

例 7.1.1　在空间直角坐标系中,指出下列点在哪个卦限?

$$A(1,3,-1);\quad B(-2,2,-1);\quad C(2,-3,-4);\quad D(-2,-3,-1).$$

解　因为 $A(1,3,-1)$ 的竖坐标 $z=-1$,所以点位于 xOy 面的下方,且因为 $x=1,y=3$,所以位于 x 轴、y 轴的正半轴,故该点在第五卦限;同理可得 $B(-2,2,-1)$ 在第六卦限;$C(2,-3,-4)$ 在第八卦限;$D(-2,-3,-1)$ 在第七卦限.

例 7.1.2　指出下列各点在哪个坐标面上或坐标轴上?

$$A(3,2,0);\quad B(3,0,0);\quad C(0,4,3);\quad D(0,-1,0).$$

解　因为 $A(3,2,0)$ 的竖坐标 $z=0$,所以点在 xOy 面上;因为 $B(3,0,0)$ 的纵坐标、竖

坐标分别为 $y=0,z=0$，横坐标 $x>0$，所以点在 x 轴正半轴上；同理可得，$C(0,4,3)$ 在 yOz 面上，$D(0,-1,0)$ 在 y 轴负半轴上.

7.2 向量的坐标

7.2.1 向量在轴上的投影与投影定理

设有一轴 u，$\overrightarrow{AB}$ 是轴 u 上的有向线段(图 7.2.1).如果数 λ 满足 $|\lambda|=|\overrightarrow{AB}|$，且当 $\overrightarrow{AB}$ 与 u 轴同向时 λ 是正的，当 $\overrightarrow{AB}$ 与 u 轴反向时 λ 是负的，那么 λ 叫做轴 u 上有向线段 $\overrightarrow{AB}$ 的值，记作 AB，即 $\lambda=AB$.

设 $\vec{e}$ 是与 u 轴同向的单位向量，则 $\overrightarrow{AB}=\lambda\vec{e}$.

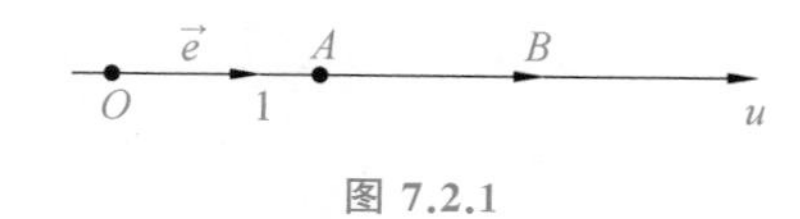

图 7.2.1

例 7.2.1　在 u 轴上取定一点 O 作为坐标原点，设 A,B 是 u 轴上坐标依次为 u_1,u_2 的两个点(图 7.2.2)，$\vec{e}$ 是与 u 轴同方向的单位向量，证明：$\overrightarrow{AB}=(u_2-u_1)\vec{e}$.

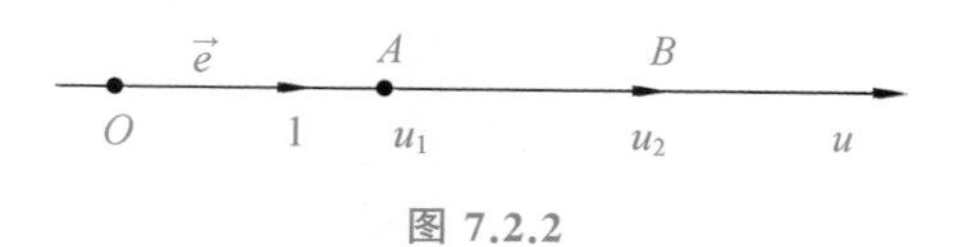

图 7.2.2

证　因为 $OA=u_1$，故 $\overrightarrow{OA}=u_1\vec{e}$；同理，$\overrightarrow{OB}=u_2\vec{e}$. 于是由向量的减法，得

$$\overrightarrow{AB}=\overrightarrow{OB}-\overrightarrow{OA}=u_2\vec{e}-u_1\vec{e}=(u_2-u_1)\vec{e}.$$

1.空间两向量的夹角

首先引入空间两向量夹角的概念.设有两个非零向量 $\vec{a},\vec{b}$，规定不超过 π 的角 φ 称为向量 $\vec{a}$ 与 $\vec{b}$ 的夹角(图 7.2.3)，记作 $\langle\vec{a},\vec{b}\rangle$ 或 $\langle\vec{b},\vec{a}\rangle$，即 $\langle\vec{a},\vec{b}\rangle=\varphi$. 如果向量 $\vec{a},\vec{b}$ 中有一个是零向量，则规定它们的夹角可以在 0 到 π 中任意取值.类似地，可定义向量与一轴或空间两轴的夹角.

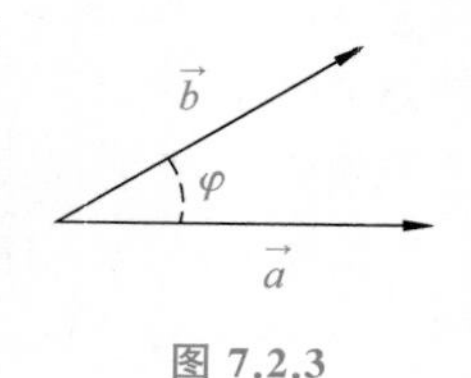

图 7.2.3

2.空间一点在轴上的投影

过点 A 作轴 u 的垂直平面，交点 A' 即为点 A 在轴 u 上的投影(图 7.2.4).

3.空间一向量在轴上的投影

已知向量的起点 A 和终点 B 在轴 u 上的投影分别为 A',B'，那么轴 u 上的有向线段 $\overrightarrow{A'B'}$ 的值称为向量在轴 u 上的投影(图 7.2.5).向量 $\overrightarrow{AB}$ 在轴 u 上的投影记为

$$\text{Prj}_u \overrightarrow{AB}=\begin{cases}|\overrightarrow{A'B'}|, & \overrightarrow{A'B'} \text{ 与 } u \text{ 同向}, \\ -|\overrightarrow{A'B'}|, & \overrightarrow{A'B'} \text{ 与 } u \text{ 反向}.\end{cases}$$

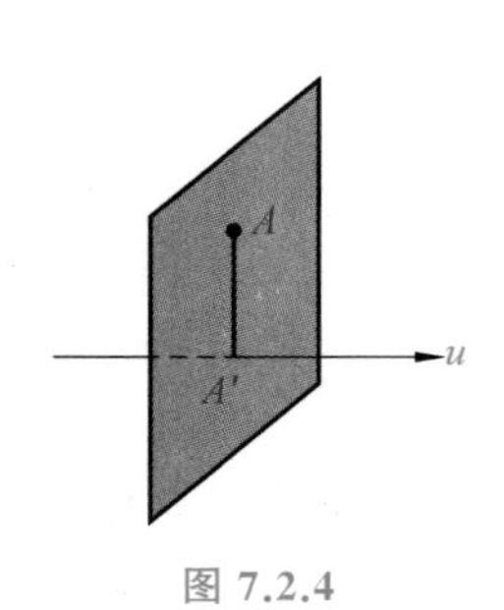

图 7.2.4

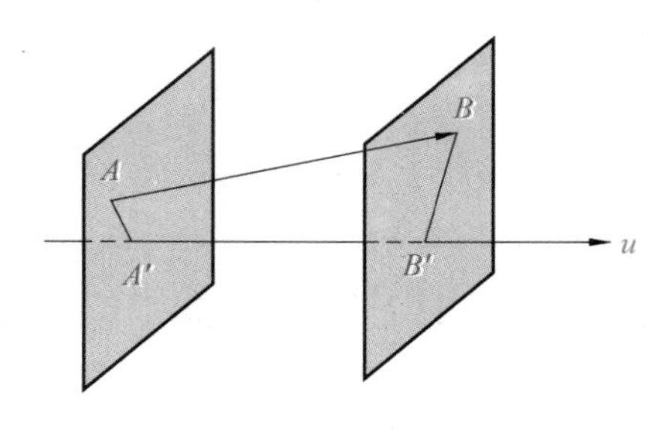

图 7.2.5

定理 7.2.1 向量 $\overrightarrow{AB}$ 在轴 u 上的投影等于向量的模乘以轴与向量的夹角 φ 的余弦，即 $\text{Prj}_u \overrightarrow{AB}=|\overrightarrow{AB}|\cos\varphi$.

证 作平行于轴 u 的轴 u'，轴 u' 与向量 $\overrightarrow{AB}$ 的夹角记为 φ，如图 7.2.6 所示.由题可知，轴 u' 垂直于两平面，故在直角三角形 ABB'' 中，有 $\text{Prj}_u \overrightarrow{AB}=\text{Prj}_{u'} \overrightarrow{AB}=|\overrightarrow{AB}|\cos\varphi$.

注意 ①当 $0\leqslant\varphi<\frac{\pi}{2}$ 时，投影为正；

②当 $\frac{\pi}{2}<\varphi\leqslant\pi$ 时，投影为负；

③当 $\varphi=\frac{\pi}{2}$ 时，投影为零；

④相等向量在同一轴上的投影相等.

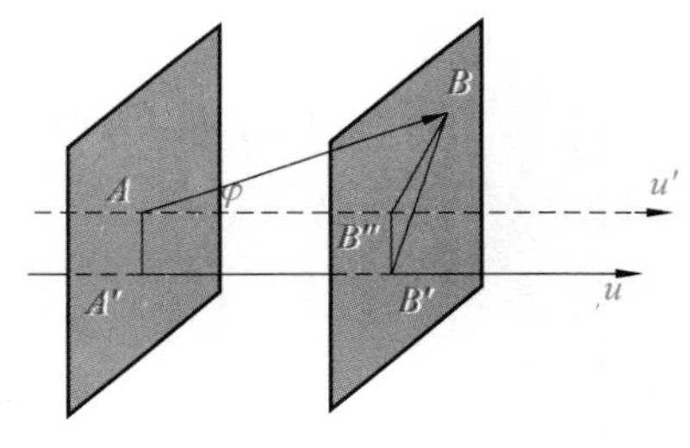

图 7.2.6

定理 7.2.2(图 7.2.7) 两个向量的和在轴上的投影等于两个向量在该轴上的投影之和，即

$$\text{Prj}_u(\vec{a}_1+\vec{a}_2)=\text{Prj}_u\vec{a}_1+\text{Prj}_u\vec{a}_2.$$

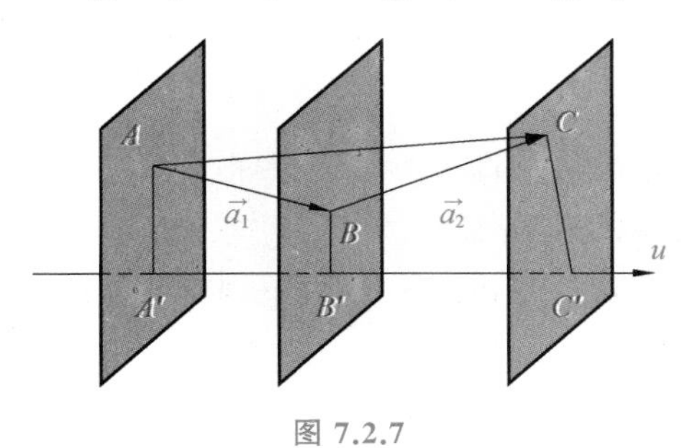

图 7.2.7

定理 7.2.2 可推广到有限多个向量.

7.2.2 向量在坐标轴上的分向量与向量的坐标

设 $\vec{a}=\overrightarrow{M_1M_2}$ 为一向量，u 为一条数轴，点 M_1,M_2 在轴 u 上的投影分别是 P_1,P_2. 又设 P_1,P_2 在轴 u 上的坐标依次为 u_1,u_2(图 7.2.8). 由于

$$\mathrm{Prj}_u\,\overrightarrow{M_1M_2}=a_u,\quad P_1P_2=OP_2-OP_1=u_2-u_1,$$

因此，有 $a_u=u_2-u_1$. 如果 $\vec{e}$ 是与 u 轴正向一致的单位向量，由例 7.2.1 知

$$\overrightarrow{P_1P_2}=a_u\vec{e}=(u_2-u_1)\vec{e}.$$

设 $\vec{a}$ 是以 $M_1(x_1,y_1,z_1)$ 为起点、$M_2(x_2,y_2,z_2)$ 为终点的向量，过 M_1,M_2 各作垂直于三个坐标轴的平面，这六个平面围成一个以线段 M_1M_2 为对角线的长方体，以 $\vec{i},\vec{j},\vec{k}$ 分别表示沿 x,y,z 轴正向的单位向量.如图 7.2.9 所示，有

$$\vec{a}=a_x\vec{i}+a_y\vec{j}+a_z\vec{k},$$

上式称为向量 $\vec{a}$ 的坐标分解式，其中，a_x,a_y,a_z 称为向量 $\vec{a}$ 的坐标；$a_x\vec{i},a_y\vec{j},a_z\vec{k}$ 称为向量 $\vec{a}$ 沿三个坐标轴方向的分向量.

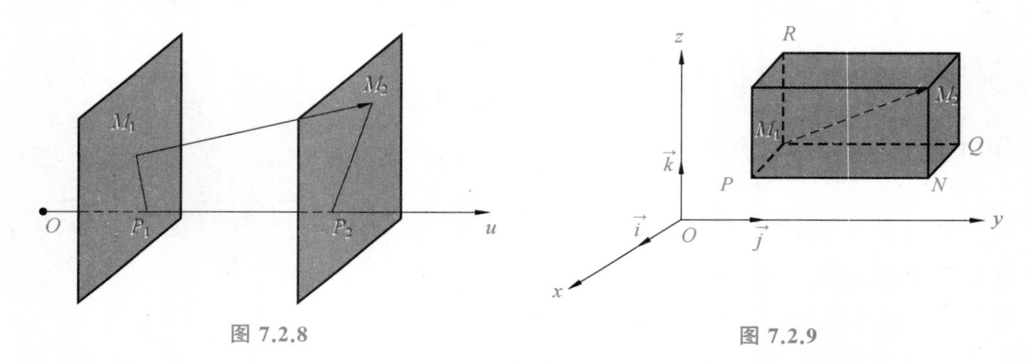

图 7.2.8　　　　图 7.2.9

由向量在轴上的投影知，a_x,a_y,a_z 分别表示 x,y,z 坐标轴上的投影，即

$$a_x=\mathrm{Prj}_x\vec{a},\quad a_y=\mathrm{Prj}_y\vec{a},\quad a_z=\mathrm{Prj}_z\vec{a}.$$

因为

$$a_x=x_2-x_1,\quad a_y=y_2-y_1,\quad a_z=z_2-z_1,$$

所以向量 $\vec{a}$ 按基本单位向量的坐标分解式为

$$\overrightarrow{M_1M_2}=(x_2-x_1)\vec{i}+(y_2-y_1)\vec{j}+(z_2-z_1)\vec{k},$$

记 $\overrightarrow{M_1M_2}=\{a_x,a_y,a_z\}=\{x_2-x_1,y_2-y_1,z_2-z_1\}$，称为向量的坐标表达式.这表明:空间任意向量的坐标等于其终点和起点相应坐标之差.

特别地，对空间任一点 M，有 $\overrightarrow{OM}=\{x,y,z\}$.

下面利用向量的坐标表达式，给出向量的加减法及向量与数的乘法运算的表达式.

设 $\vec{a}=\{a_x,a_y,a_z\}$，$\vec{b}=\{b_x,b_y,b_z\}$，则有

(1) $\vec{a}+\vec{b}=\{a_x+b_x,a_y+b_y,a_z+b_z\}$

$\quad=(a_x+b_x)\vec{i}+(a_y+b_y)\vec{j}+(a_z+b_z)\vec{k}$;

(2) $\vec{a}-\vec{b}=\{a_x-b_x, a_y-b_y, a_z-b_z\}$
$=(a_x-b_x)\vec{i}+(a_y-b_y)\vec{j}+(a_z-b_z)\vec{k}$；

(3) $\lambda\vec{a}=\{\lambda a_x, \lambda a_y, \lambda a_z\}$
$=(\lambda a_x)\vec{i}+(\lambda a_y)\vec{j}+(\lambda a_z)\vec{k}$.

由此可见，对向量进行和、差及数乘运算，只需对其坐标做相应的运算即可.

例 7.2.2　设 $A(x_1,y_1,z_1)$ 和 $B(x_2,y_2,z_2)$ 为两个已知点，而在 AB 直线上的点 M 将有向线段 $\overrightarrow{AB}$ 分为两部分 $\overrightarrow{AM}$、$\overrightarrow{MB}$，使它们的值之比等于某数 $\lambda(\lambda\neq-1)$，即 $\frac{AM}{MB}=\lambda$，求分点的坐标.

解　如图 7.2.10 所示，设 $M(x,y,z)$ 为直线上的点.

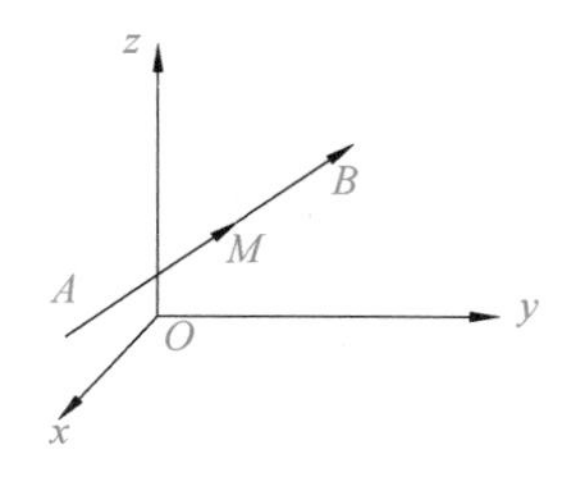

图 7.2.10

由于

$$\overrightarrow{AM}=\overrightarrow{OM}-\overrightarrow{OA}=\{x-x_1, y-y_1, z-z_1\},$$
$$\overrightarrow{MB}=\overrightarrow{OB}-\overrightarrow{OM}=\{x_2-x, y_2-y, z_2-z\},$$

由题意知，$\overrightarrow{AM}=\lambda\,\overrightarrow{MB}$，即

$$\{x-x_1, y-y_1, z-z_1\}=\lambda\{x_2-x, y_2-y, z_2-z\}.$$

由 $x-x_1=\lambda(x_2-x)$，解得 $x=\dfrac{x_1+\lambda x_2}{1+\lambda}$；

由 $y-y_1=\lambda(y_2-y)$，解得 $y=\dfrac{y_1+\lambda y_2}{1+\lambda}$；

由 $z-z_1=\lambda(z_2-z)$，解得 $z=\dfrac{z_1+\lambda z_2}{1+\lambda}$.

称本例中的点 M 为有向线段 $\overrightarrow{AB}$ 的 λ 分点.特别地，当 M 为中点时，有

$$x=\frac{x_1+x_2}{2},\quad y=\frac{y_1+y_2}{2},\quad z=\frac{z_1+z_2}{2}.$$

7.2.3　向量的模与方向余弦的坐标表示式

设非零向量 $\vec{a}=\overrightarrow{M_1M_2}$ 与三条坐标轴的夹角分别为 α,β,γ，由于它们可以唯一确定向量的方向，因此称之为向量 $\vec{a}$ 的方向角(图 7.2.11)，并规定 $0\leqslant\alpha\leqslant\pi, 0\leqslant\beta\leqslant\pi, 0\leqslant\gamma\leqslant\pi$.

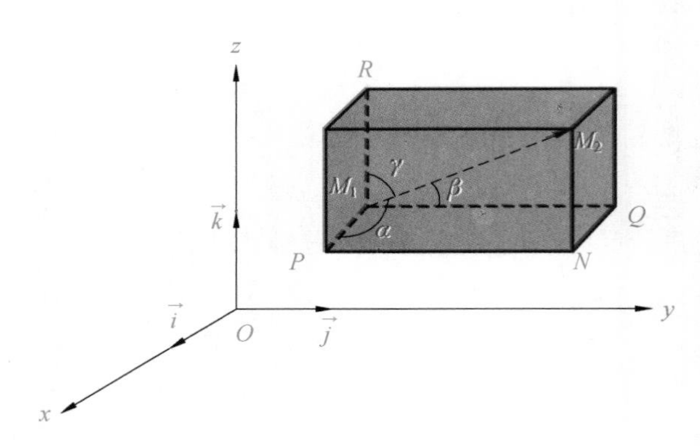

图 7.2.11

由图 7.2.11 可知，$a_x=|\vec{a}|\cos\alpha, a_y=|\vec{a}|\cos\beta, a_z=|\vec{a}|\cos\gamma$，从而

$$\cos\alpha=\frac{a_x}{|\vec{a}|},\quad \cos\beta=\frac{a_y}{|\vec{a}|},\quad \cos\gamma=\frac{a_z}{|\vec{a}|}.$$

其中 $\cos\alpha,\cos\beta,\cos\gamma$ 称为向量 $\vec{a}$ 的方向余弦.

由勾股定理可得

$$|\overrightarrow{M_1M_2}|=\sqrt{|M_1P|^2+|M_1Q|^2+|M_1R|^2},$$

其中 $|\overrightarrow{M_1P}|=a_x, |\overrightarrow{M_1Q}|=a_y, |\overrightarrow{M_1R}|=a_z$，于是得向量模的坐标表达式为

$$|\vec{a}|=\sqrt{a_x^2+a_y^2+a_z^2},$$

或

$$|\vec{a}|=|\overrightarrow{M_1M_2}|=\sqrt{(x_2-x_1)^2+(y_2-y_1)^2+(z_2-z_1)^2}, \tag{7.2.1}$$

式(7.2.1)称为空间两点间的距离公式.

特别地，若两点分别为 $M(x,y,z), O(0,0,0)$，则 $d=|OM|=\sqrt{x^2+y^2+z^2}$.

进而得如下向量方向余弦的坐标表达式：

当 $\sqrt{{a_x}^2+{a_y}^2+{a_z}^2}\neq 0$ 时，

$$\cos\alpha=\frac{a_x}{\sqrt{{a_x}^2+{a_y}^2+{a_z}^2}},$$

$$\cos\beta=\frac{a_y}{\sqrt{{a_x}^2+{a_y}^2+{a_z}^2}},$$

$$\cos\gamma=\frac{a_z}{\sqrt{{a_x}^2+{a_y}^2+{a_z}^2}},$$

并有 $\cos^2\alpha+\cos^2\beta+\cos^2\gamma=1$.

特别地，非零向量的单位向量为 $\vec{a}^0=\frac{\vec{a}}{|\vec{a}|}=\{\cos\alpha,\cos\beta,\cos\gamma\}$，这是非零向量的单位向量与其方向余弦间的重要关系.

例 7.2.3 已知 $\vec{a}=6\vec{i}+7\vec{j}-6\vec{k}$,求 $\vec{a}$ 的模、与 $\vec{a}$ 同方向的单位向量和方向余弦.

解 由向量模的计算公式,得

$$|\vec{a}|=\sqrt{6^2+7^2+(-6)^2}=11,$$

又由单位向量的定义知

$$\vec{a}^0=\frac{\vec{a}}{|\vec{a}|}=\frac{6}{11}\vec{i}+\frac{7}{11}\vec{j}-\frac{6}{11}\vec{k},$$

则由单位向量与方向余弦的关系,得

$$\cos\alpha=\frac{6}{11},\quad \cos\beta=\frac{7}{11},\quad \cos\gamma=-\frac{6}{11}.$$

例 7.2.4 设 $\vec{m}=3\vec{i}+5\vec{j}+8\vec{k}$,$\vec{n}=2\vec{i}-4\vec{j}-7\vec{k}$,$\vec{p}=5\vec{i}+\vec{j}-4\vec{k}$,求向量 $\vec{a}=4\vec{m}+3\vec{n}-\vec{p}$ 在 x 轴上的投影及在 y 轴上的分向量.

解 因为

$$\begin{aligned}\vec{a}&=4\vec{m}+3\vec{n}-\vec{p}\\&=4(3\vec{i}+5\vec{j}+8\vec{k})+3(2\vec{i}-4\vec{j}-7\vec{k})-(5\vec{i}+\vec{j}-4\vec{k})\\&=13\vec{i}+7\vec{j}+15\vec{k},\end{aligned}$$

所以在 x 轴上的投影为 $a_x=13$,在 y 轴上的分向量为 $7\vec{j}$.

例 7.2.5 求证以 $M_1(4,3,1)$,$M_2(7,1,2)$,$M_3(5,2,3)$ 三点为顶点的三角形是一个等腰三角形.

证 由空间两点间的距离公式得

$$|\overrightarrow{M_1M_2}|^2=(7-4)^2+(1-3)^2+(2-1)^2=14,$$
$$|\overrightarrow{M_2M_3}|^2=(5-7)^2+(2-1)^2+(3-2)^2=6,$$
$$|\overrightarrow{M_3M_1}|^2=(4-5)^2+(3-2)^2+(1-3)^2=6,$$

故 $|\overrightarrow{M_2M_3}|=|\overrightarrow{M_3M_1}|$,原结论成立.

例 7.2.6 设向量 $\vec{a}$ 的方向余弦 $\cos\alpha=\frac{1}{3}$,$\cos\beta=\frac{2}{3}$,且 $|\vec{a}|=3$,求 $\vec{a}$.

解 由 $\cos^2\alpha+\cos^2\beta+\cos^2\gamma=1$ 得

$$\cos^2\gamma=1-\cos^2\alpha-\cos^2\beta=1-\frac{1}{9}-\frac{4}{9}=\frac{4}{9},$$

所以 $\cos\gamma=\pm\frac{2}{3}$.设向量 $\vec{a}$ 的坐标为 $\{x,y,z\}$,由于

$$x=|\vec{a}|\cos\alpha=3\times\frac{1}{3}=1,$$

$$y=|\vec{a}|\cos\beta=3\times\frac{2}{3}=2,$$

$$z=|\vec{a}|\cos\gamma=3\times\left(\pm\frac{2}{3}\right)=\pm2,$$

故所求向量 $\vec{a}=\{1,2,2\}$ 或 $\vec{a}=\{1,2,-2\}$.

7.3 向量的数量积与向量积

7.3.1 两向量的数量积

引例 设一物体在常力 $\vec{F}$ 作用下沿直线从点 M_1 移动到点 M_2，以 $\vec{s}$ 表示位移，由物理学知道，力 $\vec{F}$ 所做的功为

$$W=|\vec{F}||\vec{s}|\cos\theta \quad (\text{其中 } \theta \text{ 为 } \vec{F} \text{ 与 } \vec{s} \text{ 的夹角}),$$

由此可以看到，两向量做如上的运算，结果是一个数量.对于这种运算，给出下列定义.

定义 7.3.1 两向量 $\vec{a}$ 与 $\vec{b}$ 的模及与它们夹角余弦的乘积，称为向量 $\vec{a}$ 与 $\vec{b}$ 的数量积，记作 $\vec{a}\cdot\vec{b}$，即

$$\vec{a}\cdot\vec{b}=|\vec{a}||\vec{b}|\cos\theta \quad (\text{其中 } \theta \text{ 为 } \vec{a} \text{ 与 } \vec{b} \text{ 的夹角}).$$

这表明：两向量间经过数量积的运算，得到的是一个数量.

根据定义 7.3.1，引例中力所做的功 W 是力 $\vec{F}$ 与位移 $\vec{s}$ 的数量积，即 $W=\vec{F}\cdot\vec{s}$. 引入向量投影，有

$$|\vec{b}|\cos\theta=\mathrm{Prj}_{\vec{a}}\vec{b},\quad |\vec{a}|\cos\theta=\mathrm{Prj}_{\vec{b}}\vec{a},$$

$$\vec{a}\cdot\vec{b}=|\vec{b}|\mathrm{Prj}_{\vec{b}}\vec{a}=|\vec{a}|\mathrm{Prj}_{\vec{a}}\vec{b}.$$

这表明：两向量的数量积等于其中一个向量的模与另一个向量在该向量方向上投影的乘积.数量积也称为“点积”“内积”.

由数量积的定义可推出：

(1) $\vec{a}\cdot\vec{a}=|\vec{a}|^2$.

证 因为 $\theta=0$，所以 $\vec{a}\cdot\vec{a}=|\vec{a}||\vec{a}|\cos\theta=|\vec{a}|^2$.

(2) $\vec{a}\cdot\vec{b}=0 \Longleftrightarrow \vec{a}\perp\vec{b}$.

证 ($\Rightarrow$)因为 $\vec{a}\cdot\vec{b}=0$，$|\vec{a}|\neq0$，$|\vec{b}|\neq0$，所以 $\cos\theta=0$，$\theta=\dfrac{\pi}{2}$，即 $\vec{a}\perp\vec{b}$.

($\Leftarrow$)因为 $\vec{a}\perp\vec{b}$，$\theta=\dfrac{\pi}{2}$，所以 $\cos\theta=0$，故 $\vec{a}\cdot\vec{b}=|\vec{a}||\vec{b}|\cos\theta=0$.

数量积符合下列运算规律：

(1)交换律：$\vec{a}\cdot\vec{b}=\vec{b}\cdot\vec{a}$.

(2)分配律：$(\vec{a}+\vec{b})\cdot\vec{c}=\vec{a}\cdot\vec{c}+\vec{b}\cdot\vec{c}$.

(3)若 λ 为数，则 $(\lambda\vec{a})\cdot\vec{b}=\vec{a}\cdot(\lambda\vec{b})=\lambda(\vec{a}\cdot\vec{b})$；

　若 λ、μ 为数，则 $(\lambda\vec{a})\cdot(\mu\vec{b})=\lambda\mu(\vec{a}\cdot\vec{b})$.

下面，推导数量积的坐标表达式.

设 $\vec{a}=a_x\vec{i}+a_y\vec{j}+a_z\vec{k}$，$\vec{b}=b_x\vec{i}+b_y\vec{j}+b_z\vec{k}$，则按数量积的运算法则，得

$$\vec{a}\cdot\vec{b}=(a_x\vec{i}+a_y\vec{j}+a_z\vec{k})\cdot(b_x\vec{i}+b_y\vec{j}+b_z\vec{k})$$
$$=a_xb_x\vec{i}\cdot\vec{i}+a_xb_y\vec{i}\cdot\vec{j}+a_xb_z\vec{i}\cdot\vec{k}+a_yb_x\vec{j}\cdot\vec{i}+a_yb_y\vec{j}\cdot\vec{j}+$$
$$a_yb_z\vec{j}\cdot\vec{k}+a_zb_x\vec{k}\cdot\vec{i}+a_zb_y\vec{k}\cdot\vec{j}+a_zb_z\vec{k}\cdot\vec{k}.$$

因为 $\vec{i}\perp\vec{j}\perp\vec{k}$，所以 $\vec{i}\cdot\vec{j}=\vec{j}\cdot\vec{k}=\vec{k}\cdot\vec{i}=0$；又因为 $|\vec{i}|=|\vec{j}|=|\vec{k}|=1$，所以 $\vec{i}\cdot\vec{i}=\vec{j}\cdot\vec{j}=\vec{k}\cdot\vec{k}=1$，因此得到

$$\vec{a}\cdot\vec{b}=a_xb_x+a_yb_y+a_zb_z. \tag{7.3.1}$$

式(7.3.1)称为数量积的坐标表达式.

当 $\vec{a},\vec{b}$ 是两个非零向量时，由数量积的定义式，有

$$\cos\theta=\frac{\vec{a}\cdot\vec{b}}{|\vec{a}||\vec{b}|}=\frac{a_xb_x+a_yb_y+a_zb_z}{\sqrt{a_x^2+a_y^2+a_z^2}\sqrt{b_x^2+b_y^2+b_z^2}}. \tag{7.3.2}$$

式(7.3.2)就是两向量夹角余弦的坐标表示式.

由此可知，两向量垂直的充分必要条件为

$$\vec{a}\cdot\vec{b}=0\Longleftrightarrow\vec{a}\perp\vec{b}\Longleftrightarrow a_xb_x+a_yb_y+a_zb_z=0.$$

例 7.3.1 已知 $\vec{a}=\{1,1,-4\}$，$\vec{b}=\{1,-2,2\}$，求(1) $\vec{a}\cdot\vec{b}$；(2) $\vec{a}$ 与 $\vec{b}$ 的夹角.

解 (1) $\vec{a}\cdot\vec{b}=1\cdot1+1\cdot(-2)+(-4)\cdot2=-9$.

(2) $\cos\theta=\dfrac{a_xb_x+a_yb_y+a_zb_z}{\sqrt{a_x^2+a_y^2+a_z^2}\sqrt{b_x^2+b_y^2+b_z^2}}=-\dfrac{1}{\sqrt{2}}$，即 $\theta=\dfrac{3\pi}{4}$.

例 7.3.2 证明向量 $\vec{c}$ 与向量 $(\vec{a}\cdot\vec{c})\vec{b}-(\vec{b}\cdot\vec{c})\vec{a}$ 垂直.

证 因为

$$[(\vec{a}\cdot\vec{c})\vec{b}-(\vec{b}\cdot\vec{c})\vec{a}]\cdot\vec{c}=(\vec{a}\cdot\vec{c})\vec{b}\cdot\vec{c}-(\vec{b}\cdot\vec{c})\vec{a}\cdot\vec{c}$$
$$=(\vec{c}\cdot\vec{b})[\vec{a}\cdot\vec{c}-\vec{a}\cdot\vec{c}]$$
$$=0,$$

所以 $[(\vec{a}\cdot\vec{c})\vec{b}-(\vec{b}\cdot\vec{c})\vec{a}]\perp\vec{c}$.

例 7.3.3 设有一质点开始位于点 $P(1,2,-1)$，有一方向角分别为 $60°,60°,45°$，大小为 100 N的力 $\vec{F}$ 作用于该质点，当质点从点 P 做直线运动移至点 $M(3,5,-1+\sqrt{2})$ 时，求力 $\vec{F}$ 所做的功(坐标轴的单位为 m).

解 由题可知，力 $\vec{F}$ 的方向角为 $60°,60°,45°$，所以与力 $\vec{F}$ 同向的单位向量为

$$\vec{F}_0=\{\cos 60°,\cos 60°,\cos 45°\}=\left\{\frac{1}{2},\frac{1}{2},\frac{\sqrt{2}}{2}\right\},$$

则由单位向量与方向余弦的关系得 $\vec{F}=\{50,50,50\sqrt{2}\}$.

又因为 $\overrightarrow{PM}=\{2,3,\sqrt{2}\}$，所以有 $W=\vec{F}\cdot\overrightarrow{PM}=\{50,50,50\sqrt{2}\}\cdot\{2,3,\sqrt{2}\}=350(\mathrm{J})$.

7.3.2 两向量的向量积

引例 设 O 为一根杠杆 L 的支点，有一力 $\vec{F}$ 作用于杠杆上的 P 点，力 $\vec{F}$ 与 OP 的夹角为 θ，力 $\vec{F}$ 对支点 O 的力矩是一向量 $\vec{M}$(图 7.3.1)，它的模 $|\vec{M}|=|OQ||\vec{F}|=|\overrightarrow{OP}||\vec{F}|\sin\theta$，

$\vec{M}$ 的方向垂直于 $\overrightarrow{OP}$ 与 $\vec{F}$ 所决定的平面，$\vec{M}$ 的指向符合右手法则，即从 $\overrightarrow{OP}$ 以不超过 π 的角度转向 $\vec{F}$ 来确定，当右手的四个手指从 $\overrightarrow{OP}$ 以不超过 π 的角度转向 $\vec{F}$ 握拳时，大拇指的指向就是力矩 $\vec{M}$ 的方向.

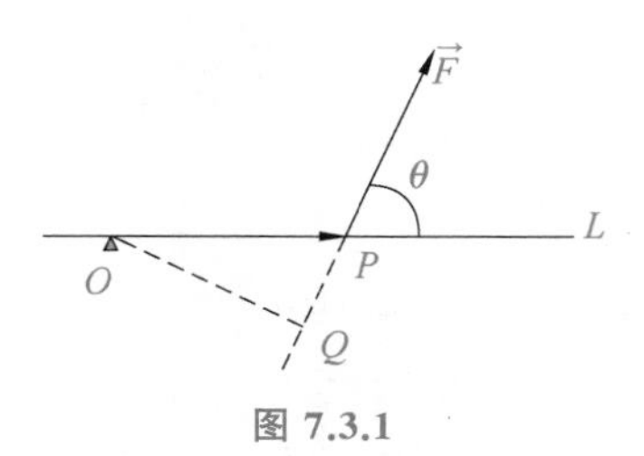

图 7.3.1

在实际问题中，经常遇到由两个向量确定另一个向量的问题，下面给出两向量的向量积定义.

定义 7.3.2 由向量 $\vec{a}$ 与 $\vec{b}$ 确定新的向量 $\vec{c}$，满足：

(1) $|\vec{c}|=|\vec{a}||\vec{b}|\sin\theta$（其中 θ 为 $\vec{a}$ 与 $\vec{b}$ 的夹角）；

(2) $\vec{c}$ 的方向既垂直于 $\vec{a}$，又垂直于 $\vec{b}$，且指向符合右手法则，即伸出右手的四指为 $\vec{a}$ 的指向，当右手的四指以不超过 π 的角度向 $\vec{b}$ 旋转而握拳时，其大拇指的指向就是 $\vec{c}$ 的方向.这样确定的向量 $\vec{c}$ 叫做向量 $\vec{a}$ 与 $\vec{b}$ 的向量积，记作

$$\vec{c}=\vec{a}\times\vec{b}.$$

向量积也称为“叉积”“外积”.

这表明：两向量间经过向量积的运算，得到的仍是一个向量.

按此定义，引例中力矩 $\vec{M}$ 等于 $\overrightarrow{OP}$ 与 $\vec{F}$ 的向量积，即 $\vec{M}=\overrightarrow{OP}\times\vec{F}$.

由向量积的定义可以推得：

(1) $\vec{a}\times\vec{a}=\vec{0}$；

(2) $\vec{a}\ /\!/\ \vec{b}\Longleftrightarrow\vec{a}\times\vec{b}=\vec{0}(\vec{a}\neq\vec{0},\vec{b}\neq\vec{0})$.

证 (⇒)因为 $\vec{a}\ /\!/\ \vec{b}$，所以 $\theta=0$ 或 π，即 $\sin\theta=0$，有 $|\vec{a}\times\vec{b}|=|\vec{a}||\vec{b}|\sin\theta=0$.

(⇐)因为 $\vec{a}\times\vec{b}=\vec{0}$，$|\vec{a}|\neq 0$，$|\vec{b}|\neq 0$，所以 $\sin\theta=0,\theta=0$.

向量积符合下列运算规律：

(1) $\vec{a}\times\vec{b}=-\vec{b}\times\vec{a}$.

注意 该式表明交换律对向量积不成立.

(2)分配律：$(\vec{a}+\vec{b})\times\vec{c}=\vec{a}\times\vec{c}+\vec{b}\times\vec{c}$.

(3)若 λ 为数，则 $(\lambda\vec{a})\times\vec{b}=\vec{a}\times(\lambda\vec{b})=\lambda(\vec{a}\times\vec{b})$.

下面来推导向量积的坐标表达式.

设 $\vec{a}=a_x\vec{i}+a_y\vec{j}+a_z\vec{k},\vec{b}=b_x\vec{i}+b_y\vec{j}+b_z\vec{k}$，根据向量积的运算法则，得

$$\begin{aligned}\vec{a}\times\vec{b}&=(a_x\vec{i}+a_y\vec{j}+a_z\vec{k})\times(b_x\vec{i}+b_y\vec{j}+b_z\vec{k})\\&=a_xb_x(\vec{i}\times\vec{i})+a_xb_y(\vec{i}\times\vec{j})+a_xb_z(\vec{i}\times\vec{k})+a_yb_x(\vec{j}\times\vec{i})+a_yb_y(\vec{j}\times\vec{j})+\\&\quad a_yb_z(\vec{j}\times\vec{k})+a_zb_x(\vec{k}\times\vec{i})+a_zb_y(\vec{k}\times\vec{j})+a_zb_z(\vec{k}\times\vec{k}).\end{aligned}$$

因为 $\vec{i}\times\vec{i}=\vec{j}\times\vec{j}=\vec{k}\times\vec{k}=\vec{0}$，又 $\vec{i}\times\vec{j}=\vec{k},\vec{j}\times\vec{k}=\vec{i},\vec{k}\times\vec{i}=\vec{j},\vec{j}\times\vec{i}=-\vec{k}$，

$\vec{k}\times\vec{j}=-\vec{i}$，$\vec{i}\times\vec{k}=-\vec{j}$，因此得到

$$\vec{a}\times\vec{b}=(a_y b_z-a_z b_y)\vec{i}+(a_z b_x-a_x b_z)\vec{j}+(a_x b_y-a_y b_x)\vec{k}.\tag{7.3.3}$$

式(7.3.3)称为向量积的坐标表达式.

为了方便记忆，向量积还可用三阶行列式表示为 $\vec{a}\times\vec{b}=\begin{vmatrix}\vec{i}&\vec{j}&\vec{k}\\a_x&a_y&a_z\\b_x&b_y&b_z\end{vmatrix}$.

由上式可推出，两个非零向量平行的充分必要条件为

$$\vec{a}\parallel\vec{b}\Longleftrightarrow\frac{a_x}{b_x}=\frac{a_y}{b_y}=\frac{a_z}{b_z},$$

其中 b_x,b_y,b_z 不能同时为零，但允许两个为零，例如，$b_x=b_y=0$，此时应理解为对应坐标 $a_x=0,a_y=0$.

注意 两向量的向量积的模 $|\vec{a}\times\vec{b}|$ 表示以 $\vec{a}$ 和 $\vec{b}$ 为邻边的平行四边形的面积，如图 7.3.2所示.

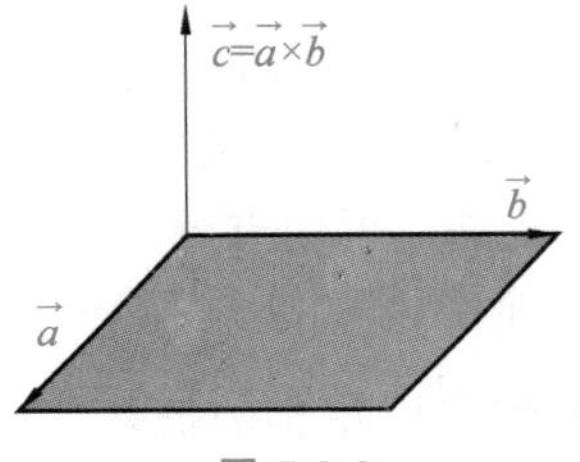

图 7.3.2

例 7.3.4 求与 $\vec{a}=3\vec{i}-2\vec{j}+4\vec{k}$，$\vec{b}=\vec{i}+\vec{j}-2\vec{k}$ 都垂直的单位向量.

解 由题意知

$$\vec{c}=\vec{a}\times\vec{b}=\begin{vmatrix}\vec{i}&\vec{j}&\vec{k}\\a_x&a_y&a_z\\b_x&b_y&b_z\end{vmatrix}=\begin{vmatrix}\vec{i}&\vec{j}&\vec{k}\\3&-2&4\\1&1&-2\end{vmatrix}=10\vec{j}+5\vec{k},$$

由非零向量的单位向量与其方向余弦的关系，得

$$|\vec{c}|=\sqrt{10^2+5^2}=5\sqrt{5},$$

因此

$$\vec{c}^{\,0}=\pm\frac{\vec{c}}{|\vec{c}|}=\pm\left(\frac{2}{\sqrt{5}}\vec{j}+\frac{1}{\sqrt{5}}\vec{k}\right).$$

例 7.3.5 在顶点为 $A(1,-1,2)$、$B(5,-6,2)$ 和 $C(1,3,-1)$ 的三角形中，求 AC 边上的高 BD (图 7.3.3).

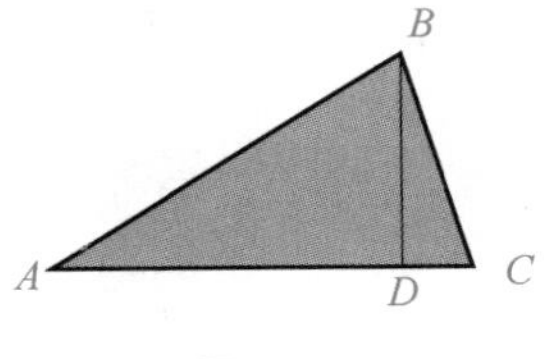

图 7.3.3

解 由题可知 $\overrightarrow{AC}=\{0,4,-3\}$，$\overrightarrow{AB}=\{4,-5,0\}$. 三角形 ABC 的面积为

$$S=\frac{1}{2}|\overrightarrow{AB}\times\overrightarrow{AC}|=\frac{1}{2}\sqrt{15^2+12^2+16^2}=\frac{25}{2},$$

而 $|\overrightarrow{AC}|=\sqrt{4^2+(-3)^2}=5$，由 $S=\frac{1}{2}|\overrightarrow{AC}|\cdot|BD|$，得 $|BD|=5$.

例 7.3.6 设向量 $\vec{m},\vec{n},\vec{p}$ 两两垂直，符合右手法则，且 $|\vec{m}|=4$，$|\vec{n}|=2$，$|\vec{p}|=3$，计算 $(\vec{m}\times\vec{n})\cdot\vec{p}$.

解 由于 $|\vec{m}\times\vec{n}|=|\vec{m}||\vec{n}|\sin\langle\vec{m},\vec{n}\rangle=4\times2\times1=8$，依题意知 $\vec{m}\times\vec{n}$ 与 $\vec{p}$ 同向，因此 $\theta=\langle\vec{m}\times\vec{n},\vec{p}\rangle=0$，故

$$(\vec{m}\times\vec{n})\cdot\vec{p}=|\vec{m}\times\vec{n}|\cdot|\vec{p}|\cos\theta=8\times3=24.$$

7.4 平面及其方程

从本节开始将讨论空间图形与其对应的方程.

空间几何图形是空间点在一定条件下的运动轨迹.而空间点的坐标是用一组有序数组 (x,y,z) 来表示的，那么点的运动轨迹就可用点的坐标所满足的方程或方程组来表示.

定义 7.4.1 一般地，如果空间曲面 S 与三元方程 $F(x,y,z)=0$ 之间满足如下关系：

(1) 曲面 S 上任一点的坐标都满足方程；

(2) 不在曲面 S 上的点的坐标都不满足方程，

那么，方程 $F(x,y,z)=0$ 就叫做曲面 S 的方程，而曲面 S 就叫做方程的图形.

空间曲线 C 可看作空间两曲面的交线.设

$$S_1:F(x,y,z)=0 \quad 和 \quad S_2:G(x,y,z)=0$$

是两个曲面的方程，它们相交于曲线 C，因此曲线 C 上任何点的坐标应同时满足这两个曲面的方程，即满足方程组

$$\begin{cases}F(x,y,z)=0,\\ G(x,y,z)=0.\end{cases}$$

反之，不在曲线 C 上的点不能同时满足这两个方程，因此，曲线 C 可用该方程组来表示.该方程组叫做空间曲线 C 的方程，而曲线 C 叫做方程组的图形.

在实际生活中，常见的平面是曲面的特殊情形，而直线是曲线的特殊情形，所以下面先来讨论这两类空间图形.在本节和 7.5 节里，将以向量为工具，在空间直角坐标系中讨论平面和直线.

7.4.1 平面的点法式方程

如果一非零向量垂直于一平面，则该向量叫做该平面的法线向量.

法线向量的特点是垂直于平面内的任一向量.

在空间一点且垂直于一已知非零向量，只能作一个平面.所以当已知平面上一点

$M_0(x_0,y_0,z_0)$ 和它的一个法线向量 $\vec{n}=\{A,B,C\}$ 后，就可以建立平面的方程.

设平面上的任一点为 $M(x,y,z)$（图 7.4.1），则必有 $\overrightarrow{M_0M}\perp\vec{n}$，即 $\overrightarrow{M_0M}\cdot\vec{n}=0$.

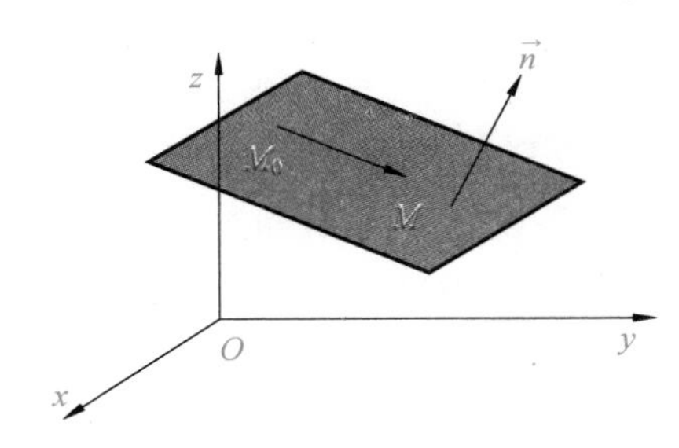

图 7.4.1

由 $\overrightarrow{M_0M}=\{x-x_0,y-y_0,z-z_0\}$，得

$$A(x-x_0)+B(y-y_0)+C(z-z_0)=0. \tag{7.4.1}$$

称方程(7.4.1)为平面的点法式方程，其中 $\vec{n}=\{A,B,C\}$ 是平面的法向量，$M_0(x_0,y_0,z_0)$ 是平面上的已知点.

显然，平面上所有点的坐标都满足方程(7.4.1)，而不在平面上的点的坐标都不满足方程(7.4.1)，这样，方程(7.4.1)就是平面的方程，而平面称为此方程的图形.

例 7.4.1　设有两点 $A(1,1,1)$，$B(2,-1,3)$，求过点 A 且垂直于直线 AB 的平面方程.

解　因为 $\overrightarrow{AB}=\{2-1,-1-1,3-1\}=\{1,-2,2\}$，所以过点 A 且垂直于 $\overrightarrow{AB}$ 的平面方程为

$$(x-1)-2(y-1)+2(z-1)=0,$$

化简得 $x-2y+2z-1=0$.

例 7.4.2　求过三点 $A(2,-1,4)$、$B(-1,3,-2)$ 和 $C(0,2,3)$ 的平面方程.

解　$\overrightarrow{AB}=\{-3,4,-6\}$，$\overrightarrow{AC}=\{-2,3,-1\}$，因为三个点在平面上，所以平面法向量 $\vec{n}$ 与 $\overrightarrow{AB}$ 和 $\overrightarrow{AC}$ 都垂直，故

$$\vec{n}=\overrightarrow{AB}\times\overrightarrow{AC}=\begin{vmatrix}\vec{i} & \vec{j} & \vec{k}\\ -3 & 4 & -6\\ -2 & 3 & -1\end{vmatrix}=14\vec{i}+9\vec{j}-\vec{k}.$$

根据平面的点法式方程(7.4.1)，得所求平面方程为

$$14(x-2)+9(y+1)-(z-4)=0,$$

化简得 $14x+9y-z-15=0$.

7.4.2　平面的一般方程

平面的点法式方程是一个三元一次方程，任一平面都可以用平面上一点及它的法线确定，因此任一平面都可以用三元一次方程来表示.

设三元一次方程

$$Ax+By+Cz+D=0, \tag{7.4.2}$$

在平面上任取满足该方程的一组数 x_0,y_0,z_0，代入方程，有

$$Ax_0+By_0+Cz_0+D=0, \tag{7.4.3}$$

式(7.4.2)与式(7.4.3)相减，得

$$A(x-x_0)+B(y-y_0)+C(z-z_0)=0. \tag{7.4.4}$$

将方程(7.4.4)与平面点法式方程做比较，可知方程(7.4.4)是通过点 $M_0(x_0,y_0,z_0)$ 且以 $\vec{n}=\{A,B,C\}$ 为法线的平面方程.方程(7.4.4)和方程(7.4.2)同解.由此可知任一三元一次方程的图形是一个平面，方程(7.4.2)称为平面的一般方程.其中 x,y,z 的系数构成了平面的一个法向量 $\vec{n}=\{A,B,C\}$.

平面的一般方程的几种特殊情况是：

① $D=0$，方程(7.4.2)变为

$$Ax+By+Cz=0 \quad (\text{缺常数项}),$$

因为 $O(0,0,0)$ 的坐标满足此方程，所以此方程表示通过坐标原点的平面.

② $A=0$，方程(7.4.2)变为

$$By+Cz+D=0 \quad (\text{缺 } x \text{ 项}),$$

当 $D=0(D\neq 0)$ 时，该方程表示一个平行于(或包含) x 轴的平面.此时，该平面的法向量 $\vec{n}=\{0,B,C\}$，因为$\mathrm{Prj}_x\vec{n}=0=|\vec{n}|\cos\alpha$，而$|\vec{n}|\neq 0$，故 $\cos\alpha=0$，则 $\alpha=\dfrac{\pi}{2}$，所以 $\vec{n}\perp x$ 轴，从而平面 $By+Cz+D=0$ 平行于(或包含)x 轴.

类似地，可分别讨论 $B=0,C=0$ 的情形.

③ $A=B=0$，方程(7.4.2)变为

$$Cz+D=0 \quad (\text{缺 } x,y \text{ 项}),$$

该方程表示平行于 xOy 坐标面的平面.此时，该平面的法向量 $\vec{n}=\{0,0,C\}$ 同时垂直于 x,y 轴.

类似地，可分别讨论 $A=C=0,B=C=0$ 的情形.

例 7.4.3 设平面过原点及点 $(6,-3,2)$，且与平面 $4x-y+2z=8$ 垂直，求此平面方程.

解 将平面的法向量记作 $\vec{n}=\{A,B,C\}$，由平面过原点知，平面方程为

$$Ax+By+Cz=0.$$

又因为平面过点 $(6,-3,2)$，将该点坐标代入平面方程，得

$$6A-3B+2C=0. \tag{7.4.5}$$

由题意可得，已知平面的法向量为 $\vec{l}=\{4,-1,2\}$，因为 $\vec{n}\perp\vec{l}$，所以有

$$4A-B+2C=0. \tag{7.4.6}$$

式(7.4.5)和式(7.4.6)联立，解得 $A=B=-\dfrac{2}{3}C$，故所求平面方程为 $2x+2y-3z=0$.

7.4.3 平面的截距式方程

例 7.4.4 设平面与 x,y,z 轴分别交于 $P(a,0,0),Q(0,b,0),R(0,0,c)$ (其中 $a\neq 0$，$b\neq 0,c\neq 0$)三点(图 7.4.2)，求此平面方程.

解 设平面为 $Ax+By+Cz+D=0$，因为 $P(a,0,0)$，$Q(0,b,0)$，$R(0,0,c)$ 三点都在这个平面上，所以将三点坐标代入平面方程得

$$\begin{cases}aA+D=0,\\ bB+D=0,\\ cC+D=0,\end{cases}$$

解得 $A=-\dfrac{D}{a}$，$B=-\dfrac{D}{b}$，$C=-\dfrac{D}{c}$.将 A，B，C 代入所求平面方程，得

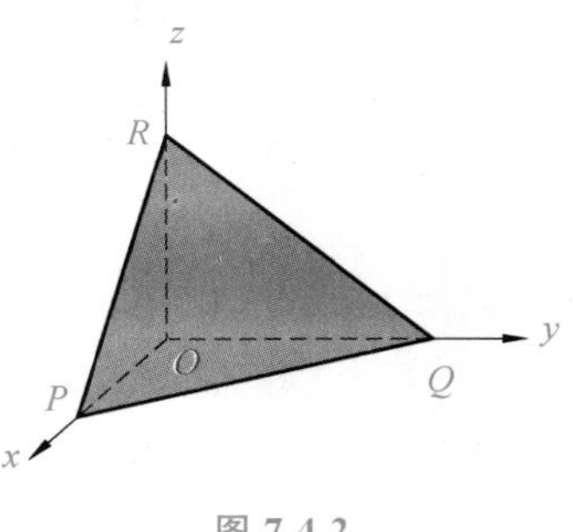

图 7.4.2

$$\frac{x}{a}+\frac{y}{b}+\frac{z}{c}=1. \tag{7.4.7}$$

称方程(7.4.7)为平面的截距式方程，其中 a，b，c 依次为平面在 x，y，z 轴上的截距.

由例 7.4.4 看出，当平面的一般方程中的 A，B，C，D 都不为零时，在作平面的草图时，可先把一般式化为截距式，再作图较为方便.

7.4.4 点到平面的距离

例 7.4.5 设 $P_0(x_0,y_0,z_0)$ 是平面 $Ax+By+Cz+D=0$ 外的一点，求 P_0 到平面的距离(图 7.4.3).

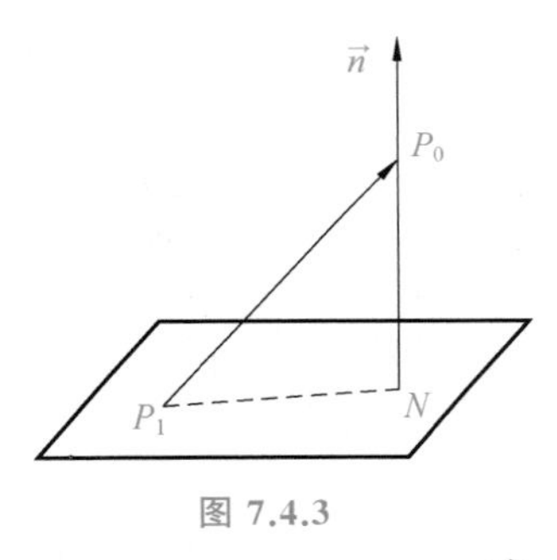

图 7.4.3

解 在平面上任取一点 $P_1(x_1,y_1,z_1)$，并作法向量 $\vec{n}$，由图 7.4.3 可知所求的距离 $d=|\mathrm{Prj}_{\vec{n}}\overrightarrow{P_1P_0}|$. 而

$$\overrightarrow{P_1P_0}=\{x_0-x_1,y_0-y_1,z_0-z_1\},$$

$$\vec{n}^0=\left\{\frac{A}{\sqrt{A^2+B^2+C^2}},\frac{B}{\sqrt{A^2+B^2+C^2}},\frac{C}{\sqrt{A^2+B^2+C^2}}\right\},$$

由 $\mathrm{Prj}_{\vec{n}}\overrightarrow{P_1P_0}=\overrightarrow{P_1P_0}\cdot\vec{n}^0$，得

$$\begin{aligned}&\frac{A(x_0-x_1)}{\sqrt{A^2+B^2+C^2}}+\frac{B(y_0-y_1)}{\sqrt{A^2+B^2+C^2}}+\frac{C(z_0-z_1)}{\sqrt{A^2+B^2+C^2}}\\ &=\frac{Ax_0+By_0+Cz_0-(Ax_1+By_1+Cz_1)}{\sqrt{A^2+B^2+C^2}},\end{aligned}$$

又有 $Ax_1+By_1+Cz_1+D=0$，故

$$\mathrm{Prj}_{\vec{n}}\overrightarrow{P_1P_0}=\frac{Ax_0+By_0+Cz_0+D}{\sqrt{A^2+B^2+C^2}},$$

即
$$d=\frac{|Ax_0+By_0+Cz_0+D|}{\sqrt{A^2+B^2+C^2}}. \tag{7.4.8}$$

称式(7.4.8)为点到平面的距离公式.

例 7.4.6 求点 (2,1,1) 到平面 $x+y-z+1=0$ 的距离.

解 由点到平面的距离公式(7.4.8)，得

$$d=\frac{|1\times2+1\times1-1\times1+1|}{\sqrt{1^2+1^2+(-1)^2}}=\frac{3}{\sqrt{3}}=\sqrt{3}.$$

7.4.5 两平面的位置关系

两平面法向量之间的夹角（通常取锐角或直角）称为两平面的夹角.

设平面 $\Pi_1: A_1x+B_1y+C_1z+D_1=0$ 和平面 $\Pi_2: A_2x+B_2y+C_2z+D_2=0$ 的法向量依次为 $\vec{n}_1=\{A_1,B_1,C_1\}$，$\vec{n}_2=\{A_2,B_2,C_2\}$，则平面 Π_1 和 Π_2 的夹角 θ（图 7.4.4）应是两法向量的夹角，且取锐角或直角，因此 $\cos\theta=|\cos\langle\vec{n}_1,\vec{n}_2\rangle|$. 按照两向量夹角余弦的坐标表达式，平面 Π_1 和 Π_2 的夹角 θ 可表示为

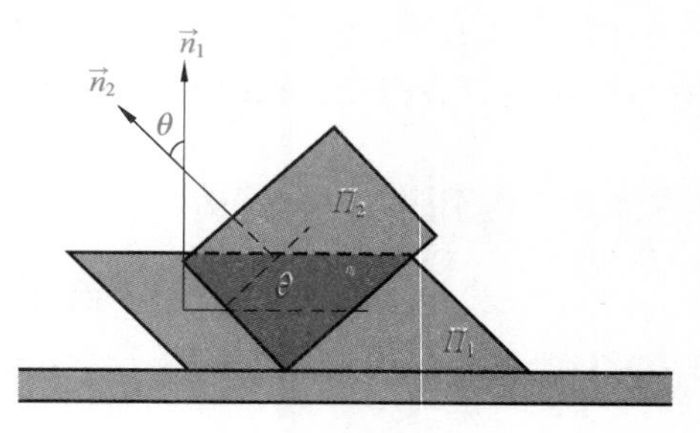

图 7.4.4

$$\cos\theta=\frac{|A_1A_2+B_1B_2+C_1C_2|}{\sqrt{A_1{}^2+B_1{}^2+C_1{}^2}\cdot\sqrt{A_2{}^2+B_2{}^2+C_2{}^2}}. \tag{7.4.9}$$

从两向量平行、垂直的充分必要条件推出以下结论：

- $\Pi_1\perp\Pi_2 \Longleftrightarrow A_1A_2+B_1B_2+C_1C_2=0$；
- $\Pi_1 /\!/ \Pi_2 \Longleftrightarrow \dfrac{A_1}{A_2}=\dfrac{B_1}{B_2}=\dfrac{C_1}{C_2}$.

例 7.4.7 研究以下各组两平面的位置关系：

(1) $-x+2y-z+1=0$，$y+3z-1=0$；

(2) $2x-y+z-1=0$，$-4x+2y-2z-1=0$；

(3) $2x-y-z-1=0$，$-4x+2y+2z+2=0$.

解 (1)因为两平面的法向量分别为 $\vec{n}_1=\{-1,2,-1\}$，$\vec{n}_2=\{0,1,3\}$，得

$$\cos\theta=\frac{|-1\times0+2\times1-1\times3|}{\sqrt{(-1)^2+2^2+(-1)^2}\cdot\sqrt{1^2+3^2}},$$

求得 $\cos\theta=\dfrac{1}{\sqrt{60}}$，故两平面相交，夹角 $\theta=\arccos\dfrac{1}{\sqrt{60}}$.

(2)因为两平面的法向量分别为 $\vec{n}_1=\{2,-1,1\}$，$\vec{n}_2=\{-4,2,-2\}$，得 $\dfrac{2}{-4}=\dfrac{-1}{2}=\dfrac{1}{-2}$，

故两平面平行；又因为 $M(1,1,0)\in\Pi_1$，$M(1,1,0)\notin\Pi_2$，故两平面平行但不重合.

(3)因为两平面的法向量分别为 $\vec{n}_1=\{2,-1,-1\}$，$\vec{n}_2=\{-4,2,2\}$，得 $\frac{2}{-4}=\frac{-1}{2}=\frac{-1}{2}$，故两平面平行；又因为 $M(1,1,0)\in\Pi_1$，$M(1,1,0)\in\Pi_2$，故两平面重合.

7.5 空间直线及其方程

7.5.1 空间直线的一般方程

空间直线 L 可看成两平面 Π_1 和 Π_2 的交线(图 7.5.1).设两平面方程为

$$\Pi_1: A_1x+B_1y+C_1z+D_1=0,$$
$$\Pi_2: A_2x+B_2y+C_2z+D_2=0,$$

那么直线 L 上的任意点的坐标应同时满足这两个平面方程，即满足方程组

$$\begin{cases}A_1x+B_1y+C_1z+D_1=0,\\ A_2x+B_2y+C_2z+D_2=0,\end{cases}\tag{7.5.1}$$

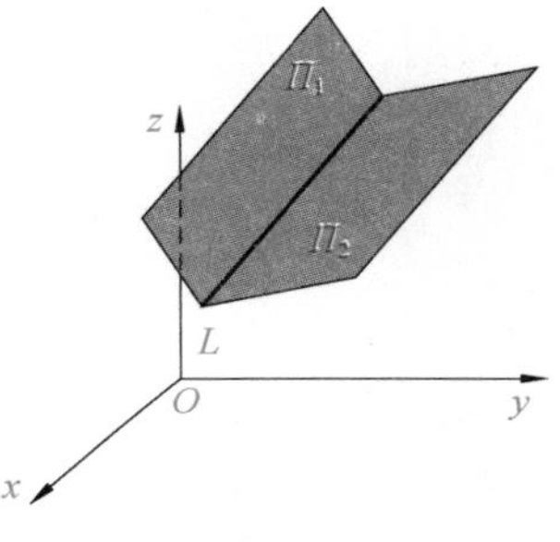

图 7.5.1

称方程组(7.5.1)为空间直线的一般方程.

通过空间一直线 L 的平面有无限多个，只要在这无限多个平面中任取两个，把它们的方程联立起来，所得的方程组就表示空间直线 L.

7.5.2 空间直线的对称式方程及参数方程

如果一非零向量平行于一条已知直线，则该向量称为这条直线的方向向量.

过空间一点且与一条定直线平行的直线是唯一的，因此，当给定一个点及一个非零向量时，就可以建立直线方程.

已知直线 L 过一点 $M_0(x_0,y_0,z_0)$，且直线的方向向量为 $\vec{s}=\{m,n,p\}$，设 $M(x,y,z)$ 是直线上任一点，则向量 $\overrightarrow{M_0M}$ 与 L 的方向向量 $\vec{s}$ 平行(图 7.5.2).所以两向量坐标成比例，有

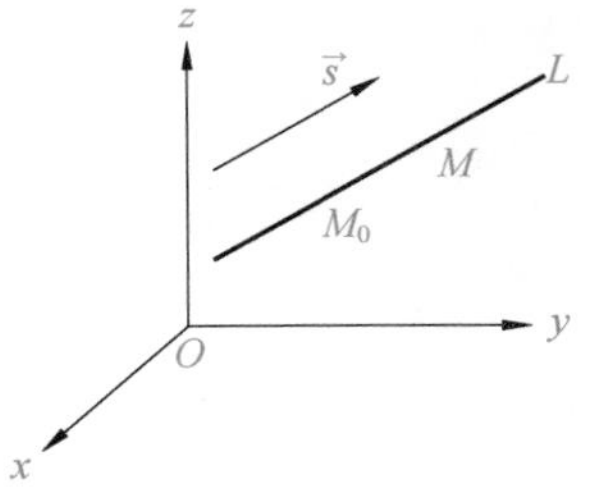

图 7.5.2

$$\vec{s}=\{m,n,p\},\quad \overrightarrow{M_0M}=\{x-x_0,y-y_0,z-z_0\},$$

从而

$$\frac{x-x_0}{m}=\frac{y-y_0}{n}=\frac{z-z_0}{p}.\tag{7.5.2}$$

式(7.5.2)叫做直线的对称式方程.

直线的任一方向向量 $\vec{s}$ 的坐标 m,n,p (不能同时为零)叫做直线的一组方向数，而方向向量的方向余弦称为直线的方向余弦.

由直线的对称式方程容易导出直线的参数方程.

令 $\frac{x-x_0}{m}=\frac{y-y_0}{n}=\frac{z-z_0}{p}=t$，则

$$\begin{cases}x=x_0+mt,\\y=y_0+nt,\\z=z_0+pt.\end{cases}\tag{7.5.3}$$

方程组(7.5.3)叫做直线的参数方程.

例 7.5.1 一直线过点 $A(2,-3,4)$，且与 y 轴垂直相交,求该直线方程.

解 因为直线与 y 轴垂直相交,所以交点为 $B(0,-3,0)$,取方向向量 $\vec{s}=\overrightarrow{BA}=\{2,0,4\}$,故所求直线方程为

$$\begin{cases}\frac{x-2}{2}=\frac{z-4}{4},\\y=-3.\end{cases}$$

例 7.5.2 请用对称式方程及参数方程表示直线

$$\begin{cases}3x+2y+4z-11=0,\\2x+y-3z-1=0.\end{cases}$$

解 设直线上一点的坐标为 (x_0,y_0,z_0)，利用直线的一般方程求出点的坐标.如,取 $x_0=1$，代入方程组得

$$\begin{cases}2y_0+4z_0-8=0,\\y_0-3z_0+1=0,\end{cases}$$

解得 $y_0=2,z_0=1$,即点(1,2,1)是直线上的一点.

下面求出直线的方向向量 $\vec{s}$. 因所求直线与两平面的法向量都垂直,故取

$$\vec{s}=\vec{n}_1\times\vec{n}_2=\begin{vmatrix}\vec{i}&\vec{j}&\vec{k}\\3&2&4\\2&1&-3\end{vmatrix}=-10\vec{i}+17\vec{j}-\vec{k},$$

则对称式方程为 $\frac{x-1}{-10}=\frac{y-2}{17}=\frac{z-1}{-1}$.

令 $\frac{x-1}{-10}=\frac{y-2}{17}=\frac{z-1}{-1}=t$，可得直线的参数方程为

$$\begin{cases}x=1-10t,\\y=2+17t,\quad(t\text{ 为参数}).\\z=1-t\end{cases}$$

7.5.3 直线与直线的位置关系

两直线的方向向量的夹角(通常指锐角或直角)称为两直线的夹角.

设两直线的方程分别为

$$L_1:\frac{x-x_1}{m_1}=\frac{y-y_1}{n_1}=\frac{z-z_1}{p_1},$$

$$L_2:\frac{x-x_2}{m_2}=\frac{y-y_2}{n_2}=\frac{z-z_2}{p_2},$$

L_1 和 L_2 的夹角 φ 应是 $\langle\vec{s}_1,\vec{s}_2\rangle$ 和 $\pi-\langle\vec{s}_1,\vec{s}_2\rangle$ 两者中的锐角或直角，因此 $\cos\varphi=|\cos\langle\vec{s}_1,\vec{s}_2\rangle|$，按照两向量夹角的余弦公式，直线 L_1 和直线 L_2 的夹角 φ 为

$$\cos\varphi=\frac{|m_1m_2+n_1n_2+p_1p_2|}{\sqrt{m_1^2+n_1^2+p_1^2}\sqrt{m_2^2+n_2^2+p_2^2}}.\tag{7.5.4}$$

式(7.5.4)称为两直线的夹角余弦公式.

从两向量垂直、平行的充分必要条件推出两直线的位置关系如下：

① $L_1\perp L_2\Longleftrightarrow\vec{s}_1\perp\vec{s}_2\Longleftrightarrow m_1m_2+n_1n_2+p_1p_2=0$；

② $L_1/\!/L_2\Longleftrightarrow\vec{s}_1/\!/\vec{s}_2\Longleftrightarrow\dfrac{m_1}{m_2}=\dfrac{n_1}{n_2}=\dfrac{p_1}{p_2}$.

例如，已知直线 L_1 的方向向量为 $\vec{s}_1=\{1,-4,0\}$，直线 L_2 的方向向量为 $\vec{s}_2=\{0,0,1\}$，因为 $\vec{s}_1\cdot\vec{s}_2=0$，所以 $\vec{s}_1\perp\vec{s}_2$，即 $L_1\perp L_2$.

例 7.5.3 已知直线 $L_1:\dfrac{x+1}{1}=\dfrac{y-1}{-2}=\dfrac{z+4}{7}$ 和直线 $L_2:\dfrac{x+1}{5}=\dfrac{y-3}{1}=\dfrac{z}{-1}$，求两直线夹角的余弦.

解 由题可知，直线的方向向量可取 $\vec{s}_1=\{1,-2,7\}$，$\vec{s}_2=\{5,1,-1\}$，由式(7.5.4)，有

$$\cos\varphi=\frac{|1\times5+(-2)\times1+7\times(-1)|}{\sqrt{1^2+2^2+7^2}\sqrt{5^2+1^2+1^2}}=\frac{2\sqrt{2}}{27}.$$

7.5.4 直线与平面的位置关系

直线与其在平面上的投影直线的夹角 φ 称为直线与平面的夹角 $\left(0\leqslant\varphi\leqslant\dfrac{\pi}{2}\right)$(图 7.5.3).

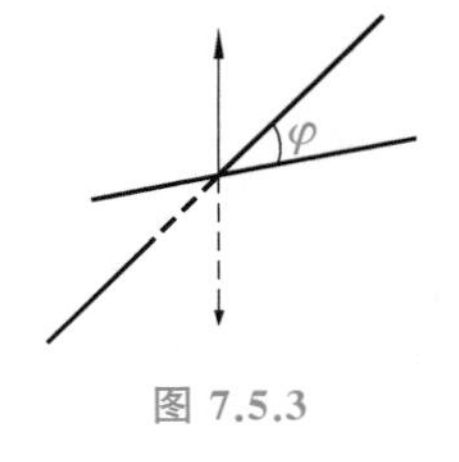

图 7.5.3

设直线 L 与平面 Π 的方程分别为

$$L:\frac{x-x_0}{m}=\frac{y-y_0}{n}=\frac{z-z_0}{p},\quad \vec{s}=\{m,n,p\};$$

$$\Pi:Ax+By+Cz+D=0,\quad \vec{n}=\{A,B,C\},$$

直线与平面的夹角为 φ，那么 $\varphi=\left|\dfrac{\pi}{2}-\langle\vec{s},\vec{n}\rangle\right|$，因此 $\sin\varphi=|\cos\langle\vec{s},\vec{n}\rangle|$. 按照两向量夹角余弦的坐标表达式，有

$$\sin\varphi=\frac{|Am+Bn+Cp|}{\sqrt{A^2+B^2+C^2}\sqrt{m^2+n^2+p^2}}.\tag{7.5.5}$$

式(7.5.5)称为直线与平面的夹角公式.

由此可得，直线与平面的位置关系如下：

① $L\perp\Pi\Longleftrightarrow\vec{s}/\!/\vec{n}\Longleftrightarrow\dfrac{A}{m}=\dfrac{B}{n}=\dfrac{C}{p}$；

② $L/\!/\Pi\Longleftrightarrow\vec{s}\perp\vec{n}\Longleftrightarrow Am+Bn+Cp=0$.

例 7.5.4　设直线 $L:\frac{x-1}{2}=\frac{y}{-1}=\frac{z+1}{2}$，平面 $\Pi:x-y+2z=3$，求直线与平面的夹角 φ.

解　由题知平面的法向量 $\vec{n}=\{1,-1,2\}$，直线的方向向量 $\vec{s}=\{2,-1,2\}$，代入式(7.5.5)得

$$\begin{aligned}\sin\varphi&=\frac{|Am+Bn+Cp|}{\sqrt{A^2+B^2+C^2}\sqrt{m^2+n^2+p^2}}\\&=\frac{|1\times 2+(-1)\times(-1)+2\times 2|}{\sqrt{6}\cdot\sqrt{9}}\\&=\frac{7}{3\sqrt{6}}.\end{aligned}$$

所以 $\varphi=\arcsin\frac{7}{3\sqrt{6}}$ 为所求夹角.

例 7.5.5　求过点 $M(3,-1,1)$ 且与直线 $\frac{x+1}{3}=\frac{y-1}{2}=\frac{z}{-1}$ 平行的直线方程.

解　由题可知，直线的方向向量可取 $\vec{s}=\{3,2,-1\}$，又过点 $M(3,-1,1)$，故所求直线的方程为 $\frac{x-3}{3}=\frac{y+1}{2}=\frac{z-1}{-1}$.

例 7.5.6　求过点 $(-3,2,5)$ 且与两平面 $x-4z=3$ 和 $2x-y-5z=1$ 的交线平行的直线方程.

解　设所求直线的方向向量为 $\vec{s}=\{m,n,p\}$，根据题意知，两平面的法向量为 $\vec{n}_1=\{1,0,-4\}$，$\vec{n}_2=\{2,-1,-5\}$ 且 $\vec{s}\perp\vec{n}_1$，$\vec{s}\perp\vec{n}_2$，故取

$$\vec{s}=\vec{n}_1\times\vec{n}_2=\begin{vmatrix}\vec{i}&\vec{j}&\vec{k}\\1&0&-4\\2&-1&-5\end{vmatrix}=\{-4,-3,-1\},$$

因此所求直线的方程为 $\frac{x+3}{4}=\frac{y-2}{3}=\frac{z-5}{1}$.

7.6　曲面及其方程

7.6.1　曲面的方程

在空间解析几何中，关于曲面主要研究以下两个基本问题：

①已知一曲面作为动点的轨迹，建立该曲面的方程；

②已知一曲面的方程，研究该曲面的几何形状.

7.4 节中已经讨论了一种最简单的曲面——平面.平面的例子就属于基本问题①，而在实际生活中，还可以见到不同的曲面，如篮球的表面、水桶的表面、台灯灯罩的面、沙漏的表

面等.

下面建立另一种特殊曲面的方程——球面方程.

例 7.6.1 建立球心在点 $M_0(x_0,y_0,z_0)$、半径为 R 的球面方程.

解 设 $M(x,y,z)$ 是球面上任一点,根据题意有 $|MM_0|=R$. 由两点间距离公式知

$$|MM_0|=\sqrt{(x-x_0)^2+(y-y_0)^2+(z-z_0)^2},$$

故 $\sqrt{(x-x_0)^2+(y-y_0)^2+(z-z_0)^2}=R$.

所求方程为 $(x-x_0)^2+(y-y_0)^2+(z-z_0)^2=R^2$,这是球面上的点的坐标所满足的方程.

特别地,当球心在原点时方程变为 $x^2+y^2+z^2=R^2$.

例 7.6.2 求与原点 O 及 $M_0(2,3,4)$ 的距离之比为 1 : 2 的点的全体所组成的曲面方程.

解 设 $M(x,y,z)$ 是曲面上任一点,根据题意,有 $\dfrac{|MO|}{|MM_0|}=\dfrac{1}{2}$,即

$$\frac{\sqrt{x^2+y^2+z^2}}{\sqrt{(x-2)^2+(y-3)^2+(z-4)^2}}=\frac{1}{2},$$

化简整理得

$$\left(x+\frac{2}{3}\right)^2+(y+1)^2+\left(z+\frac{4}{3}\right)^2=\frac{116}{9},$$

它表示以 $\left(-\dfrac{2}{3},-1,-\dfrac{4}{3}\right)$ 为球心、以 $\dfrac{2}{3}\sqrt{29}$ 为半径的球面.

一般地,设有三元二次方程

$$Ax^2+Ay^2+Az^2+Dx+Ey+Fz+G=0,$$

该方程的特点是缺 xy,yz,zx 项,而且平方项的系数相同,因此,只要方程经过配方就可以化为例 7.6.1 中方程的形式,它的图形就是一个球面.

下面将讨论常见的曲面——柱面、旋转曲面、二次曲面,其中旋转曲面是基本问题①的例子,而柱面和二次曲面则是基本问题②的例子.

7.6.2 柱 面

定义 7.6.1 一般地,当一条动直线 L 沿着定曲线 C 移动,且移动时始终保持与定直线 L' 平行,则动直线 L 移动的轨迹所形成的曲面 S 称为柱面.这条定曲线 C 叫做柱面的准线,动直线 L 叫做柱面的母线.

一般地,在空间直角坐标系中,只含变量 x,y 而缺变量 z 的方程 $F(x,y)=0$,表示母线平行于 z 轴,其准线为 xOy 坐标面上的曲线 C 的柱面.因为当空间的点 $M(x,y,z)$ 的坐标 x,y 满足方程 $F(x,y)=0$ 时,其中 xOy 坐标面上的投影点 $M'(x,y,0)$ 一定在准线 C 上,则点 $M(x,y,z)$ 位于过点 $M'(x,y,0)$ 的母线上,故点 $M(x,y,z)$ 在柱面上.

类似地,只含有变量 x,z 而缺变量 y 的方程 $G(x,z)=0$,表示母线平行于 y 轴,其准线为 xOz 坐标面上的曲线 C 的柱面.而只含有变量 y,z 而缺变量 x 的方程 $H(y,z)=0$,表示

母线平行于 x 轴，其准线为 yOz 坐标面上的曲线 C 的柱面.

下面建立一些母线平行于 z 轴的柱面.

例如，平面方程：$x-y=0$（图 7.6.1），抛物柱面方程：$y^2=2px\ (p>0)$（图 7.6.2），椭圆柱面方程：$\frac{x^2}{a^2}+\frac{y^2}{b^2}=1$（图 7.6.3），圆柱面方程：$x^2+y^2=R^2$（图 7.6.4）.

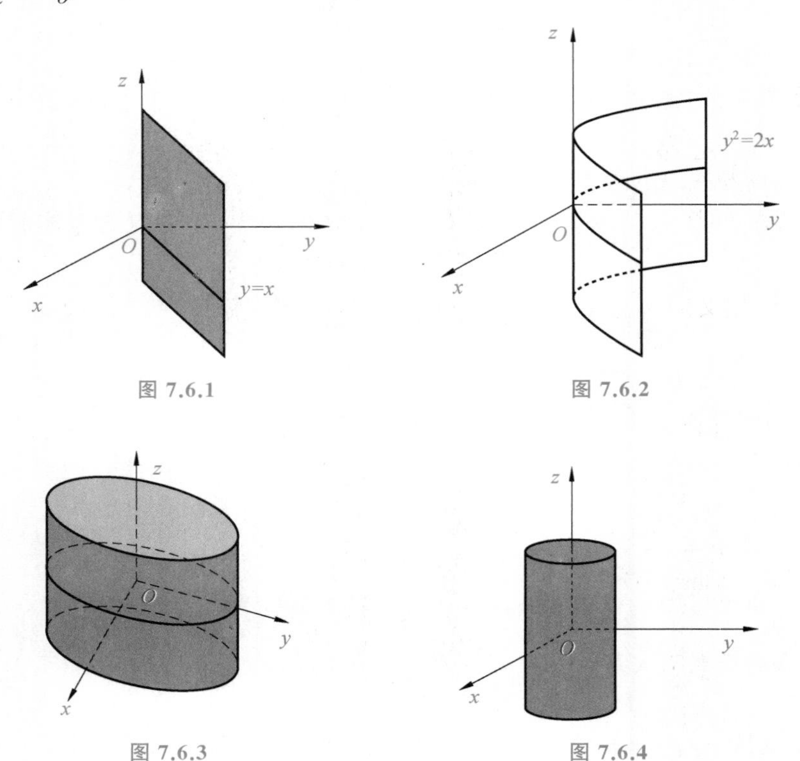

图 7.6.1　　图 7.6.2

图 7.6.3　　图 7.6.4

又例如：

- 方程 $\frac{y^2}{b^2}+\frac{z^2}{c^2}=1$ 表示母线平行于 x 轴，而以 yOz 面上的椭圆 $\begin{cases}\frac{y^2}{b^2}+\frac{z^2}{c^2}=1,\\ x=0\end{cases}$ 为准线的椭圆柱面；
- 方程 $\frac{x^2}{a^2}-\frac{y^2}{b^2}=1$ 表示母线平行于 z 轴，而以 xOy 面上的双曲线 $\begin{cases}\frac{x^2}{a^2}-\frac{y^2}{b^2}=1,\\ z=0\end{cases}$ 为准线的双曲柱面；
- 方程 $x^2=2pz$ 表示母线平行于 y 轴，而以 xOz 面上的抛物线 $\begin{cases}x^2=2pz,\\ y=0\end{cases}$ 为准线的抛物柱面.

7.6.3 旋转曲面

下面来讨论另一种常见的曲面——旋转曲面.

定义 7.6.2 以一条平面曲线 C 绕该平面上的一条定直线旋转一周所形成的曲面称为旋转曲面.这条定直线称为旋转曲面的轴,曲线 C 称为旋转曲面的母线.

这里只讨论旋转轴为同一坐标面内的坐标轴的简单情形.如图 7.6.5 所示是在 yOz 坐标面上的已知曲线 $C: f(y,z)=0$ 绕 z 轴旋转一周的旋转曲面,下面建立该旋转曲面的方程.

设 $M_1(0,y_1,z_1)$ 为曲线 C 上任一点且满足 $f(y_1,z_1)=0$,当曲线 C 绕 z 轴旋转时,点 M_1 绕 z 轴旋转到点 $M(x,y,z)$ 处,M_1 的轨迹是平面 $z=z_1$ 上的圆,点 M 到 z 轴的距离 $d=\sqrt{x^2+y^2}=|y_1|$,即有

$$z_1=z,\quad y_1=\pm\sqrt{x^2+y^2}. \tag{7.6.1}$$

将式(7.6.1)代入 $f(y_1,z_1)=0$,得到点 $M(x,y,z)$ 满足的方程

$$f(\pm\sqrt{x^2+y^2},z)=0, \tag{7.6.2}$$

因此,式(7.6.2)就是所求的旋转曲面方程.

由此可见,所求的旋转曲面方程就是在曲线 C 的方程中把 y 换成 $\pm\sqrt{x^2+y^2}$ 即可.

同理,在 yOz 坐标面上的已知曲线 $f(y,z)=0$ 绕 y 轴旋转一周的旋转曲面方程为

$$f(y,\pm\sqrt{x^2+z^2})=0.$$

例 7.6.3 直线 L 绕另一条与 L 相交的直线(此处为 z 轴)旋转一周,所得旋转曲面叫做圆锥面.两直线的交点叫做圆锥面的顶点,两直线的夹角 $\alpha\left(0<\alpha<\frac{\pi}{2}\right)$ 叫做圆锥面的半顶角(图 7.6.6).试建立顶点在坐标原点,旋转轴为 z 轴,半顶角为 α 的圆锥面方程.

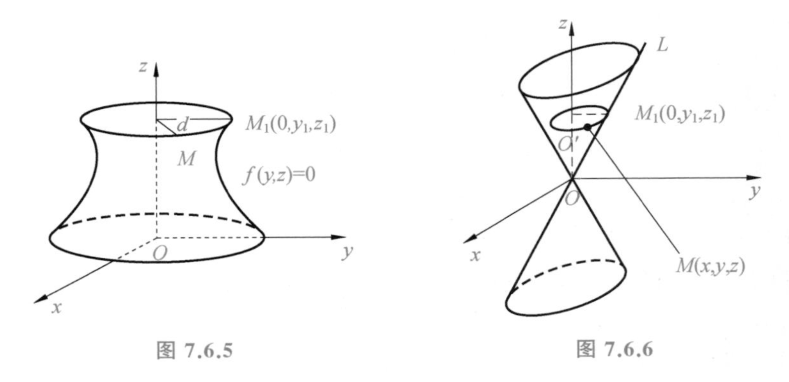

图 7.6.5　　图 7.6.6

解 由题可知,yOz 坐标面上直线 L 的方程为 $z=y\cot\alpha$,因为旋转轴为 z 轴,所以只需将 y 换成 $\pm\sqrt{x^2+y^2}$ 即可得旋转轴为 z 轴的圆锥面方程:

$$z=\pm\sqrt{x^2+y^2}\cot\alpha,$$

或

$$z^2=a(x^2+y^2)\quad(a=\cot^2\alpha).$$

例 7.6.4　将下列各曲线绕对应的轴旋转一周，求生成的旋转曲面的方程：

(1)双曲线 $\frac{x^2}{a^2}-\frac{z^2}{c^2}=1$ 分别绕 x 轴和 z 轴旋转一周；

(2)椭圆 $\begin{cases}\frac{y^2}{a^2}+\frac{z^2}{c^2}=1,\\ x=0\end{cases}$ 分别绕 y 轴和 z 轴旋转一周；

(3)抛物线 $\begin{cases}y^2=2pz,\\ x=0\end{cases}$ 绕 z 轴旋转一周.

解　(1)由上面讨论的结果可知，经过绕 x 轴旋转一周后，曲线方程中的变量 $z=\pm\sqrt{y^2+z^2}$，代入原曲线方程即可得旋转曲面方程 $\frac{x^2}{a^2}-\frac{y^2+z^2}{c^2}=1$；

同理，将曲线绕 z 轴旋转一周后，曲线方程中的变量 $x=\pm\sqrt{x^2+y^2}$，代入原曲线方程，可得旋转曲面方程 $\frac{x^2+y^2}{a^2}-\frac{z^2}{c^2}=1$.

这两个曲面都是由平面中的双曲线绕坐标轴旋转而得的，所以称为旋转双曲面.

(2)将曲线绕 y 轴旋转一周后，曲线上点的坐标中 $z=\pm\sqrt{x^2+z^2}$，代入原曲线方程，可得旋转曲面方程 $\frac{y^2}{a^2}+\frac{x^2+z^2}{c^2}=1$；

同理，将曲线绕 z 轴旋转一周，曲线上点的坐标中 $y=\pm\sqrt{x^2+y^2}$，代入原曲线方程，可得旋转曲面方程 $\frac{x^2+y^2}{a^2}+\frac{z^2}{c^2}=1$.

以上两个曲面都是由平面上的椭圆绕坐标轴旋转而成的，所以称为旋转椭球面.

(3)将曲线绕 z 轴旋转一周后，曲线上点的坐标中 $y=\pm\sqrt{x^2+y^2}$，代入原曲线方程，可得旋转曲面方程 $x^2+y^2=2pz$，称为旋转抛物面.

7.6.4　二次曲面

在空间直角坐标系中，三元二次方程所表示的曲面称为二次曲面.

前面讨论的球面、圆柱面等都是二次曲面，相应地称平面为一次曲面.

本小节中将只讨论几种简单、常见的二次曲面.

讨论二次曲面的性状通常采用的方法是截痕法，即用坐标面和平行于坐标面的平面与曲面相截，考察其交线(截痕)的形状，然后加以综合，从而了解曲面的全貌.

1.椭球面

椭球面的方程为 $\frac{x^2}{a^2}+\frac{y^2}{b^2}+\frac{z^2}{c^2}=1$(图 7.6.7).

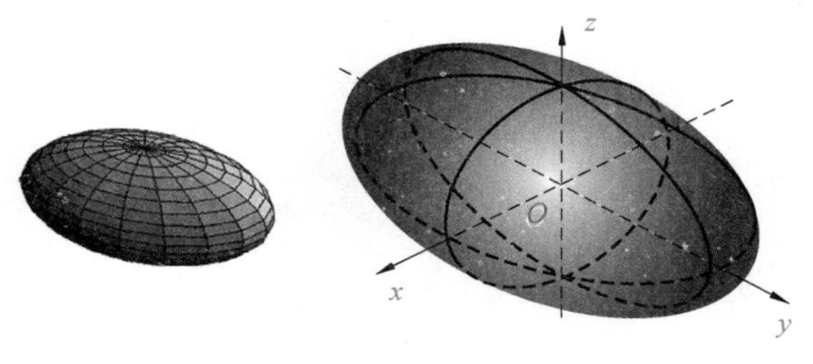

图 7.6.7

用三个坐标面去截椭球面,椭球面与三个坐标面的交线

$$\begin{cases}\dfrac{x^2}{a^2}+\dfrac{y^2}{b^2}=1,\\ z=0,\end{cases}\quad \begin{cases}\dfrac{x^2}{a^2}+\dfrac{z^2}{c^2}=1,\\ y=0,\end{cases}\quad \begin{cases}\dfrac{y^2}{b^2}+\dfrac{z^2}{c^2}=1,\\ x=0\end{cases}$$

分别为对应坐标面上的椭圆.

用平行于 xOy 面的平面 $z=z_1(|z_1|\leqslant c)$ 去截椭球面,可得截痕为在平面 $z=z_1$ 上的椭圆

$$\begin{cases}\dfrac{x^2}{\dfrac{a^2}{c^2}(c^2-z_1^2)}+\dfrac{y^2}{\dfrac{b^2}{c^2}(c^2-z_1^2)}=1,\\ z=z_1,\end{cases}$$

且椭圆截面的大小随平面位置的变化而变化,当 $z_1=\pm c$ 时,截得两点,分别为点 $(0,0,-c)$ 和点 $(0,0,c)$.

同理,分别用平面 $x=x_1(|x_1|\leqslant a)$ 和 $y=y_1(|y_1|\leqslant b)$ 去截椭球面,所得的截痕也是椭圆,椭圆截面的大小随平面位置的变化而变化.

由上面的讨论可知,椭球面上点的坐标满足 $|x|\leqslant a,|y|\leqslant b,|z|\leqslant c$,所以椭球面是含在由平面 $x=\pm a,y=\pm b,z=\pm c$ 所围成的长方体内.

椭球面的几种特殊情况是:

①当 $a=b$ 时,$\dfrac{x^2}{a^2}+\dfrac{y^2}{a^2}+\dfrac{z^2}{c^2}=1$ 为旋转椭球面,可将其看成是由椭圆 $\begin{cases}\dfrac{y^2}{a^2}+\dfrac{z^2}{c^2}=1,\\ x=0\end{cases}$ 绕 z 轴旋转而成,方程可写为 $\dfrac{x^2+y^2}{a^2}+\dfrac{z^2}{c^2}=1$.

旋转椭球面与椭球面的区别是:当用平面 $z=z_1(|z_1|<c)$ 去截旋转椭球面时,所得截痕为圆 $\begin{cases}x^2+y^2=\dfrac{a^2}{c^2}(c^2-z_1^2),\\ z=z_1.\end{cases}$

②当 $a=b=c$ 时,$\dfrac{x^2}{a^2}+\dfrac{y^2}{a^2}+\dfrac{z^2}{a^2}=1$ 为球面,方程可写为 $x^2+y^2+z^2=a^2$.

2.椭圆抛物面

椭圆抛物面的方程为 $\frac{x^2}{2p}+\frac{y^2}{2q}=z$（$p,q$ 同号）（图 7.6.8）.

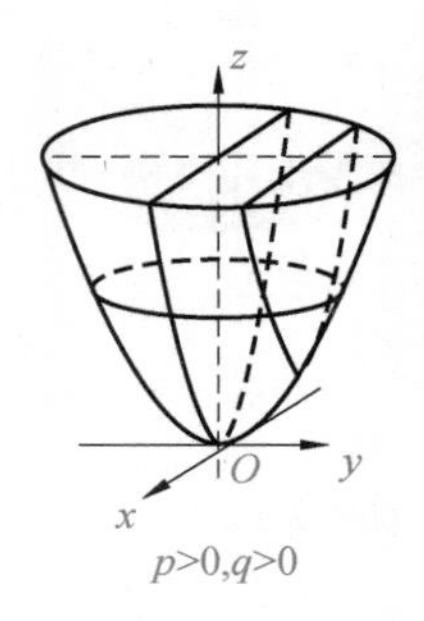

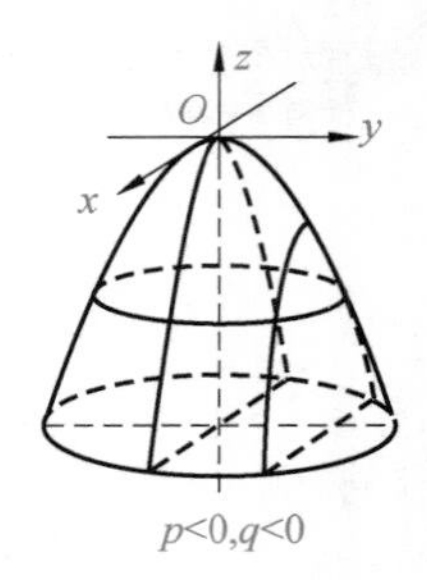

图 7.6.8

用截痕法讨论，设 $p>0,q>0$：

①用 xOy（$z=0$）坐标面与曲面相截，截得一点，即坐标原点 O，原点也叫做椭圆抛物面的顶点.

用平面 $z=z_1$（$z_1>0$）与曲面相截，截痕为椭圆 $\begin{cases}\frac{x^2}{2pz_1}+\frac{y^2}{2qz_1}=1,\\ z=z_1,\end{cases}$ 当 z_1 变动时，该椭圆的中心都位于 z 轴上，且截面的面积随着 z_1 的增大而增大.

曲面与平面 $z=z_1$（$z_1<0$）不相交.

②用 xOz（$y=0$）坐标面与曲面相截，截痕为抛物线 $\begin{cases}x^2=2pz,\\ y=0.\end{cases}$

用平面 $y=y_1$ 与曲面相截，截痕为抛物线 $\begin{cases}x^2=2p\left(z-\frac{y_1^2}{2q}\right),\\ y=y_1,\end{cases}$ 它的轴平行于 z 轴，顶点为 $\left(0,y_1,\frac{y_1^2}{2q}\right)$.

③类似地，用 yOz（$x=0$）坐标面和 $x=x_1$ 平面与曲面相截所得的截痕均为抛物线.

从上面的讨论可知，椭圆抛物面 $\frac{x^2}{2p}+\frac{y^2}{2q}=z$（$p>0,q>0$）的图形位于 xOy 面的上方.

同理，当 $p<0,q<0$ 时可进行类似的讨论.

特别地，当 $p=q$ 时，方程为旋转抛物面 $\frac{x^2}{2p}+\frac{y^2}{2p}=z$（$p>0$）. 用平面 $z=z_1$（$z_1>0$）与该曲面相截，所得截痕为圆 $\begin{cases}x^2+y^2=2pz_1,\\ z=z_1,\end{cases}$ 当 z_1 变动时，该圆的中心都位于 z 轴上.

3.双曲抛物面（马鞍面）

双曲抛物面的方程为 $-\frac{x^2}{2p}+\frac{y^2}{2q}=z$（$p,q$ 同号）（图 7.6.9）.

用截痕法讨论：设 $p>0,q>0$，如图 7.6.9 所示，曲面与平面 $y=k$ 及 $x=k$ 的截痕均为抛物线，与平面 $z=k(k\neq 0)$ 的截痕为双曲线.

4.单叶双曲面

单叶双曲面的方程为 $\frac{x^2}{a^2}+\frac{y^2}{b^2}-\frac{z^2}{c^2}=1$（图 7.6.10）.

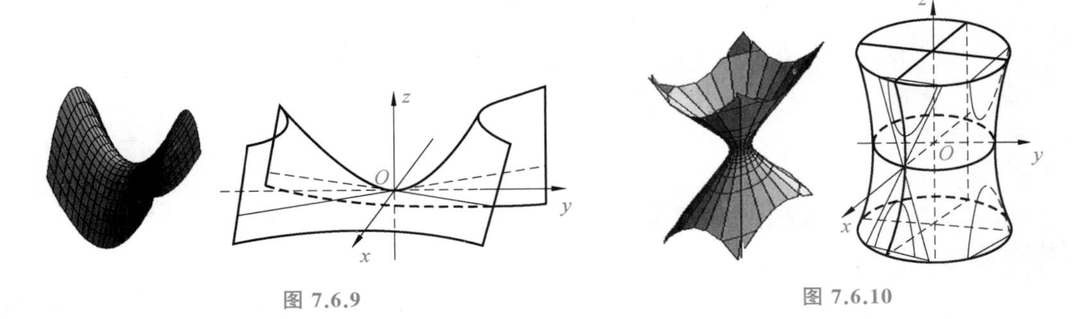

图 7.6.9　　　　图 7.6.10

①用 $xOy(z=0)$ 坐标面与曲面相截，截得的截痕为中心在原点 O 的椭圆

$$\begin{cases}\frac{x^2}{a^2}+\frac{y^2}{b^2}=1,\\ z=0.\end{cases}$$

曲面与平面 $z=z_1$ 相截，所得的截痕为椭圆 $\begin{cases}\frac{x^2}{a^2}+\frac{y^2}{b^2}=1+\frac{z_1{}^2}{c^2},\\ z=z_1,\end{cases}$ 当 z_1 变动时，该椭圆的中心都位于 z 轴上.

②用 $xOz(y=0)$ 坐标面与曲面相截，截得的截痕为中心在原点 O 的双曲线

$$\begin{cases}\frac{x^2}{a^2}-\frac{z^2}{c^2}=1,\\ y=0,\end{cases}$$

其实轴与 x 轴相合，虚轴与 z 轴相合.

曲面与平面 $y=y_1(y_1\neq\pm b)$ 相截，所得的截痕为双曲线

$$\begin{cases}\frac{x^2}{a^2}-\frac{z^2}{c^2}=1-\frac{y_1{}^2}{b^2},\\ y=y_1,\end{cases}$$

双曲线的中心都位于 y 轴上，且有：

- 当 $y_1^2<b^2$ 时，实轴与 x 轴平行，虚轴与 z 轴平行；
- 当 $y_1^2>b^2$ 时，实轴与 z 轴平行，虚轴与 x 轴平行；
- 当 $y_1=b$ 时，截痕为一对相交于点 $(0,b,0)$ 的直线，即 $\begin{cases}\frac{x}{a}-\frac{z}{c}=0,\\ y=b,\end{cases}$ $\begin{cases}\frac{x}{a}+\frac{z}{c}=0,\\ y=b;\end{cases}$

• 当 $y_1=-b$ 时，截痕为一对相交于点$(0,-b,0)$的直线，即 $\begin{cases}\dfrac{x}{a}-\dfrac{z}{c}=0,\\ y=-b,\end{cases}$ $\begin{cases}\dfrac{x}{a}+\dfrac{z}{c}=0,\\ y=-b.\end{cases}$

③类似可得，用 $yOz(x=0)$ 坐标面和 $x=x_1$ 平面与曲面相截均可得到双曲线，当平面 $x=\pm a$ 时，截痕是两对相交直线.

由方程 $\dfrac{x^2}{a^2}+\dfrac{y^2}{b^2}-\dfrac{z^2}{c^2}=-1$ 所确定的曲面为双叶双曲面(图 7.6.11).

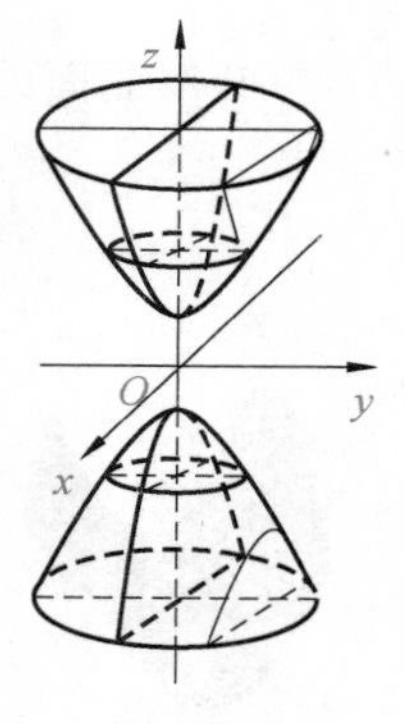

图 7.6.11

例 7.6.5　指出下列方程表示的曲面：

(1) $x^2+3y^2=z$；　　　　(2) $x^2-y^2-z^2=1$.

解　(1)表示顶点在$(0,0,0)$、以 z 轴的正半轴为对称轴的椭圆抛物面；

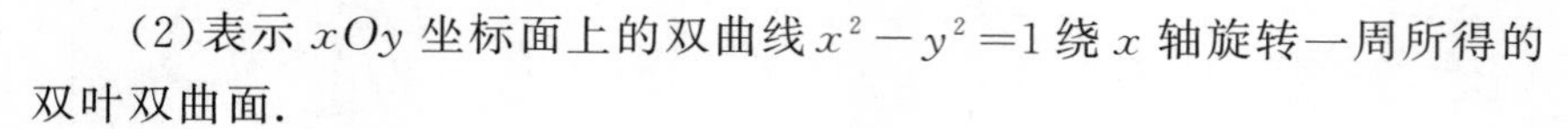

(2)表示 xOy 坐标面上的双曲线 $x^2-y^2=1$ 绕 x 轴旋转一周所得的双叶双曲面.

7.7　空间曲线及其方程

7.7.1　空间曲线的一般方程

在第 7.4 节中已经知道，空间曲线 C 可看作空间两曲面的交线.设

$$S_1:F(x,y,z)=0 \quad 和 \quad S_2:G(x,y,z)=0$$

是两个曲面的方程，则方程组

$$\begin{cases}F(x,y,z)=0,\\ G(x,y,z)=0\end{cases} \tag{7.7.1}$$

就是这两个曲面的交线 C 的方程(图 7.7.1)，该方程组称为空间曲线的一般方程.

显然，曲线 C 上点的坐标满足一般方程，而满足一般方程的点都在曲线 C 上.

图 7.7.1

例 7.7.1　方程组 $\begin{cases}x^2+y^2=1,\\ 2x+3y+3z=6\end{cases}$ 表示怎样的曲线？

解　$x^2+y^2=1$ 表示母线平行于 z 轴的圆柱面，其准线是 xOy 坐标面上圆心位于原点、半径为 1 的圆. $2x+3y+3z=6$ 表示一个平面.方程组则表示平面与圆柱面的交线为椭圆，如图 7.7.2 所示.

例 7.7.2　方程组 $\begin{cases}x^2+y^2=a^2,\\ x^2+z^2=a^2\end{cases}$ (第一卦限部分)表示怎样的曲线？

解　$x^2+y^2=a^2$ 表示母线平行于 z 轴的圆柱面，其准线是 xOy 坐标面上圆心位于原点、半径为 a 的圆. $x^2+z^2=a^2$ 表示母线平行于 y 轴的圆柱面，其准线是 xOz 坐标面上圆心位于原点、半径为 a 的圆，方程组则表示两个圆柱面位于第一卦限部分的交线，如图 7.7.3 所示.

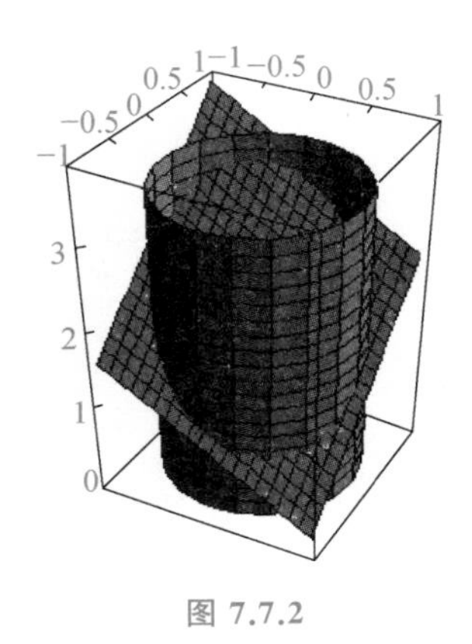

图 7.7.2

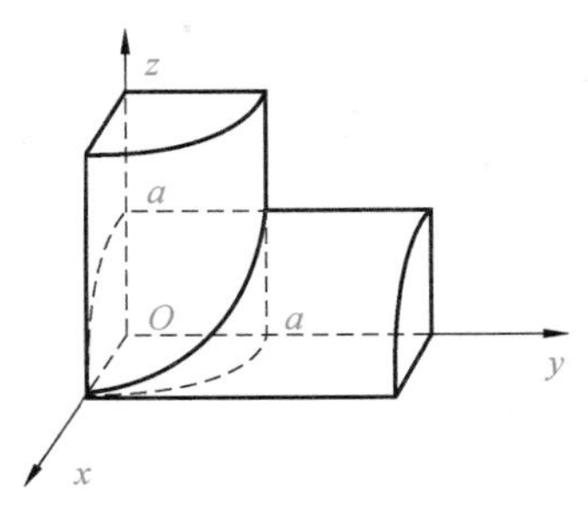

图 7.7.3

若用方程组中的第一个方程减去第二个方程，得同解方程组 $\begin{cases}x^2+y^2=a^2,\\ y^2-z^2=0\end{cases}$（在第一卦限内），方程 $y^2-z^2=0$ 即 $(y+z)(y-z)=0$ 又与方程 $y-z=0$ 同解，故所给曲线可用方程组 $\begin{cases}x^2+y^2=a^2,\\ y-z=0\end{cases}$ 表示，故本例中的交线也可以看作是圆柱面与平面的交线.

从例 7.7.2 中知，任何同解的方程组都可以表示同一条曲线，即空间曲线的一般方程不唯一.

7.7.2 空间曲线的参数方程

空间曲线也可以用参数形式表示，将曲线 C 上动点的坐标 x,y,z 表示为参数 t 的函数，即

$$\begin{cases}x=x(t),\\ y=y(t),\\ z=z(t).\end{cases} \tag{7.7.2}$$

当给定 $t=t_1$ 时，得到曲线上的一点 (x_1,y_1,z_1)，随着参数的变化可得到曲线上的全部点，称方程组(7.7.2)为空间曲线的参数方程.

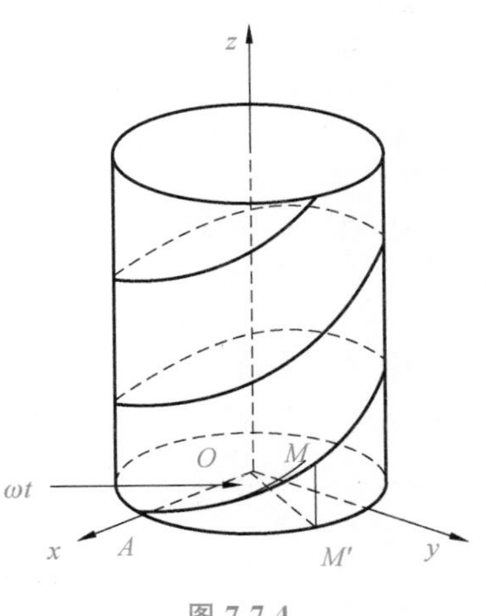

图 7.7.4

例 7.7.3 如果空间一点 M 在圆柱面 $x^2+y^2=a^2$ 上以角速度 ω 绕 z 轴旋转，同时又以线速度 v 沿平行于 z 轴的正方向上升(其中 ω、v 都是常数)，那么点 M 构成的图形叫做螺旋线.试建立其参数方程.

解 取时间 t 为参数，动点从点 $A(a,0,0)$ 出发，经过时间 t 运动到点 $M(x,y,z)$，如图 7.7.4 所示.

记点 M 在 xOy 坐标面上的投影为 $M'(x,y,0)$，由于动点在圆柱面上以角速度 ω 绕 z 轴旋转，所以经过时间 t 后，$\angle AOM'=\omega t$，从而有

$$x=|OM'|\cos\angle AOM'=a\cos\omega t,\quad y=|OM'|\sin\angle AOM'=a\sin\omega t,$$

又由题可知，$z=M'M=vt$，故螺旋线的参数方程为

$$\begin{cases}x=a\cos\omega t,\\ y=a\sin\omega t,\\ z=vt,\end{cases}$$

还可以写为

$$\begin{cases}x=a\cos\theta,\\ y=a\sin\theta,\\ z=b\theta\end{cases}\quad\left(\theta=\omega t, b=\frac{v}{\omega}\right).$$

7.7.3　空间曲线在坐标面上的投影

由关于柱面的讨论知道，只含变量 x,y 而不含变量 z 的方程 $F(x,y)=0$，在空间直角坐标系中表示母线平行于 z 轴、准线为 xOy 坐标面上曲线 C 的柱面.

接下来讨论方程组(7.7.1)消去变量 z 后所得的方程

$$H(x,y)=0.\tag{7.7.3}$$

由于式(7.7.3)是由方程组(7.7.1)消去 z 后得到的结果，因此当 x,y,z 满足方程组(7.7.1)时，x,y 必定满足式(7.7.3)，这说明曲线 C 上的所有点都在由方程(7.7.3)所表示的曲面上.而 $H(x,y)=0$ 表示母线平行于 z 轴的柱面，该柱面必定包含曲线 C. 所以称以曲线 C 为准线、母线平行于 z 轴的柱面为曲线 C 关于 xOy 坐标面的投影柱面，投影柱面与 xOy 坐标面的交线 C' 叫做空间曲线 C 在 xOy 坐标面的投影曲线（或称投影），如图 7.7.5 所示.

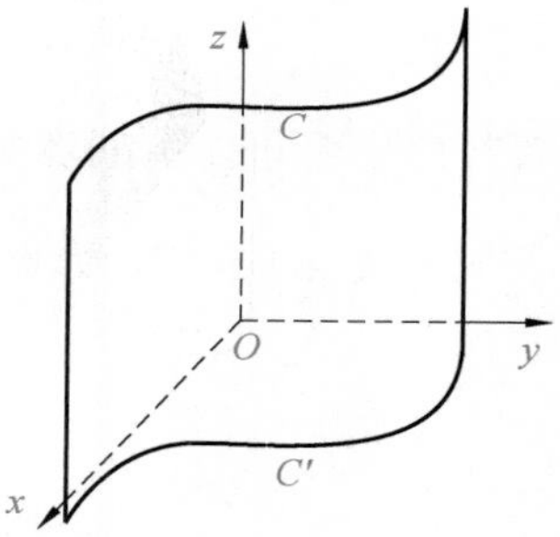

图 7.7.5

方程组

$$\begin{cases}H(x,y)=0,\\ z=0\end{cases}$$

所表示的曲线必定包含空间曲线 C 在 xOy 坐标面的投影.

类似地，可定义空间曲线在其他坐标面上的投影.分别消去变量 x,y，并与 $x=0,y=0$ 联立得：

- yOz 坐标面上的投影曲线 $\begin{cases}R(y,z)=0,\\ x=0;\end{cases}$
- xOz 坐标面上的投影曲线 $\begin{cases}T(x,z)=0,\\ y=0.\end{cases}$

例 7.7.4　求曲线 $\begin{cases}x^2+y^2+z^2=1,\\ z=\dfrac{1}{2}\end{cases}$ 在坐标面上的投影(图 7.7.6).

解　①先求包含交线 C 而母线平行于 z 轴的柱面方程.方程组联立消去变量 z 后得

$x^2+y^2=\frac{3}{4}$，这就是交线 C 关于 xOy 坐标面的投影柱面方程，于是得交线 C 在 xOy 坐标面上的投影为

$$\begin{cases}x^2+y^2=\frac{3}{4},\\ z=0.\end{cases}$$

②因为交线 C 位于平面 $z=\frac{1}{2}$ 上，所以在 xOz 坐标面上的投影为线段 $\begin{cases}z=\frac{1}{2},\\ y=0,\end{cases}|x|\leqslant\frac{\sqrt{3}}{2}$.

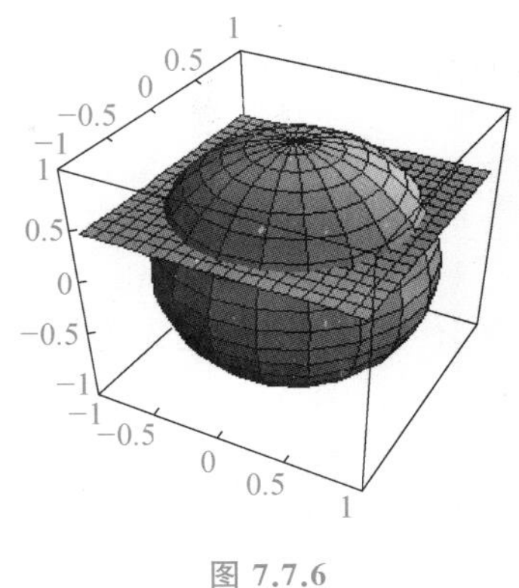

图 7.7.6

③同理，在 yOz 坐标面上的投影也为线段 $\begin{cases}z=\frac{1}{2},\\ x=0,\end{cases}|y|\leqslant\frac{\sqrt{3}}{2}$.

补充　在接下来学习重积分和曲面积分的计算中，往往需要确定一个几何体或曲面在坐标面上的投影，这时就要利用投影柱面和投影曲线，如图 7.7.7 所示.

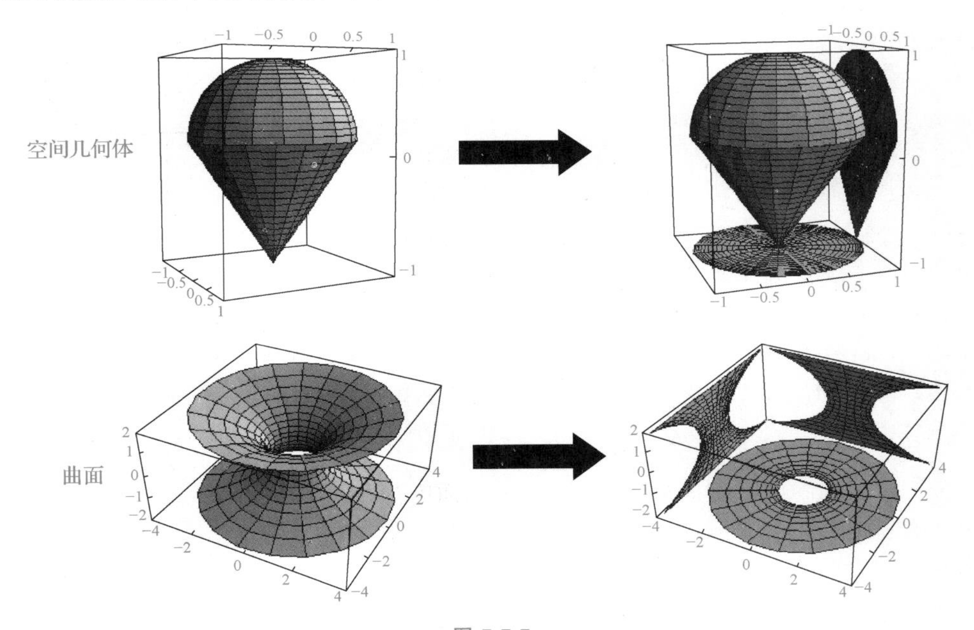

图 7.7.7

例 7.7.5　设一个几何体由上半球面 $z=\sqrt{4-x^2-y^2}$ 和锥面 $z=\sqrt{3(x^2+y^2)}$ 所围成（图 7.7.8），求它在 xOy 面上的投影.

解　半球面与锥面的交线为

$$C:\begin{cases}z=\sqrt{4-x^2-y^2},\\ z=\sqrt{3(x^2+y^2)},\end{cases}$$

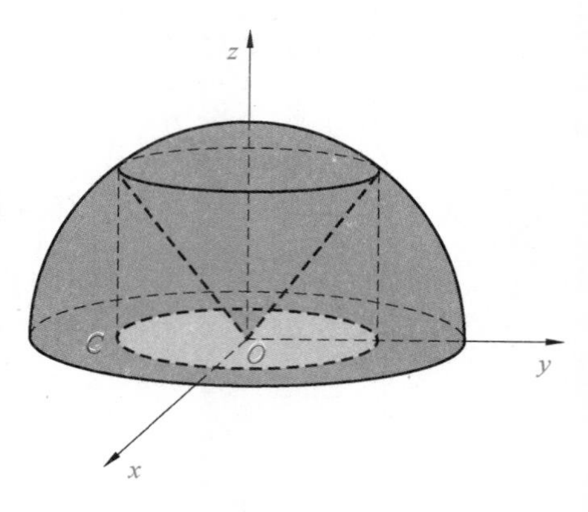

图 7.7.8

消去 z 得交线 C 的投影柱面 $x^2+y^2=1$，则交线 C 在 xOy 坐标面上的投影曲线为

$$\begin{cases} x^2+y^2=1, \\ z=0. \end{cases}$$

这是 xOy 坐标面上的一个圆，因此所求几何体在 xOy 坐标面上的投影就是该圆在 xOy 坐标面上所围成的部分，即 $x^2+y^2\leqslant 1$.

习题 7

1.在空间直角坐标系中，指出下列点位于哪个卦限？

$A(1,-3,3)$； $B(1,2,-4)$； $C(2,-1,-5)$； $D(-1,-3,1)$.

2.指出下列各点位于哪个坐标面上或坐标轴上？

$A(3,4,0)$； $B(0,4,3)$； $C(3,0,0)$； $D(0,-1,0)$.

3.求点 (a,b,c) 关于：(1)坐标面；(2)各坐标轴；(3)坐标原点的对称点的坐标.

4.已知两点 $M_1(2,3,0)$ 和 $M_2(-1,0,1)$. 试用坐标表达式表示向量 $\overrightarrow{M_1M_2}$ 及 $-2\overrightarrow{M_1M_2}$.

5.设 $\vec{a}=3\vec{i}+5\vec{j}-4\vec{k}$，$\vec{b}=2\vec{i}+\vec{j}+8\vec{k}$，求 $\vec{a}-\vec{b}$ 及 $3\vec{a}+2\vec{b}$.

6.已知三个力 $\vec{F}_1=-\vec{i}+2\vec{k}$，$\vec{F}_2=\vec{i}+3\vec{j}-2\vec{k}$，$\vec{F}_3=3\vec{i}+\vec{j}$ 作用于同一点，求合力 $\vec{F}$ 的大小及方向余弦.

7.求平行于向量 $\vec{a}=\{6,7,-6\}$ 的单位向量.

8.在 y 轴上求到两定点 $A(1,-2,1)$ 与 $B(2,1,-2)$ 等距离的点.

9.试证明以三点 $A(4,1,9)$，$B(10,-1,6)$，$C(2,4,3)$ 为顶点的三角形是等腰三角形.

10.设向量 $\vec{r}$ 的模是 4，它与 u 轴的夹角为 $\dfrac{\pi}{3}$，求 $\vec{r}$ 在 u 轴上的投影.

11.设已知两点 $M_1(4,\sqrt{2},1)$ 和 $M_2(3,0,2)$，计算向量 $\overrightarrow{M_1M_2}$ 的模、方向余弦和方向角.

12.设向量 $\vec{a}$ 的方向角 $\alpha=45°$，$\beta=60°$，且 $|\vec{a}|=6$，求向量 $\vec{a}$.

13.设 $\vec{a}=3\vec{i}-\vec{j}-2\vec{k}$，$\vec{b}=\vec{i}+2\vec{j}-\vec{k}$，求：(1) $\vec{a}\cdot\vec{b}$；(2) $\vec{a}\times\vec{b}$；(3) $(-2\vec{a})\cdot 3\vec{b}$；(4) $\vec{a}\times 2\vec{b}$.

14.求 m 的值，使 $\vec{a}=2\vec{i}-3\vec{j}+5\vec{k}$ 与 $\vec{b}=3\vec{i}+m\vec{j}-2\vec{k}$ 互相垂直.

15.设 $\vec{a}=\vec{i}+2\vec{j}-\vec{k}$，$\vec{b}=-\vec{i}+\vec{j}$，求 $\vec{a}$，$\vec{b}$ 夹角 θ 的正弦与余弦.

16.求向量 $\vec{a}=\{4,-3,4\}$ 在向量 $\vec{b}=\{2,2,1\}$ 上的投影.

17.设质量为 100 kg 的物体从点 $M_1(3,1,8)$ 沿直线移动到点 $M_2(1,4,2)$，计算重力所做的功(长度单位为 m，重力方向为 z 轴的负方向).

18.已知 $\triangle ABC$ 的顶点是 $A(1,2,3)$，$B(3,4,5)$，$C(2,4,7)$，求此三角形的面积 S.

19.已知向量 $\vec{a}=2\vec{i}-3\vec{j}+\vec{k}$，$\vec{b}=\vec{i}-\vec{j}+3\vec{k}$，$\vec{c}=\vec{i}-2\vec{j}$，计算：

(1) $(\vec{a}+\vec{b})\times(\vec{b}+\vec{c})$； (2) $(\vec{a}\times\vec{b})\cdot\vec{c}$.

20. $|\vec{a}|=3$，$|\vec{b}|=4$，$|\vec{c}|=5$，且满足 $\vec{a}+\vec{b}+\vec{c}=\vec{0}$，求 $|\vec{a}\times\vec{b}+\vec{b}\times\vec{c}+\vec{c}\times\vec{a}|$.

21.试用向量证明直径所对的圆周角是直角.

22.已知 $\vec{a}=\{a_x,a_y,a_z\}$，$\vec{b}=\{b_x,b_y,b_z\}$，$\vec{c}=\{c_x,c_y,c_z\}$，试利用行列式的性质证明：

$$(\vec{a}\times\vec{b})\cdot\vec{c}=(\vec{b}\times\vec{c})\cdot\vec{a}=(\vec{c}\times\vec{a})\cdot\vec{b}.$$

23.求过点 $(3,0,-1)$ 且与平面 $3x-7y+5z-12=0$ 平行的平面方程.

24.求过点 $A(3,0,0)$ 和 $B(0,0,1)$ 且与 xOy 坐标面成 $\frac{\pi}{3}$ 角的平面方程.

25.求过 x 轴和点 $M(4,-3,-1)$ 的平面方程.

26.求过点 $M_1(1,2,3)$，$M_2(-1,0,0)$，$M_3(3,0,1)$ 的平面方程.

27.求平面 $2x-2y+z+5=0$ 与各坐标面的夹角的余弦.

28.已知 $A(1,2,3)$，$B(2,-1,4)$，求线段 AB 的垂直平分面的方程.

29.指出下列平面的特殊位置，并画出各平面：

(1) $y+z=1$； (2) $x=0$； (3) $x-2z=0$； (4) $x-2y-6=0$.

30.按下列条件求平面方程：

(1)平行于 xOz 坐标面且经过点 $(2,-5,3)$；

(2)平行于 x 轴且经过两点 $(4,0,-2)$ 和 $(5,1,7)$.

31.用对称式方程及参数方程表示直线 $\begin{cases}x-y+z-1=0,\\2x+y+z-4=0.\end{cases}$

32.求过点 $(2,0,-3)$ 且与直线 $\begin{cases}x-2y+4z-7=0,\\3x+5y-2z+1=0\end{cases}$ 垂直的平面方程.

33.设有直线 $L_1:\dfrac{x-1}{1}=\dfrac{y-5}{-2}=\dfrac{z+8}{1}$ 与 $L_2:\begin{cases}x-y=6,\\2y+z=3,\end{cases}$ 求两直线的夹角 θ.

34.求直线 $\begin{cases}x+y+3z=0,\\x-y-z=0\end{cases}$ 与平面 $x-y-z+1=0$ 的夹角 φ.

35.试确定下列各组中直线与平面间的关系：

(1) $\dfrac{x+3}{-2}=\dfrac{y+4}{-7}=\dfrac{z}{3}$ 和 $4x-2y-2z-3=0$；

(2) $\dfrac{x-2}{3}=\dfrac{y+2}{1}=\dfrac{z-3}{-4}$ 和 $x+y+z-3=0$.

36.求过点 $M(2,1,3)$ 且与直线 $\frac{x+1}{3}=\frac{y-1}{2}=\frac{z}{-1}$ 垂直相交的直线方程.

37.求过点$(-1,0,4)$且平行于平面 $3x-4y+z-10=0$，又与直线 $\frac{x+1}{1}=\frac{y-3}{1}=\frac{z}{2}$ 相交的直线方程.

38.建立以点 $(1,3,-2)$ 为球心，且通过坐标原点的球面方程.

39.方程 $x^2+y^2+z^2-2x+4y+2z=0$ 表示怎样的曲面？

40.将下列各曲线绕对应的轴旋转一周，求生成的旋转曲面的方程：

(1)抛物线 $z^2=5x$ 绕 x 轴旋转一周；

(2)圆 $x^2+z^2=9$ 绕 z 轴旋转一周；

(3)双曲线 $4x^2-9y^2=36$ 分别绕 x 轴和 y 轴旋转一周.

41.指出下列方程在空间解析几何中表示什么图形：

(1) $x=2$；　(2) $y=x+1$；　(3) $x^2+y^2=4$；　(4) $x^2-y^2=1$.

42.说明下列旋转曲面是怎样形成的：

(1) $\frac{x^2}{4}+\frac{y^2}{9}+\frac{z^2}{9}=1$；　(2) $x^2-\frac{y^2}{4}+z^2=1$；　(3) $x^2-y^2-z^2=1$.

43.画出由下列曲面所围成的几何体的图形：

(1) $x=0, z=0, x=1, y=2, z=\frac{y}{4}$；

(2) $z=0, z=3, x-y=0, x=\sqrt{3}y, x^2+y^2=1$（在第一卦限内）.

44.下列方程组表示怎样的曲线？并画图.

(1) $\begin{cases} x=1, \\ y=1; \end{cases}$　(2) $\begin{cases} z=\sqrt{a^2-x^2-y^2}, \\ \left(x-\frac{a}{2}\right)^2+y^2=\frac{a^2}{4}. \end{cases}$

45.求曲线 $\begin{cases} z=y^2, \\ x=0 \end{cases}$ 绕 z 轴旋转的曲面与平面 $x+y+z=1$ 的交线在三个坐标面上的投影的曲线方程.

46.求由锥面 $z=\sqrt{x^2+y^2}$ 及柱面 $z^2=2x$ 所围成的几何体在三个坐标面上的投影.

第 8 章

多元函数微分法及其应用

多元函数是一元函数的推广，其特点是在函数关系式中有多个自变量.它与一元函数相应的概念、性质、方法有很多相似之处，但也有很大区别.本章将重点以二元函数为例，讨论其相应的概念、性质、方法，并将其推广到一般的多元函数中.

8.1 多元函数的基本概念

8.1.1 n 维空间中的点集、区域

一元函数的概念、性质、方法都是基于一维数轴上的点集、区间和邻域给出的，为了研究多元函数的性质，先要将这些概念推广至高维空间.

1. n 维空间中的点集

所有 n 元有序数组 $(x_1,x_2,\cdots,x_n)$ 对应的点的集合称为 n 维空间，记为 R^n，即

$$R^n = R \times R \times \cdots \times R = \{(x_1,x_2,\cdots,x_n) \mid x_k \in R, k=1,2,\cdots,n\}.$$

n 维空间的每一个元素 $(x_1,x_2,\cdots,x_n)$ 称为空间中的一个点. 当 $n=1$ 时，R^1 是一维空间，即数轴上所有点的集合；当 $n=2$ 时，R^2 是二维空间，即平面上所有点的集合；当 $n=3$ 时，R^3 是三维空间，即空间中所有点的集合.

一般地，对于满足某种性质的点的集合可记为

$$E = \{M \mid M\text{满足的性质}\}.$$

例如，平面上的点集 $E=\{(x,y) \mid x^2+y^2<1\}$ 表示二维平面上以点$(0,0)$为圆心、半径为 1 的圆内所有点的集合；三维空间中的点集 $E=\{(x,y,z) \mid x^2+y^2+z^2<1\}$ 表示以点 $(0,0,0)$ 为球心、半径为 1 的球面内所有点的集合.

n 维空间的两点 $P_1=(x_1,x_2,\cdots,x_n)$，$P_2=(y_1,y_2,\cdots,y_n)$ 之间的距离为

$$\| P_1P_2 \| = \sqrt{(x_1-y_1)^2+(x_2-y_2)^2+\cdots+(x_n-y_n)^2}.$$

2. 邻　域

对任意的$\delta > 0$，所有与定点P_0的距离小于δ的点的全体，称为点P_0的δ邻域，记作$U(P_0,\delta)$.

特别地，设$P_0(x_0,y_0)$为xOy平面上一点，$\delta > 0$，则与点P_0距离小于δ的点$P(x,y)$的全体称为点P_0的δ圆邻域，记作$U(P_0,\delta)$，即

$$U(P_0,\delta)=\{P \mid |P_0P| < \delta\}=\{(x,y) \mid \sqrt{(x-x_0)^2+(y-y_0)^2} < \delta\},$$

其中，P_0称为邻域的中心，δ称为邻域的半径. 平面上点$P_0(x_0,y_0)$的δ圆邻域是以点$P_0(x_0,y_0)$为中心、δ为半径的圆内所有点的集合（图 8.1.1).

图 8.1.1

点P_0的去心δ圆邻域，记作

$$\mathring{U}(P_0,\delta)=\{(x,y) \mid 0 < \sqrt{(x-x_0)^2+(y-y_0)^2} < \delta\}.$$

如果不需要强调邻域的半径δ，则点P_0的δ圆邻域也可记作$U(P_0)$，点P_0的去心δ圆邻域也可记作$\mathring{U}(P_0)$. 通常所说的邻域是指$P_0(x_0,y_0)$的δ圆邻域.

3. 内点、外点、边界点、聚点

考察平面上任意一点P与任一点集E之间的关系是：

①内点：若存在点P的某个邻域，使得该邻域内的点都属于E，则称点P是点集E的内点（如图 8.1.2 中，P_1是点集E的内点）；

②外点：若存在点P的某个邻域，使得该邻域内的点都不属于E，则称点P是点集E的外点（如图 8.1.2 中，P_2是点集E的外点）；

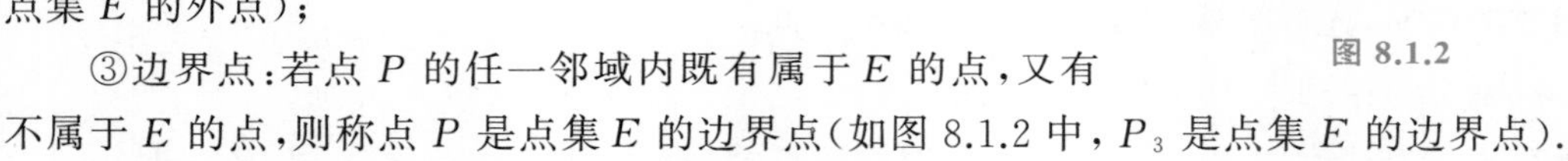

图 8.1.2

③边界点：若点P的任一邻域内既有属于E的点，又有不属于E的点，则称点P是点集E的边界点（如图 8.1.2 中，P_3是点集E的边界点).

点集E的边界点的全体，称为点集E的边界，记为∂E.

显然，E的内点必属于E；E的外点必不属于E；E的边界点可能属于E，也可能不属于E.

④聚点：若点P的任一去心邻域$\mathring{U}(P,\delta)$内至少有一个点属于E，则称点P是点集E的聚点. 由定义知，集合E的内点必是聚点；外点一定不是聚点；而边界点可能是聚点，也可能不是聚点.

例如，设有平面点集$E=\{(x,y) \mid 0 < x^2+y^2 \leqslant 1\}$. 满足$0 < x^2+y^2 < 1$的一切点都是$E$的内点；满足$x^2+y^2=1$的一切点都是$E$的边界点，它们属于$E$；满足$x^2+y^2=0$的点也是$E$的边界点，但不属于$E$；而满足$1 \leqslant x^2+y^2 \leqslant 4$的一切点都是$E_1=\{(x,y) \mid 1 \leqslant x^2+y^2 \leqslant 4\}$的聚点.

4. 一些常见的平面点集

设集合 $E \subset R^2$.

开集:若集合 E 中的所有点都是 E 的内点,则称 E 为 R^2 中的一个开集.

闭集:若集合 E 的补集 $E^c = R^2 \backslash E$ 是 R^2 中的开集,即 E 的所有聚点都属于 E,则称 E 为 R^2 中的闭集.

有界集:设有一定点 $P_0(x_0, y_0) \in E, E \subset R^2$,若 $\exists M > 0$,使得 $\forall P(x,y) \in E$,有 $|PP_0| \leqslant M$,则称 E 是有界集,否则称 E 是无界集.

连通集:若集合 E 内任意两点 P_1 和 P_2 都可用包含在 E 内的折线连接起来,则称 E 为连通集.

开区域(或区域):连通的开集称为开区域或区域.

如果区域 D 中的任一条闭曲线所包围的点都属于 D,则称区域 D 为单连通区域;否则,称 D 为复连通区域.

闭区域:开区域加上它的边界所构成的集合,称为闭区域.

有界区域/无界区域:有界集所构成的区域称为有界区域;否则,称为无界区域.

例如,$D_1 = \{(x,y) \mid x^2 + y^2 \leqslant 1\}$ 是有界闭区域,$D_2 = \{(x,y) \mid x - y > 1\}$ 是无界开区域.

8.1.2 多元函数的概念

下面以二元函数为例给出多元函数的定义,并讨论其相应的性质.这些结果可以推广至二元以上的函数.

1. 二元函数的概念

定义 8.1.1 设 D 是 R^2 的一个非空子集,若按照某对应法则 f,D 中每一点 $P(x,y)$ 总有唯一确定的实数 z 与之对应,则称 z 是变量 x,y 的二元函数,通常记作

$$z = f(x,y), \quad (x,y) \in D,$$

其中,x,y 称为自变量,z 称为因变量,子集 D 称为函数的定义域,函数值的全体称为函数的值域,记为 $f(D)$,即

$$f(D) = \{z \mid z = f(x,y), (x,y) \in D\}.$$

类似可得,如果 V 是 R^3 中的非空子集,则可定义在 V 上的一个三元函数 $u = f(x,y,z)$,$(x,y,z) \in V$.

一般地,n 元函数的定义为:设 D 是 R^n 的一个非空子集,若有某个对应法则 f,使 D 内任意一点 $P(x_1, x_2, \cdots, x_n)$,总有唯一确定的实数 u 与之对应,则称 u 是变量 $x_1, x_2, \cdots, x_n$ 的 n 元函数,通常记作

$$u = f(x_1, x_2, \cdots, x_n), \quad (x_1, x_2, \cdots, x_n) \in D.$$

2. 二元函数的图像

二元函数的图像为三维空间 R^3 中的点集，即

$$\{(x,y,z)\mid z=f(x,y),(x,y)\in D\},$$

一般它表示的是三维空间中的一张曲面，该曲面在空间直角坐标系中 xOy 面上的投影即为二元函数的定义域（图 8.1.3）.

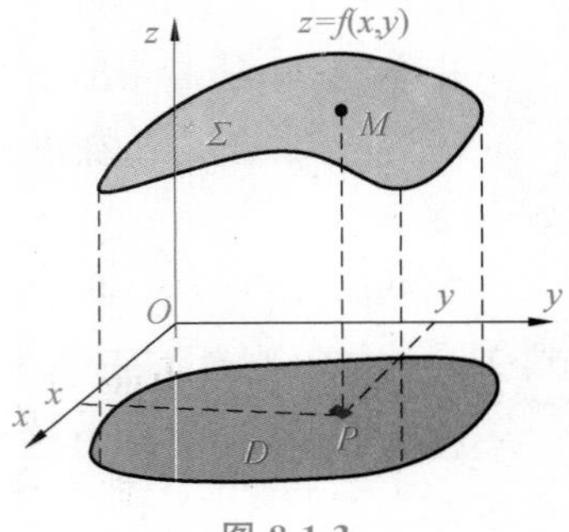

图 8.1.3

与一元函数类似，由某个解析式表示的多元函数的定义域是所有使算式有意义的自变量的点所构成的集合.

例 8.1.1　求下列函数的定义域：

(1) $z=\ln(1-x^2-y^2)$；　(2) $z=\sqrt{x-\sqrt{y}}$.

解　(1)函数的定义域为 $\{(x,y)\mid x^2+y^2\leqslant 1\}$；

(2)函数的定义域为 $\{(x,y)\mid x\geqslant\sqrt{y},y\geqslant 0\}$.

8.1.3　多元函数的极限

定义 8.1.2　设函数 $z=f(x,y)$ 在点 $P_0(x_0,y_0)$ 的某个去心邻域 $\mathring{U}(P_0)$ 内有定义，点 $P(x,y)$ 是 $\mathring{U}(P_0)$ 内异于 P_0 的任一点，当 $P(x,y)$ 沿着任意路径无限趋近于 $P_0(x_0,y_0)$ 时，函数 $f(x,y)$ 总是无限趋近于一个确定的常数 A，则称 A 是函数 $f(x,y)$ 当 $(x,y)\to(x_0,y_0)$ 时的二重极限，记作

$$\lim_{(x,y)\to(x_0,y_0)}f(x,y)=A\quad\text{或}\quad\lim_{\substack{x\to x_0\\ y\to y_0}}f(x,y)=A.$$

注意　①二重极限的定义也可表示为：设 f 是定义在 $D\subset R^2$ 上的一个二元函数，点 $P_0(x_0,y_0)$ 是 D 的聚点.若存在常数 A，使得对 $\forall\varepsilon>0,\exists\delta>0$，当点 $P_0(x_0,y_0)\in\mathring{U}(P_0,\delta)\cap D$ 时，有 $|f(x,y)-A|<\varepsilon$ 成立，则称 A 为函数 $f(x,y)$ 当点 $P(x,y)$ 趋近于 $P_0(x_0,y_0)$ 时的极限.

②对于多元函数的极限 $\lim\limits_{P\to P_0}f(x,y)=A$，由于点 $P_0(x_0,y_0)$ 的邻域是一个平面点集，因此，当点 $f(x,y)$ 趋近于点 $P_0(x_0,y_0)$ 时可以沿着邻域内的任意曲线，所以不能根据当点 $P(x,y)$ 沿着某一条（或几条）特殊路径趋近于 $P_0(x_0,y_0)$ 时，$f(x,y)$ 趋近于某一常数就能断定它有极限.二重极限存在的充分必要条件是：当点 $P(x,y)$ 在邻域内以任何方式趋近于 $P_0(x_0,y_0)$ 时，$f(x,y)$ 都以常数 A 为极限.如果当点 $P(x,y)$ 沿着不同路径趋近于 $P_0(x_0,y_0)$ 时，$f(x,y)$ 趋近于不同的数，则可断定 $f(x,y)$ 在 $P_0(x_0,y_0)$ 处没有极限.

③多元函数的极限运算与一元函数的极限运算有类似的法则.

例 8.1.2　求下列极限：

(1) $\lim\limits_{(x,y)\to(1,0)}\dfrac{\sin(xy)}{y}$；　(2) $\lim\limits_{(x,y)\to(0,2)}\dfrac{\sqrt{4+xy}-2}{x}$.

解　(1) $\lim\limits_{(x,y)\to(1,0)}\dfrac{\sin(xy)}{y}=\lim\limits_{(x,y)\to(1,0)}\left[\dfrac{\sin(xy)}{xy}\cdot x\right]$.

因为

$$\lim_{(x,y)\to(1,0)}\frac{\sin(xy)}{xy}\xlongequal{令 u=xy}\lim_{u\to 0}\frac{\sin u}{u}=1,\quad \lim_{(x,y)\to(1,0)}x=1,$$

所以

$$\lim_{(x,y)\to(1,0)}\frac{\sin(xy)}{y}=1.$$

(2) $\lim\limits_{(x,y)\to(0,2)}\dfrac{\sqrt{4+xy}-2}{x}=\lim\limits_{(x,y)\to(0,2)}\left(\dfrac{\sqrt{4+xy}-2}{xy}\cdot y\right).$

因为

$$\lim_{(x,y)\to(0,2)}\frac{\sqrt{4+xy}-2}{xy}\xlongequal{令 t=xy}\lim_{t\to 0}\frac{\sqrt{4+t}-2}{t}=\lim_{t\to 0}\frac{1}{\sqrt{4+t}+2}=\frac{1}{4},$$

$$\lim_{(x,y)\to(0,2)}y=2,$$

所以

$$\lim_{(x,y)\to(0,2)}\frac{\sqrt{4+xy}-2}{x}=\frac{1}{4}\times 2=\frac{1}{2}.$$

例 8.1.3 设 $f(x,y)=\dfrac{xy}{x^2+y^2}$,讨论极限 $\lim\limits_{(x,y)\to(0,0)}f(x,y)$ 是否存在.

解 考虑 $y=kx(k\neq 0)$,当动点 (x,y) 沿着直线 $y=kx$ 趋近于$(0,0)$时,

$$\lim_{\substack{(x,y)\to(0,0)\\ y=kx}}f(x,y)=\lim_{x\to 0}\frac{kx^2}{x^2+k^2x^2}=\frac{k}{1+k^2},$$

此值与 k 的取值有关,即当 k 取不同的值时,函数趋近于不同的常数,故当 $(x,y)\to(0,0)$ 时,函数 $f(x,y)$ 的极限不存在.

8.1.4 多元函数的连续性

1.多元函数连续性的概念

类似于一元函数的连续性,这里可以给出二元函数在一点连续的定义.

定义 8.1.3 设 $z=f(x,y)$ 是定义在 $D\subset R^2$ 上的二元函数,点 $P_0(x_0,y_0)$ 是 D 的聚点且 $P_0(x_0,y_0)\in D$. 若

$$\lim_{(x,y)\to(x_0,y_0)}f(x,y)=f(x_0,y_0),$$

则称函数 $f(x_0,y_0)$ 在点 $P_0(x_0,y_0)$ 处连续,称点 P_0 为函数 $f(x,y)$ 的连续点. 否则称 $z=f(x,y)$ 在点 $P_0(x_0,y_0)$ 处是间断的,点 $P_0(x_0,y_0)$ 称为函数 $f(x,y)$ 的间断点.

若令 $x=x_0+\Delta x,y=y_0+\Delta y$,则称 $\Delta z=f(x_0+\Delta x,y_0+\Delta y)-f(x_0,y_0)$ 为当自变量在 x_0,y_0 处分别有增量 $\Delta x,\Delta y$ 时函数 $f(x,y)$ 的全增量,因此当 $(x,y)\to(x_0,y_0)$ 时,有$\Delta x\to 0,\Delta y\to 0$.由点$(x,y)$ 到点 (x_0,y_0) 的距离可得

$$\rho=\sqrt{(x-x_0)^2+(y-y_0)^2}=\sqrt{(\Delta x)^2+(\Delta y)^2}\to 0\quad(\Delta x\to 0,\Delta y\to 0),$$

则多元函数连续的另一个定义为

$$\lim_{\substack{\Delta x \to 0 \\ \Delta y \to 0}} \Delta z = \lim_{\rho \to 0} \Delta z = 0.$$

若函数 $z=f(x,y)$ 在区域 D 内的每一点都连续，则称 $z=f(x,y)$ 在区域 D 内连续，或称 $f(x,y)$ 是 D 上的连续函数.

类似地，可定义 n 元函数的连续性.

对于多元函数，除可能存在间断点外，还可能存在间断线、间断面等.

多元连续函数的运算法则及多元函数的连续性与一元函数相同，即多元连续函数的和、差、积、商（分母函数不为零处）仍是连续函数，多元连续函数的复合函数也仍是连续函数.

由常量及具有不同变量的一元基本初等函数经过有限次四则运算和有限次复合而得到的，可用一个分析式表示的多元函数称为多元初等函数.

例如，e^{x+y}、$\sin\dfrac{1}{\sqrt{x^2+y^2-z}}$ 等都是多元初等函数.

一切多元初等函数在其定义区域内都是连续的. 这里所说的定义区域是指包含在定义域内的区域或闭区域

2.有界闭区域上连续函数的性质

将一元连续函数在闭区间上的重要性质推广到多元连续函数，不加证明地给出在有界闭区域上的多元连续函数具有的性质.

性质 8.1.1（有界性与最大值、最小值定理） 在有界闭区域 D 上连续的多元函数，必定在 D 上有界，且能取得它的最大值和最小值.

也就是说，若 $f(P)$ 在有界闭区域 D 上连续，则必存在常数 $M>0$，使得对一切 $P\in D$，有 $|f(P)|\leqslant M$，且存在 $P_1,P_2\in D$，使得

$$f(P_1)=\max\{f(P)\mid P\in D\},\quad f(P_2)=\min\{f(P)\mid P\in D\}.$$

性质 8.1.2（介值定理） 在有界闭区域 D 上连续的多元函数，必能取得介于最大值和最小值之间的任何值.

也就是说，若 $f(P_1)=\max\{f(P)\mid P\in D\}$，$f(P_2)=\min\{f(P)\mid P\in D\}$，则当 $f(P_2)<m<f(P_1)$ 时，至少在 D 上存在一点 P，使得 $f(P)=m$ 成立.

8.2 偏导数与全微分

8.2.1 偏导数的定义

与一元函数中研究了函数关于自变量的变化率问题类似，对于多元函数，也会遇到需要研究它关于某个自变量的变化率问题. 因为多元初等函数的自变量有多个，而这些自变量是相互独立的，当其中的任一自变量发生改变时，函数都会发生相应的变化，因此当讨论其中某个自变量发生变化，而函数相对于其变化所产生的变化率时，就产生了偏导数的概念.

定义 8.2.1 设函数 $z=f(x,y)$ 在点 (x_0,y_0) 的某邻域内有定义. 当固定 $y=y_0$，而 x 在

x_0 处取得增量 Δx 时，函数相应地取得增量 $\Delta_x z=f(x_0+\Delta x,y_0)-f(x_0,y_0)$，称其为函数 $z=f(x,y)$ 在点(x_0,y_0) 处关于 x 的偏增量.若极限

$$\lim_{\Delta x\to 0}\frac{\Delta_x z}{\Delta x}=\lim_{\Delta x\to 0}\frac{f(x_0+\Delta x,y_0)-f(x_0,y_0)}{\Delta x}$$

存在，则称此极限为函数 $z=f(x,y)$ 在点(x_0,y_0) 处关于变量 x 的偏导数，记作

$$\left.\frac{\partial z}{\partial x}\right|_{\substack{x=x_0\\y=y_0}},\left.\frac{\partial f}{\partial x}\right|_{\substack{x=x_0\\y=y_0}},\left.z_x\right|_{\substack{x=x_0\\y=y_0}},\left.z'_x\right|_{\substack{x=x_0\\y=y_0}}\quad \text{或}\quad f_x(x_0,y_0),f'_x(x_0,y_0)$$

等，即

$$f'_x(x_0,y_0)=\lim_{\Delta x\to 0}\frac{\Delta_x z}{\Delta x}=\lim_{\Delta x\to 0}\frac{f(x_0+\Delta x,y_0)-f(x_0,y_0)}{\Delta x}.$$

类似地，当固定 $x=x_0$，函数相应于变量 y 的偏增量为 $\Delta_y z=f(x_0,y_0+\Delta y)-f(x_0,y_0)$ 时，若极限

$$\lim_{\Delta y\to 0}\frac{\Delta_y z}{\Delta y}=\lim_{\Delta y\to 0}\frac{f(x_0,y_0+\Delta y)-f(x_0,y_0)}{\Delta y}$$

存在，则称此极限为函数 $z=f(x,y)$ 在点(x_0,y_0) 处关于变量 y 的偏导数，记作

$$\left.\frac{\partial z}{\partial y}\right|_{\substack{x=x_0\\y=y_0}},\left.\frac{\partial f}{\partial y}\right|_{\substack{x=x_0\\y=y_0}},\left.z_y\right|_{\substack{x=x_0\\y=y_0}},\left.z'_y\right|_{\substack{x=x_0\\y=y_0}}\quad \text{或}\quad f_y(x_0,y_0),f'_y(x_0,y_0)$$

等.

若函数 $z=f(x,y)$ 在点(x_0,y_0) 处关于 x,y 的偏导数都存在，则称函数在点 (x_0,y_0) 处可偏导.

若函数 $z=f(x,y)$ 在区域 D 中的每一点 (x,y) 都是可偏导的，则称函数在 D 中可偏导.这些偏导数仍是 x,y 的函数，称它们为 $z=f(x,y)$ 的偏导函数，简称偏导数，记作 $\frac{\partial z}{\partial x}$，$\frac{\partial z}{\partial y}$；$\frac{\partial f}{\partial x}$，$\frac{\partial f}{\partial y}$；$z_x,z_y$；$z'_x,z'_y$；$f_x(x,y),f_y(x,y)$；$f'_x(x,y),f'_y(x,y)$ 等.

偏导数的概念可以推广到二元以上的函数，如 $u=f(x,y,z)$ 在点(x,y,z) 处对 x 的偏导数定义为

$$\frac{\partial u}{\partial x}=\lim_{\Delta x\to 0}\frac{f(x+\Delta x,y,z)-f(x,y,z)}{\Delta x}.$$

8.2.2 偏导数的几何意义

设 $z=f(x,y)$ 表示空间中的一个曲面，若固定 $y=y_0$，则$\begin{cases}z=f(x,y),\\y=y_0\end{cases}$ 表示平面 $y=y_0$ 与曲面 $z=f(x,y)$ 的交线，此交线位于平面 $y=y_0$ 上，$M(x_0,y_0,z_0)(z_0=f(x_0,y_0))$ 为曲面上的点.

由二元函数偏导数的定义知，$z=f(x,y)$ 在点(x_0,y_0) 处对 x 的偏导数 $f'_x(x_0,y_0)$ 就是一元函数 $z=f(x,y_0)$ 在 x_0 处的导数，由导数的几何意义可知，$\left.\frac{\mathrm{d}}{\mathrm{d}x}f(x,y_0)\right|_{x=x_0}$ 即

$f'_x(x_0,y_0)$ 是曲线 $\begin{cases} z=f(x,y), \\ y=y_0 \end{cases}$ 在点 $M_0(x_0,y_0,z_0)$ 处的切线 M_0T_x 对 x 轴的斜率. 同理, $f'_y(x_0,y_0)$ 是曲线 $\begin{cases} z=f(x,y), \\ x=x_0 \end{cases}$ 在点 $M_0(x_0,y_0,z_0)$ 处的切线 M_0T_y 对 y 轴的斜率(图 8.2.1).

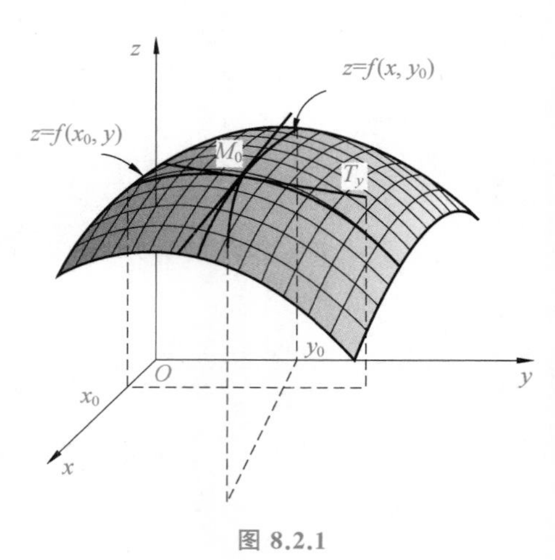

图 8.2.1

8.2.3 偏导数的计算

从偏导数的定义可以看到,在讨论多元函数的偏导数时,只是让一个自变量变化,而将其余的变量固定,就可将多元函数视为关于某一个变量的一元函数,之后再考虑其变化率的问题.因此,计算多元函数的偏导数实际上就是采用一元函数求导数的方法,只是需要注意在计算过程中函数被视为哪个变量的一元函数.

例 8.2.1 求 $f(x,y)=x^5-x^4y^3+y^2$ 在点(1,1)处的偏导数.

解 把 y 看作常量,对 x 求导得

$$\frac{\partial f}{\partial x}=5x^4-4x^3y^3, \quad \left.\frac{\partial f}{\partial x}\right|_{(1,1)}=1;$$

把 x 看作常量,对 y 求导得

$$\frac{\partial f}{\partial y}=-3x^4y^2+2y, \quad \left.\frac{\partial f}{\partial y}\right|_{(1,1)}=-1.$$

例 8.2.2 求 $u=\ln(x+2y+z^3)$ 的偏导数.

解 这是一个三元函数,由类似于二元函数的计算可知,把 y,z 看作常量,对 x 求导得

$$\frac{\partial u}{\partial x}=\frac{1}{x+2y+z^3}.$$

同理,把 x,z 看作常量,对 y 求导得

$$\frac{\partial u}{\partial y}=\frac{2}{x+2y+z^3};$$

把 x,y 看作常量,对 z 求导得

$$\frac{\partial u}{\partial z}=\frac{3z^2}{x+2y+z^3}.$$

例 8.2.3 已知理想气体的状态方程 $PV=RT$(R 为常数),求$\frac{\partial P}{\partial V}\cdot\frac{\partial V}{\partial T}\cdot\frac{\partial T}{\partial P}$.

解 由已知可得 $P=\frac{RT}{V}$, 所以 $\frac{\partial P}{\partial V}=-\frac{RT}{V^2}$;

由已知可得 $V=\frac{RT}{P}$, 所以 $\frac{\partial V}{\partial T}=\frac{R}{P}$;

由已知可得 $T=\frac{PV}{R}$, 所以 $\frac{\partial T}{\partial P}=\frac{V}{R}$.

故 $\frac{\partial P}{\partial V}\cdot\frac{\partial V}{\partial T}\cdot\frac{\partial T}{\partial P}=-\frac{RT}{V^2}\cdot\frac{R}{P}\cdot\frac{V}{R}=-1$.

此例的结果表明,偏导数记号与一元函数的导数记号之间有一个区别:对于一元函数而言,$\frac{\mathrm{d}y}{\mathrm{d}x}$ 可以看作是两个微分 $\mathrm{d}y$,$\mathrm{d}x$ 之商,而多元函数的偏导数 $\frac{\partial z}{\partial x}$ 或$\frac{\partial z}{\partial y}$ 是一个整体的记号.

例 8.2.4 讨论 $f(x,y)=\begin{cases}\frac{xy}{x^2+y^2}, & x^2+y^2\neq 0,\\ 0, & x^2+y^2=0\end{cases}$ 在点(0,0)处的连续性与可导性.

解 由例 8.1.3 知 $\lim\limits_{\substack{x\to 0\\ y\to 0}}\frac{xy}{x^2+y^2}$ 不存在,所以函数 $f(x,y)$ 在点(0,0)处不连续.由偏导数的定义得

$$f_x(0,0)=\lim_{\Delta x\to 0}\frac{f(0+\Delta x,0)-f(0,0)}{\Delta x}=\lim_{\Delta x\to 0}\frac{\frac{\Delta x\cdot 0}{(\Delta x)^2+0^2}-0}{\Delta x}=0,$$

$$f_y(0,0)=\lim_{\Delta x\to 0}\frac{f(0,0+\Delta y)-f(0,0)}{\Delta y}=\lim_{\Delta x\to 0}\frac{\frac{0\cdot\Delta y}{0^2+(\Delta y)^2}-0}{\Delta y}=0,$$

所以函数在点(0,0)处的两个偏导数存在.

由此例可知,对于多元函数来说,函数在一点处不连续,并不能推出函数在该点处的偏导数不存在;或者说如果函数在某点处的偏导数存在,并不能保证它在此点处是连续的. 这与一元函数中关于函数在一点处的可导性与连续性之间的关系是不同的.

8.2.4 高阶偏导数

在一元函数中,若一元函数的一阶导函数仍然可导,则其导函数的导数称为函数的二阶导数,对于多元函数也可类似地定义其二阶偏导数.

设二元函数 $z=f(x,y)$ 在区域 D 内可偏导,其偏导数 $f'_x(x,y)$,$f'_y(x,y)$ 仍然是自变量 x,y 的二元函数,若 $f'_x(x,y)$,$f'_y(x,y)$ 的偏导数也存在,则称它们为函数 $z=f(x,y)$ 的二阶偏导数. 二元函数的二阶偏导数有以下四种类型:

$$\frac{\partial}{\partial x}\left(\frac{\partial z}{\partial x}\right)=\frac{\partial^2 z}{\partial x^2}=f''_{xx}(x,y),\quad \frac{\partial}{\partial y}\left(\frac{\partial z}{\partial x}\right)=\frac{\partial^2 z}{\partial x\partial y}=f''_{xy}(x,y),$$

$$\frac{\partial}{\partial x}\left(\frac{\partial z}{\partial y}\right)=\frac{\partial^2 z}{\partial y\partial x}=f''_{yx}(x,y),\quad \frac{\partial}{\partial y}\left(\frac{\partial z}{\partial y}\right)=\frac{\partial^2 z}{\partial y^2}=f''_{yy}(x,y),$$

其中，$f''_{xx}(x,y)$ 称为函数 $z=f(x,y)$ 关于 x 的二阶偏导数，$f''_{yy}(x,y)$ 称为函数 $z=f(x,y)$ 关于 y 的二阶偏导数，$f''_{xy}(x,y)$ 和 $f''_{yx}(x,y)$ 称为函数 $z=f(x,y)$ 关于 x,y 的二阶混合偏导数. $\frac{\partial}{\partial y}\left(\frac{\partial z}{\partial x}\right)=\frac{\partial^2 z}{\partial x\partial y}$ 表示函数先对 x 后对 y 的求导次序，$\frac{\partial}{\partial x}\left(\frac{\partial z}{\partial y}\right)=\frac{\partial^2 z}{\partial y\partial x}$ 表示函数先对 y 后对 x 的求导次序.

类似地，可定义三阶及三阶以上的偏导数. 二阶及二阶以上的偏导数统称为高阶偏导数.

例 8.2.5 验证 $u=z\arctan\frac{x}{y}$ 满足 Laplace 方程 $\frac{\partial^2 u}{\partial x^2}+\frac{\partial^2 u}{\partial y^2}+\frac{\partial^2 u}{\partial z^2}=0$.

解 由于

$$\frac{\partial u}{\partial x}=\frac{yz}{x^2+y^2},\quad \frac{\partial u}{\partial y}=\frac{-xz}{x^2+y^2},\quad \frac{\partial u}{\partial z}=\arctan\frac{x}{y},$$

$$\frac{\partial^2 u}{\partial x^2}=\frac{-2xyz}{(x^2+y^2)^2},\quad \frac{\partial^2 u}{\partial y^2}=\frac{2xyz}{(x^2+y^2)^2},\quad \frac{\partial^2 u}{\partial z^2}=0,$$

因此 $\frac{\partial^2 u}{\partial x^2}+\frac{\partial^2 u}{\partial y^2}+\frac{\partial^2 u}{\partial z^2}=\frac{-2xyz}{(x^2+y^2)^2}+\frac{2xyz}{(x^2+y^2)^2}+0=0.$

例 8.2.6 求 $z=3x^2y-xy^2+\mathrm{e}^x\sin y$ 的全部二阶导数.

解

$$\frac{\partial z}{\partial x}=6xy-y^2+\mathrm{e}^x\sin y,\quad \frac{\partial z}{\partial y}=3x^2-2xy+\mathrm{e}^x\cos y,$$

$$\frac{\partial^2 z}{\partial x^2}=6y+\mathrm{e}^x\sin y,\quad \frac{\partial^2 z}{\partial x\partial y}=6x-2y+\mathrm{e}^x\cos y,$$

$$\frac{\partial^2 z}{\partial y\partial x}=6x-2y+\mathrm{e}^x\cos y,\quad \frac{\partial^2 z}{\partial y^2}=-2x-\mathrm{e}^x\sin y.$$

从上面例题可以看出，两个混合偏导数 $\frac{\partial^2 z}{\partial x\partial y}$ 与 $\frac{\partial^2 z}{\partial y\partial x}$ 相等，也就是说二阶混合偏导数与求导次序无关.但这个结论并不是普遍成立的，它成立的条件如下所述.

定理 8.2.1 若函数 $z=f(x,y)$ 的两个二阶混合偏导数 $\frac{\partial^2 z}{\partial x\partial y}$ 和 $\frac{\partial^2 z}{\partial y\partial x}$ 在区域 D 内连续，则在该区域内有 $\frac{\partial^2 z}{\partial x\partial y}=\frac{\partial^2 z}{\partial y\partial x}$.

证明略.

此结论可以推广到更高阶混合偏导数，即三阶及三阶以上的混合偏导数，在混合偏导数连续的条件下也与求导次序无关.

该结论也可推广到三元及三元以上的函数.

例 8.2.7 设 $f(x,y,z)=\mathrm{e}^{x+2y+3z}$，求 f_{xyz}，f_{yzx}，f_{zyx}.

解　因为

$$f_x=e^{x+2y+3z},\quad f_y=2e^{x+2y+3z},\quad f_z=3e^{x+2y+3z},$$

$$f_{xy}=2e^{x+2y+3z},\quad f_{yz}=6e^{x+2y+3z},\quad f_{zy}=6e^{x+2y+3z},$$

所以

$$f_{xyz}=6e^{x+2y+3z},\quad f_{yzx}=6e^{x+2y+3z},\quad f_{zyx}=6e^{x+2y+3z}.$$

从上面的例题可以看出三个三阶混合偏导数相等.

8.2.5　全微分

对于一元函数 $y=f(x)$，若它在点 x 处可微，则其微分 $dy=f'(x)dx$ 是函数增量 $\Delta y=f(x+\Delta x)-f(x)$ 的线性主部，且当 $\Delta x\to 0$ 时，$\Delta y-dy$ 是比 Δx 高阶的无穷小.也就是说，在点 x 处的微分是函数 $y=f(x)$ 的增量 Δy 在点 x 处的局部线性近似.对于多元函数，也可相应地讨论这种局部线性近似，从而建立全微分的概念.

定义 8.2.2　若函数 $z=f(x,y)$ 在点(x_0,y_0)处的全增量

$$\Delta z=f(x_0+\Delta x,y_0+\Delta y)-f(x_0,y_0)$$

可以表示为

$$\Delta z=A\Delta x+B\Delta y+o(\rho),$$

其中，A、B 是与 Δx、Δy 无关，而仅与 x_0、y_0 有关的两个常数，$\rho=\sqrt{(\Delta x)^2+(\Delta y)^2}$，则称函数 $z=f(x,y)$ 在点(x_0,y_0)处可微，而 $A\Delta x+B\Delta y$ 称为函数 $z=f(x,y)$ 在点(x_0,y_0)处的全微分，记作 dz，即

$$dz=A\Delta x+B\Delta y.$$

由定义可以看出全微分 dz 是全增量 Δz 的线性主部.

若函数 $z=f(x,y)$ 在区域 D 内处处可微，则称函数 $z=f(x,y)$ 在区域 D 内可微.

定理 8.2.2(可微的必要条件)　若函数 $z=f(x,y)$ 在点(x_0,y_0)处可微，则：

(1)函数 $z=f(x,y)$ 在点(x_0,y_0)处连续；

(2)函数 $z=f(x,y)$ 在点(x_0,y_0)处的两个偏导数存在，且函数 $z=f(x,y)$ 在点(x_0,y_0)处的全微分为 $dz=f_x(x_0,y_0)\Delta x+f_y(x_0,y_0)\Delta y$.

证　(1)由函数 $z=f(x,y)$ 在点(x_0,y_0)处可微，得

$$\Delta z=f(x_0+\Delta x,y_0+\Delta y)-f(x_0,y_0)=A\Delta x+B\Delta y+o(\sqrt{(\Delta x)^2+(\Delta y)^2}).$$

$$\lim_{\substack{\Delta x\to 0\\ \Delta y\to 0}}\Delta z=\lim_{\substack{\Delta x\to 0\\ \Delta y\to 0}}[A\Delta x+B\Delta y+o(\sqrt{(\Delta x)^2+(\Delta y)^2})]=0,$$

即

$$\lim_{\substack{\Delta x\to 0\\ \Delta y\to 0}}f(x_0+\Delta x,y_0+\Delta y)=f(x_0,y_0).$$

故函数 $z=f(x,y)$ 在点(x_0,y_0)处连续.

(2)由函数 $z=f(x,y)$ 在点(x_0,y_0)处可微，得

$$\Delta z=f(x_0+\Delta x,y_0+\Delta y)-f(x_0,y_0)=A\Delta x+B\Delta y+o(\sqrt{(\Delta x)^2+(\Delta y)^2}).$$

上式对任意 Δx、Δy 都成立.令 $\Delta y=0$，此时有

$$\Delta z=f(x_0+\Delta x,y_0)-f(x_0,y_0)=A\Delta x+o(|\Delta x|).$$

故

$$\lim_{\Delta x\to 0}\frac{\Delta z}{\Delta x}=\lim_{\Delta x\to 0}\frac{f(x_0+\Delta x,y_0)-f(x_0,y_0)}{\Delta x}=\lim_{\Delta x\to 0}\left[A+\frac{o(|\Delta x|)}{\Delta x}\right]=A,$$

即 $$A=f_x(x_0,y_0);$$

同理可证 $$B=f_y(x_0,y_0).$$

证毕.

注意 ①与一元函数一样，记自变量的增量等于自变量的微分，即 $\Delta x=\mathrm{d}x$，$\Delta y=\mathrm{d}y$，因此函数 $z=f(x,y)$ 的全微分可写为

$$\mathrm{d}z=f_x(x_0,y_0)\mathrm{d}x+f_y(x_0,y_0)\mathrm{d}y.$$

若函数在区域 D 内的每一点都可微，则其全微分可写为

$$\mathrm{d}z=f_x(x,y)\mathrm{d}x+f_y(x,y)\mathrm{d}y \quad 或 \quad \mathrm{d}z=\frac{\partial z}{\partial x}\mathrm{d}x+\frac{\partial z}{\partial y}\mathrm{d}y.$$

对于三元和三元以上的多元函数，可类似地给出可微和全微分的概念.例如，若三元函数 $u=f(x,y,z)$ 在区域 D 内的每一点都可微，则其全微分为

$$\mathrm{d}u=\frac{\partial u}{\partial x}\mathrm{d}x+\frac{\partial u}{\partial y}\mathrm{d}y+\frac{\partial u}{\partial z}\mathrm{d}z.$$

②若函数 $z=f(x,y)$ 在点 (x_0,y_0) 处不连续，则函数 $z=f(x,y)$ 在点 (x_0,y_0) 处不可微.

③定理 8.2.2 只是函数在一点可微的必要条件，即函数在一点处连续或可偏导并不能保证其在此点可微.

例 8.2.8 设 $f(x,y)=\begin{cases}\dfrac{xy}{\sqrt{x^2+y^2}}, & (x,y)\neq(0,0),\\ 0, & (x,y)=(0,0),\end{cases}$ 讨论函数在点(0,0)处的连续性、可偏导性和可微性.

解 ①因 $0\leqslant|f(x,y)|=\dfrac{|x|}{\sqrt{x^2+y^2}}\cdot|y|\leqslant|y|$，$\lim\limits_{\substack{x\to 0\\ y\to 0}}|y|=0$，故

$$\lim_{\substack{x\to 0\\ y\to 0}}\frac{xy}{\sqrt{x^2+y^2}}=0,$$

所以 $\lim\limits_{\substack{x\to 0\\ y\to 0}}f(x,y)=f(0,0)$，故函数在点(0,0)处连续.

② $f_x(0,0)=\lim\limits_{\Delta x\to 0}\dfrac{\dfrac{\Delta x\cdot 0}{\sqrt{(\Delta x)^2+0^2}}-0}{\Delta x}=0$，同理有 $f_y(0,0)=0$，即函数在点(0,0)处可偏导.

③函数在点(0,0)处的全增量为

$$\Delta z=f(0+\Delta x,0+\Delta y)-f(0,0)=\frac{\Delta x\Delta y}{\sqrt{(\Delta x)^2+(\Delta y)^2}}.$$

令 $\rho=\sqrt{(\Delta x)^2+(\Delta y)^2}$，若函数 $f(x,y)$ 在点(0,0)处可微，则

$$\Delta z-f_x(0,0)\mathrm{d}x-f_y(0,0)\mathrm{d}y=\frac{\Delta x\Delta y}{\sqrt{(\Delta x)^2+(\Delta y)^2}}$$

应为当 $\rho\to 0$ 时比 ρ 高阶的无穷小，但

$$\lim_{\rho\to 0}\frac{\Delta z-f_x(0,0)\mathrm{d}x-f_y(0,0)\mathrm{d}y}{\rho}=\lim_{\substack{\Delta x\to 0\\ \Delta y\to 0}}\frac{\Delta x\Delta y}{(\Delta x)^2+(\Delta y)^2}$$

不存在，所以假设不成立，因此函数在点(0,0)处不可微.

由此例可以看到，与一元函数不同的是，"多元函数在一点处可微"与"函数在该点处连续且可偏导"是不等价的.当函数的各偏导数都存在时，虽然能形式地写出 $\frac{\partial z}{\partial x}\Delta x+\frac{\partial z}{\partial y}\Delta y$，但它与 Δz 的差并不一定是较 ρ 高阶的无穷小，因此它不一定是函数的全微分.

那么，函数需要满足什么条件，才能保证其在一点处一定可微呢？下面的定理给出了函数在一点处可微的充分条件.

定理 8.2.3(可微的充分条件) 若函数 $z=f(x,y)$ 的两个偏导数 $\frac{\partial z}{\partial x}$、$\frac{\partial z}{\partial y}$ 在点 (x,y) 处连续，则 $z=f(x,y)$ 在点 (x,y) 处可微.

证 由两个偏导数 $\frac{\partial z}{\partial x}$、$\frac{\partial z}{\partial y}$ 在点 (x,y) 处连续可知，偏导数在点 (x,y) 的某一邻域内存在，设点 $(x+\Delta x,y+\Delta y)$ 为点 (x,y) 邻域内的任意一点，则

$$\begin{aligned}\Delta z&=f(x+\Delta x,y+\Delta y)-f(x,y)\\&=[f(x+\Delta x,y+\Delta y)-f(x,y+\Delta y)]+[f(x,y+\Delta y)-f(x,y)].\end{aligned}$$

其中的 $f(x+\Delta x,y+\Delta y)-f(x,y+\Delta y)$ 可看作 x 的一元函数 $f(x,y+\Delta y)$ 在 x 处有了变化 Δx 时的增量，由拉格朗日中值定理可得

$$f(x+\Delta x,y+\Delta y)-f(x,y+\Delta y)=f'_x(x+\theta_1\Delta x,y+\Delta y)\cdot\Delta x\quad(0<\theta_1<1),$$

又因 $f'_x(x,y)$ 在点 (x,y) 处连续，故

$$f'_x(x+\theta_1\Delta x,y+\Delta y)\cdot\Delta x=f'_x(x,y)\cdot\Delta x+\varepsilon_1\cdot\Delta x,$$

其中，ε_1 为 Δx、Δy 的函数，且当 $\Delta x\to 0$，$\Delta y\to 0$ 时，$\varepsilon_1\to 0$.

同理，$f(x,y+\Delta y)-f(x,y)$ 可写为

$$f(x,y+\Delta y)-f(x,y)=f'_y(x,y)\cdot\Delta y+\varepsilon_2\cdot\Delta y,$$

其中，ε_2 为 Δy 的函数，且当 $\Delta y\to 0$ 时，$\varepsilon_2\to 0$.

所以 $$\Delta z=f'_x(x,y)\cdot\Delta x+f'_y(x,y)\cdot\Delta y+\varepsilon_1\cdot\Delta x+\varepsilon_2\cdot\Delta y,$$

而 $$\left|\frac{\varepsilon_1\cdot\Delta x+\varepsilon_2\cdot\Delta y}{\rho}\right|\leqslant|\varepsilon_1|+|\varepsilon_2|\to 0$$

$$(\Delta x\to 0,\Delta y\to 0,\ \text{即}\ \rho=\sqrt{(\Delta x)^2+(\Delta y)^2}\to 0),$$

故 $z=f(x,y)$ 在点 (x,y) 处可微.

证毕.

此结论可以类似地推广到三元和三元以上的多元函数.

例 8.2.9 求函数 $z=\mathrm{e}^{x^2y}$ 在点(1,1)处的全微分.

解 因为 $\frac{\partial z}{\partial x}=2xy\mathrm{e}^{x^2y}$，$\frac{\partial z}{\partial y}=x^2\mathrm{e}^{x^2y}$ 均为二元初等函数，并在其定义域内连续，且

$$\left.\frac{\partial z}{\partial x}\right|_{\substack{x=1\\y=1}}=2\mathrm{e},\quad \left.\frac{\partial z}{\partial y}\right|_{\substack{x=1\\y=1}}=\mathrm{e},$$

故

$$\mathrm{d}z\,|_{(1,1)}=2\mathrm{e}\mathrm{d}x+\mathrm{e}\mathrm{d}y.$$

例 8.2.10 求函数 $u=\mathrm{e}^{\sin xy}+yz^2$ 的全微分.

解 因为 $\frac{\partial u}{\partial x}=y\mathrm{e}^{\sin xy}\cos xy$，$\frac{\partial u}{\partial y}=x\mathrm{e}^{\sin xy}\cos xy+z^2$，$\frac{\partial u}{\partial z}=2yz$ 均为二元初等函数，并在其定义域内连续，所以

$$\mathrm{d}u=y\mathrm{e}^{\sin xy}\cos xy\mathrm{d}x+(x\mathrm{e}^{\sin xy}\cos xy+z^2)\mathrm{d}y+2yz\mathrm{d}z.$$

8.3 多元复合函数的求导法则

8.3.1 多元复合函数的链式求导法则

对于一元复合函数求导的计算，已经有了链式求导法则，此法同样可以推广到多元复合函数的情形. 现在就来介绍多元复合函数的链式求导法则.

下面按照函数复合结构的不同形式分别进行讨论.

1.多个中间变量一个自变量的情形(全导数)

定理 8.3.1 若函数 $z=f(u,v)$ 在对应点 (u,v) 具有连续偏导数，且函数 $u=u(t)$、$v=v(t)$ 都在点 t 处可导，则复合函数 $z=f[u(t),v(t)]$ 在点 t 处也可导，且有

$$\frac{\mathrm{d}z}{\mathrm{d}t}=\frac{\partial z}{\partial u}\cdot\frac{\mathrm{d}u}{\mathrm{d}t}+\frac{\partial z}{\partial v}\cdot\frac{\mathrm{d}v}{\mathrm{d}t}. \tag{8.3.1}$$

证 设自变量 t 有一个改变量 Δt，则 $u=u(t)$、$v=v(t)$ 相应地有改变量 Δu、Δv，$z=f(u,v)$ 也相应地有改变量 Δz.

因为 $z=f(u,v)$ 在点 (u,v) 处具有连续的偏导数，所以 $z=f(u,v)$ 在点 (u,v) 处可微，则有

$$\Delta z=\frac{\partial z}{\partial u}\cdot\Delta u+\frac{\partial z}{\partial v}\cdot\Delta v+o(\rho),$$

其中

$$\rho=\sqrt{(\Delta u)^2+(\Delta v)^2},$$

所以

$$\frac{\Delta z}{\Delta t}=\frac{\partial z}{\partial u}\cdot\frac{\Delta u}{\Delta t}+\frac{\partial z}{\partial v}\cdot\frac{\Delta v}{\Delta t}+\frac{o(\rho)}{\Delta t},$$

因此

$$\lim_{\Delta t\to 0}\frac{\Delta z}{\Delta t}=\lim_{\Delta t\to 0}\left[\frac{\partial z}{\partial u}\cdot\frac{\Delta u}{\Delta t}+\frac{\partial z}{\partial v}\cdot\frac{\Delta v}{\Delta t}+\frac{o(\rho)}{\Delta t}\right].$$

又因为 $u=u(t)$、$v=v(t)$ 都在点 t 处可导，所以

$$\lim_{\Delta t\to 0}\frac{\Delta u}{\Delta t}=\frac{\mathrm{d}u}{\mathrm{d}t},\quad \lim_{\Delta t\to 0}\frac{\Delta v}{\Delta t}=\frac{\mathrm{d}v}{\mathrm{d}t},$$

当 $\Delta t \to 0$ 时,有 $\Delta u \to 0, \Delta v \to 0, \rho \to 0$, 因此

$$\lim_{\Delta t\to 0}\frac{o(\rho)}{\Delta t}=\lim_{\Delta t\to 0}\left[\frac{o(\rho)}{\rho}\cdot\frac{\rho}{\Delta t}\right]=\lim_{\Delta t\to 0}\left[\frac{o(\rho)}{\rho}\cdot\frac{\sqrt{(\Delta u)^2+(\Delta v)^2}}{\Delta t}\right],$$

而 $\pm\lim\limits_{\Delta t\to 0}\sqrt{\left(\frac{\Delta u}{\Delta t}\right)^2+\left(\frac{\Delta v}{\Delta t}\right)^2}$ 存在, $\lim\limits_{\Delta t\to 0}\rho=0$, 所以 $\lim\limits_{\Delta t\to 0}\frac{o(\rho)}{\Delta t}=0$, 故

$$\frac{\mathrm{d}z}{\mathrm{d}t}=\lim_{\Delta t\to 0}\frac{\Delta z}{\Delta t}=\frac{\partial z}{\partial u}\cdot\frac{\mathrm{d}u}{\mathrm{d}t}+\frac{\partial z}{\partial v}\cdot\frac{\mathrm{d}v}{\mathrm{d}t}.$$

证毕.

上式中变量 z 对 t 的导数 $\frac{\mathrm{d}z}{\mathrm{d}t}$ 称为 z 对 t 的全导数,求导法则公式(8.3.1)称为链式求导法则.

为了帮助清楚分析函数变量间的关系,通常画一个“变量关系图”来表示复合函数中变量间的关系.定理 8.3.1 中函数变量之间的关系如图 8.3.1所示.

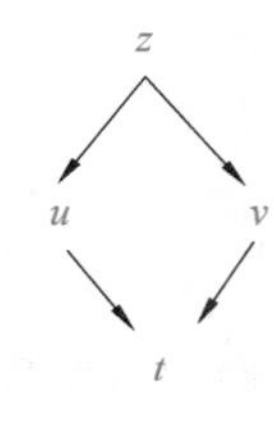

图 8.3.1

定理 8.3.1 可推广到复合函数的中间变量多于两个的情形. 例如,若由 $z=f(u,v,w), u=u(t), v=v(t), w=w(t)$ 复合而成的复合函数 $z=f[u(t),v(t),w(t)]$ 在类似条件下可导,则可得求导公式为

$$\frac{\mathrm{d}z}{\mathrm{d}t}=\frac{\partial z}{\partial u}\cdot\frac{\mathrm{d}u}{\mathrm{d}t}+\frac{\partial z}{\partial v}\cdot\frac{\mathrm{d}v}{\mathrm{d}t}+\frac{\partial z}{\partial w}\cdot\frac{\mathrm{d}w}{\mathrm{d}t}.$$

计算口诀:连线相乘,分线相加;多变量求偏导,单变量求全导(图 8.3.2).

需要注意的是,当某个变量既是中间变量又是自变量时,该变量在求偏导过程中的地位.如, $z=f(u,v,t), u=u(t), v=v(t)$, 变量关系如图 8.3.3 所示,故

$$\frac{\mathrm{d}z}{\mathrm{d}t}=\frac{\partial z}{\partial u}\frac{\mathrm{d}u}{\mathrm{d}t}+\frac{\partial z}{\partial v}\frac{\mathrm{d}v}{\mathrm{d}t}+\frac{\partial z}{\partial t}.$$

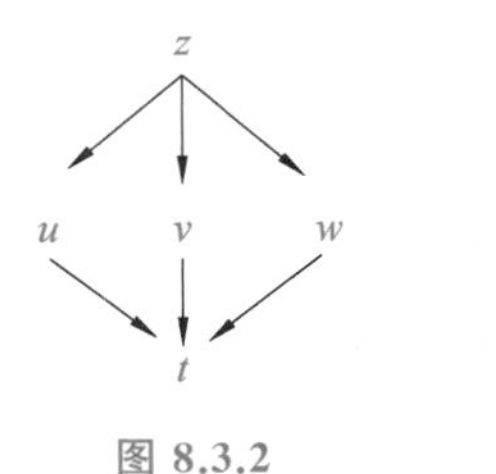

图 8.3.2

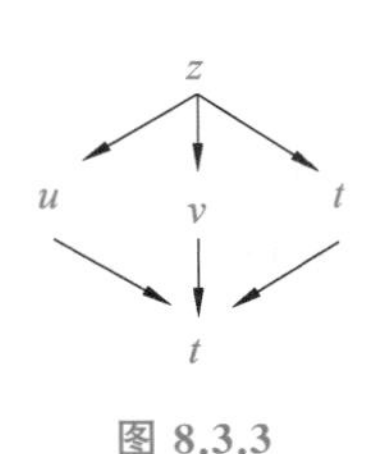

图 8.3.3

注意上式中的两个记号 $\frac{\mathrm{d}z}{\mathrm{d}t}, \frac{\partial z}{\partial t}$ 各自的含义.左边的 $\frac{\mathrm{d}z}{\mathrm{d}t}$ 表示一元函数 z 对自变量 t 的导数;右边的 $\frac{\partial z}{\partial t}$ 表示三元函数 z 固定中间变量 u, v 而对中间变量 t 的偏导数.

例 8.3.1 设函数 $z=u^2v+\mathrm{e}^{uv}, u=t^2, v=\sin t$, 求全导数 $\frac{\mathrm{d}z}{\mathrm{d}t}$.

解 因为 $\frac{\partial z}{\partial u}=2uv+v\mathrm{e}^{uv}, \frac{\partial z}{\partial v}=u^2+u\mathrm{e}^{uv}, \frac{\mathrm{d}u}{\mathrm{d}t}=2t, \frac{\mathrm{d}v}{\mathrm{d}t}=\cos t$, 因此

$$\frac{\mathrm{d}z}{\mathrm{d}t}=\frac{\partial z}{\partial u}\frac{\mathrm{d}u}{\mathrm{d}t}+\frac{\partial z}{\partial v}\frac{\mathrm{d}v}{\mathrm{d}t}=2t(2uv+v\mathrm{e}^{uv})+(u^2+u\mathrm{e}^{uv})\cos t$$
$$=2t(2t^2\sin t+\mathrm{e}^{t^2\sin t}\sin t)+(t^4+t^2\mathrm{e}^{t^2\sin t})\cos t.$$

例 8.3.2　设函数 $z=f(x,u,v)$，$u=x^2$，$v=\mathrm{e}^x$，求全导数$\frac{\mathrm{d}z}{\mathrm{d}x}$.

解　因为 $\frac{\mathrm{d}u}{\mathrm{d}x}=2x$，$\frac{\mathrm{d}v}{\mathrm{d}x}=\mathrm{e}^x$，故

$$\frac{\mathrm{d}z}{\mathrm{d}x}=\frac{\partial f}{\partial x}+\frac{\partial f}{\partial u}\frac{\mathrm{d}u}{\mathrm{d}x}+\frac{\partial f}{\partial v}\frac{\mathrm{d}v}{\mathrm{d}x}=f'_1+2xf'_2+\mathrm{e}^xf'_3.$$

注意　在例 8.3.2 的结果中为了表达式的简洁，引入了记号 $f'_1=\frac{\partial f}{\partial x}$，$f'_2=\frac{\partial f}{\partial u}$，$f'_3=\frac{\partial f}{\partial v}$，即用 f'_i 表示函数 f 对其第 i 个中间变量求偏导数.后面也会用类似的记号来表示高阶偏导数，如 $f''_{11}=f_{uu}(u,v)$，$f''_{12}=f_{uv}(u,v)$，$f''_{22}=f_{vv}(u,v)$ 等.

2.多个中间变量多个自变量复合的情形

定理 8.3.2　若函数 $z=f(u,v)$ 在对应点 (u,v) 处具有连续的偏导数，函数 $u=u(x,y)$、$v=v(x,y)$ 在点(x,y) 处的偏导数都存在，则复合函数 $z=f[u(x,y),v(x,y)]$ 在点(x,y) 处的两个偏导数存在，且

$$\frac{\partial z}{\partial x}=\frac{\partial z}{\partial u}\cdot\frac{\partial u}{\partial x}+\frac{\partial z}{\partial v}\cdot\frac{\partial v}{\partial x},\quad \frac{\partial z}{\partial y}=\frac{\partial z}{\partial u}\cdot\frac{\partial u}{\partial y}+\frac{\partial z}{\partial v}\cdot\frac{\partial v}{\partial y}.$$

证明略(与定理 8.3.1 的证明类似，如图 8.3.4 所示).

定理 8.3.2 也可以推广到多个中间变量的情形.

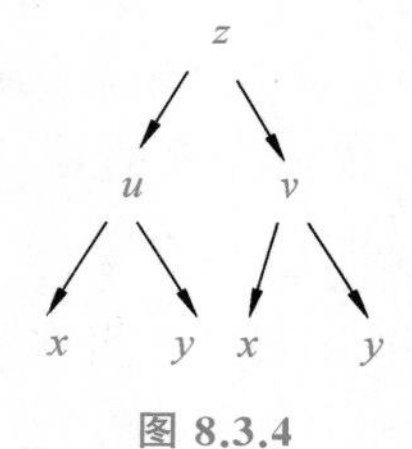

图 8.3.4

定理 8.3.3　若函数 $u=u(x,y)$ 在点(x,y) 处的两个偏导数存在，函数 $v=v(y)$ 在点 y 处可导，函数 $z=f(u,v)$ 在对应点 (u,v) 处具有连续的偏导数，则复合函数 $z=f[u(x,y),v(y)]$ 在点(x,y) 处的两个偏导数存在，于是可得

$$\frac{\partial z}{\partial x}=\frac{\partial z}{\partial u}\cdot\frac{\partial u}{\partial x},\quad \frac{\partial z}{\partial y}=\frac{\partial z}{\partial u}\cdot\frac{\partial u}{\partial y}+\frac{\partial z}{\partial v}\cdot\frac{\mathrm{d}v}{\mathrm{d}y}.$$

证明略.

我们还会遇到其他情形，如设 $z=f(u,x,y)$ 可微，而 $u=\varphi(x,y)$ 具有偏导数，则复合函数 $z=f[\varphi(x,y),x,y]$ 在点(x,y) 处的两个偏导数存在，且

$$\frac{\partial z}{\partial x}=\frac{\partial f}{\partial u}\cdot\frac{\partial u}{\partial x}+\frac{\partial f}{\partial x},\quad \frac{\partial z}{\partial y}=\frac{\partial f}{\partial u}\cdot\frac{\partial u}{\partial y}+\frac{\partial f}{\partial y}.$$

注意　上式中 $\frac{\partial z}{\partial x}$ 与$\frac{\partial f}{\partial x}$ 不同，$\frac{\partial z}{\partial x}$ 表示把二元函数 z 中的自变量 y 固定而对 x 求偏导数，$\frac{\partial f}{\partial x}$ 表示把三元函数 $z=f(u,x,y)$ 中的 u 和 y 固定而对中间变量 x 求偏导数. $\frac{\partial z}{\partial y}$ 与$\frac{\partial f}{\partial y}$ 也有类似的区别.

例 8.3.3　设 $z=\mathrm{e}^uv$，$u=xy$，$v=x+y^2$，求$\frac{\partial z}{\partial x}$，$\frac{\partial z}{\partial y}$.

解 $$\frac{\partial z}{\partial x}=\frac{\partial z}{\partial u}\cdot\frac{\partial u}{\partial x}+\frac{\partial z}{\partial v}\cdot\frac{\partial v}{\partial x}=\mathrm{e}^u vy+\mathrm{e}^u=\mathrm{e}^{xy}(x+y^2)y+\mathrm{e}^{xy},$$

$$\frac{\partial z}{\partial y}=\frac{\partial z}{\partial u}\cdot\frac{\partial u}{\partial y}+\frac{\partial z}{\partial v}\cdot\frac{\partial v}{\partial y}=\mathrm{e}^u vx+2y\mathrm{e}^u=\mathrm{e}^{xy}(x+y^2)x+2y\mathrm{e}^{xy}.$$

例 8.3.4 设 $z=f(x,y,u)$，$u=x^2y$，f 有一阶连续偏导数，求 $\frac{\partial z}{\partial x},\frac{\partial z}{\partial y}$.

解 $$\frac{\partial z}{\partial x}=\frac{\partial f}{\partial x}+\frac{\partial f}{\partial u}\cdot\frac{\partial u}{\partial x}=f'_1+2xyf'_3,$$

$$\frac{\partial z}{\partial y}=\frac{\partial f}{\partial y}+\frac{\partial f}{\partial u}\cdot\frac{\partial u}{\partial y}=f'_2+x^2f'_3.$$

例 8.3.5 设函数 $z=f(x-y^2,xy)$，f 有二阶连续偏导数，求 $\frac{\partial^2 z}{\partial x\partial y}$.

解 令 $u=x-y^2$，$v=xy$，则 $z=f(u,v)$，故

$$\frac{\partial z}{\partial x}=\frac{\partial f}{\partial u}\cdot\frac{\partial u}{\partial x}+\frac{\partial f}{\partial v}\cdot\frac{\partial v}{\partial x}=\frac{\partial f}{\partial u}+y\frac{\partial f}{\partial v}=f'_1+yf'_2,$$

$$\begin{aligned}\frac{\partial^2 z}{\partial x\partial y}&=\frac{\partial(f'_1+yf'_2)}{\partial y}=\frac{\partial f'_1}{\partial y}+\frac{\partial(yf'_2)}{\partial y}\\&=\frac{\partial f'_1}{\partial u}\cdot\frac{\partial u}{\partial y}+\frac{\partial f'_1}{\partial v}\cdot\frac{\partial v}{\partial y}+f'_2+y\left(\frac{\partial f'_2}{\partial u}\cdot\frac{\partial u}{\partial y}+\frac{\partial f'_2}{\partial v}\cdot\frac{\partial v}{\partial y}\right)\\&=-2y\frac{\partial f'_1}{\partial u}+x\frac{\partial f'_1}{\partial v}+f'_2+y\left(-2y\frac{\partial f'_2}{\partial u}+x\frac{\partial f'_2}{\partial v}\right)\\&=-2yf''_{11}+xf''_{12}+f'_2+y(-2yf''_{21}+xf''_{22})\\&=-2yf''_{11}+(x-2y^2)f''_{12}+xyf''_{22}+f'_2.\end{aligned}$$

8.3.2 一阶全微分形式的不变性

在一元函数中已经知道，其一阶微分具有微分形式不变性，对于二元函数 $z=f(x,y)$ 同样有类似的结论.

设 $z=f(u,v)$ 具有连续偏导数，则有全微分

$$\mathrm{d}z=\frac{\partial z}{\partial u}\mathrm{d}u+\frac{\partial z}{\partial v}\mathrm{d}v.$$

若 $u=u(x,y)$，$v=v(x,y)$，且 u,v 也具有连续偏导数，则复合函数 $z=f[u(x,y),v(x,y)]$ 的全微分为

$$\begin{aligned}\mathrm{d}z&=\frac{\partial z}{\partial x}\mathrm{d}x+\frac{\partial z}{\partial y}\mathrm{d}y\\&=\left(\frac{\partial z}{\partial u}\cdot\frac{\partial u}{\partial x}+\frac{\partial z}{\partial v}\cdot\frac{\partial v}{\partial x}\right)\mathrm{d}x+\left(\frac{\partial z}{\partial u}\cdot\frac{\partial u}{\partial y}+\frac{\partial z}{\partial v}\cdot\frac{\partial v}{\partial y}\right)\mathrm{d}y\\&=\frac{\partial z}{\partial u}\left(\frac{\partial u}{\partial x}\mathrm{d}x+\frac{\partial u}{\partial y}\mathrm{d}y\right)+\frac{\partial z}{\partial v}\left(\frac{\partial v}{\partial x}\mathrm{d}x+\frac{\partial v}{\partial y}\mathrm{d}y\right)\\&=\frac{\partial z}{\partial u}\mathrm{d}u+\frac{\partial z}{\partial v}\mathrm{d}v.\end{aligned}$$

由此可见，无论 u,v 是函数 z 的自变量还是中间变量，函数 z 的全微分形式都是一样的，这就是二元函数的一阶全微分形式不变性.

全微分形式不变性也可用来求多元复合函数的偏导数.

例 8.3.6 设 $z=\sin(x+2y^2)$，求 $\mathrm{d}z,\dfrac{\partial z}{\partial x},\dfrac{\partial z}{\partial y}$.

解

$$\begin{aligned}\mathrm{d}z&=\mathrm{d}[\sin(x+2y^2)]=\cos(x+2y^2)\mathrm{d}(x+2y^2)\\&=\cos(x+2y^2)(\mathrm{d}x+4y\mathrm{d}y)\\&=\cos(x+2y^2)\mathrm{d}x+4y\cos(x+2y^2)\mathrm{d}y,\end{aligned}$$

因此

$$\frac{\partial z}{\partial x}=\cos(x+2y^2),\quad \frac{\partial z}{\partial y}=4y\cos(x+2y^2).$$

8.4 隐函数的求导法则

在一元函数中已经提出过由函数方程所确定的隐函数的概念和求导方法，但是这种函数方程(组)在什么条件下能够确定一个隐函数，又如何保证这个隐函数具有连续性、可导性、可微性等性质呢？本节将进行讨论，并根据多元复合函数的求导方法推导出隐函数的求导公式.

8.4.1 一个方程确定的隐函数的求导法则

定理 8.4.1(一元隐函数存在定理) 设二元函数 $F(x,y)$ 在点(x_0,y_0)的某邻域内有连续偏导数，且 $F(x_0,y_0)=0$，$F_y(x_0,y_0)\neq 0$，则方程 $F(x,y)=0$ 在点(x_0,y_0)的某一邻域中唯一确定了一个具有连续导数的函数 $y=f(x)$，并满足 $y_0=f(x_0)$ 及 $F[x,f(x)]\equiv 0$，且

$$\frac{\mathrm{d}y}{\mathrm{d}x}=-\frac{F_x}{F_y}. \tag{8.4.1}$$

定理的证明略.下面仅推导公式(8.4.1).

设 $F(x,y)=0$ 能确定具有连续导数的函数 $y=f(x)$，将其代入方程，则有

$$F[x,f(x)]\equiv 0,$$

将方程两边关于 x 求导，由复合函数的链式法则，得

$$F_x+F_y\cdot\frac{\mathrm{d}y}{\mathrm{d}x}=0,$$

由于 F_y 连续且 $F_y(x_0,y_0)\neq 0$，所以存在点(x_0,y_0)的某邻域内 $F_y\neq 0$，故有

$$\frac{\mathrm{d}y}{\mathrm{d}x}=-\frac{F_x}{F_y}.$$

注意 ①若将定理中的条件 $F_y(x_0,y_0)\neq 0$ 改为 $F_x(x_0,y_0)\neq 0$，则相应的结论为：方程 $F(x,y)=0$ 在(x_0,y_0)的某邻域内唯一确定一个有连续导数的函数 $x=g(y)$，并满足 $x_0=g(y_0)$ 及 $F[g(y),y]=0$，且 $\dfrac{\mathrm{d}x}{\mathrm{d}y}=-\dfrac{F_y}{F_x}$.

②定理的结论只在满足条件的点 (x_0,y_0) 的某邻域内成立.

例 8.4.1 验证方程 $xy-e^x+e^y=0$ 在点(0,0)的某邻域内能唯一确定一个有连续导数的隐函数 $y=f(x)$,并求 $\left.\dfrac{dy}{dx}\right|_{\substack{x=0\\y=0}}$.

解 令 $F(x,y)=xy-e^x+e^y$,则

$$F(0,0)=0,\quad F_x=y-e^x,\quad F_y=x+e^y,\quad F_y(0,0)=1\neq 0,$$

由定理 8.4.1 可知,方程 $xy-e^x+e^y=0$ 在点(0,0)的某邻域内能唯一确定一个有连续导数的隐函数 $y=f(x)$ 满足条件 $f(0)=0$,且 $\dfrac{dy}{dx}=-\dfrac{F_x}{F_y}=\dfrac{e^x-y}{x+e^y}$,因此 $\left.\dfrac{dy}{dx}\right|_{\substack{x=0\\y=0}}=1$.

例 8.4.2 求由方程 $\sin y+e^x-xy^2=0$ 所确定的隐函数 $y=f(x)$ 的导数 $\dfrac{dy}{dx}$.

解 1 利用公式法.

令 $F(x,y)=\sin y+e^x-xy^2$,则 $F_x=e^x-y^2$,$F_y=\cos y-2xy$,利用公式(8.4.1)得

$$\frac{dy}{dx}=-\frac{F_x}{F_y}=\frac{y^2-e^x}{\cos y-2xy}.$$

解 2 利用复合函数求导法.

方程两边同时对 x 求导,得

$$\cos y\frac{dy}{dx}+e^x-y^2-2xy\frac{dy}{dx}=0,$$

从而

$$\frac{dy}{dx}=\frac{y^2-e^x}{\cos y-2xy}.$$

当利用公式法和利用复合函数求导法时,必须注意求导过程中变量间的关系.当利用公式法时,在求 F_x,F_y 的计算过程中,x,y 视为相互独立的变量;而在利用复合函数求导法则进行计算时,y 是 x 的函数.

一元隐函数存在定理还可以推广到多元函数的情形,证明方法相似,因此这里不加证明地写出多元函数的隐函数存在定理.

定理 8.4.2(多元隐函数存在定理) 设三元函数 $F(x,y,z)$ 在点 (x_0,y_0,z_0) 的某邻域内,偏导数 F_x,F_y,F_z 存在且连续,且 $F(x_0,y_0,z_0)=0$,$F_z(x_0,y_0,z_0)\neq 0$,则方程 $F(x,y,z)=0$ 在点 (x_0,y_0,z_0) 的某邻域内唯一确定一个连续且有连续偏导数的二元隐函数 $z=f(x,y)$,并满足 $F[x,y,f(x,y)]=0$,且 $z_0=f(x_0,y_0)$,其偏导数为

$$\frac{\partial z}{\partial x}=-\frac{F_x}{F_z},\quad \frac{\partial z}{\partial y}=-\frac{F_y}{F_z}. \tag{8.4.2}$$

这里仅推导公式(8.4.2).

设方程 $F(x,y,z)=0$ 能确定一个连续且有连续偏导数的二元隐函数 $z=f(x,y)$,将 $z=f(x,y)$ 代入方程 $F(x,y,z)=0$ 中,得恒等式

$$F[x,y,f(x,y)]\equiv 0.$$

两端分别对 x,y 求偏导,得

$$F_x + F_z \frac{\partial z}{\partial x} = 0, \quad F_y + F_z \cdot \frac{\partial z}{\partial y} = 0.$$

由于 F_z 连续，且 $F_z(x_0, y_0, z_0) \neq 0$，所以存在点 (x_0, y_0, z_0) 的某邻域内 $F_z \neq 0$，故

$$\frac{\partial z}{\partial x} = -\frac{F_x}{F_z}, \quad \frac{\partial z}{\partial y} = -\frac{F_y}{F_z}.$$

例 8.4.3　设 $xyz = xe^z + yz^2$，求$\frac{\partial z}{\partial x}, \frac{\partial z}{\partial y}$.

解　令 $F(x,y,z) = xyz - xe^z - yz^2$，因为

$$F_x = yz - e^z, \quad F_y = xz - z^2, \quad F_z = xy - xe^z - 2yz,$$

所以

$$\frac{\partial z}{\partial x} = -\frac{F_x}{F_z} = \frac{e^z - yz}{xy - xe^z - 2yz}, \quad \frac{\partial z}{\partial y} = -\frac{F_y}{F_z} = \frac{z^2 - xz}{xy - xe^z - 2yz}.$$

8.4.2　方程组确定的隐函数的求导法则

对于函数方程组，在一定条件下也能在某个局部区域确定隐函数.上面关于隐函数的存在定理的结论也可推广到方程组的情形.

比如四元函数方程组 $\begin{cases} F(x,y,u,v) = 0, \\ G(x,y,u,v) = 0 \end{cases}$ 在一定条件下，在某个局部区域可以确定两个二元隐函数.下面以此为例来说明方程组情形下的隐函数存在的性质和求导法则.

定理 8.4.3（方程组情形下的隐函数存在定理）　设函数 $F(x,y,u,v)$，$G(x,y,u,v)$ 满足条件：

（1）在点 $P_0(x_0, y_0, u_0, v_0)$ 的某一邻域内，$F(x,y,u,v)$，$G(x,y,u,v)$ 具有一阶连续偏导数；

（2）$F(x_0, y_0, u_0, v_0) = 0$，$G(x_0, y_0, u_0, v_0) = 0$；

（3）由偏导数组成的行列式（称为雅可比行列式）$J = \left.\frac{\partial(F,G)}{\partial(u,v)}\right|_{P_0} = \begin{vmatrix} F_u & F_v \\ G_u & G_v \end{vmatrix}_{P_0} \neq 0$，则方程组 $\begin{cases} F(x,y,u,v) = 0, \\ G(x,y,u,v) = 0 \end{cases}$ 在点 $P_0(x_0, y_0, u_0, v_0)$ 的某邻域内唯一确定了两个具有连续偏导数的二元隐函数 $u = u(x,y)$，$v = v(x,y)$，并满足条件 $u_0 = u(x_0, y_0)$，$v_0 = v(x_0, y_0)$，且

$$\begin{cases} \dfrac{\partial u}{\partial x} = -\dfrac{1}{J}\dfrac{\partial(F,G)}{\partial(x,v)} = -\dfrac{\begin{vmatrix} F_x & F_v \\ G_x & G_v \end{vmatrix}}{\begin{vmatrix} F_u & F_v \\ G_u & G_v \end{vmatrix}}, \dfrac{\partial u}{\partial y} = -\dfrac{1}{J}\dfrac{\partial(F,G)}{\partial(y,v)} = -\dfrac{\begin{vmatrix} F_y & F_v \\ G_y & G_v \end{vmatrix}}{\begin{vmatrix} F_u & F_v \\ G_u & G_v \end{vmatrix}}, \\ \dfrac{\partial v}{\partial x} = -\dfrac{1}{J}\dfrac{\partial(F,G)}{\partial(u,x)} = -\dfrac{\begin{vmatrix} F_u & F_x \\ G_u & G_x \end{vmatrix}}{\begin{vmatrix} F_u & F_v \\ G_u & G_v \end{vmatrix}}, \dfrac{\partial v}{\partial y} = -\dfrac{1}{J}\dfrac{\partial(F,G)}{\partial(u,y)} = -\dfrac{\begin{vmatrix} F_u & F_y \\ G_u & G_y \end{vmatrix}}{\begin{vmatrix} F_u & F_v \\ G_u & G_v \end{vmatrix}}. \end{cases} \tag{8.4.3}$$

证明略，这里仅推导公式(8.4.3).

设方程组 $\begin{cases}F(x,y,u,v)=0,\\G(x,y,u,v)=0\end{cases}$ 能唯一确定两个有连续偏导数的二元隐函数 $u=u(x,y)$，$v=v(x,y)$，将 $u=u(x,y)$，$v=v(x,y)$ 代入方程组中，得恒等式

$$\begin{cases}F[x,y,u(x,y),v(x,y)]\equiv 0,\\G[x,y,u(x,y),v(x,y)]\equiv 0,\end{cases}$$

将恒等式两端对 x 求偏导，由复合函数求导法则可得

$$\begin{cases}F_x+F_u\dfrac{\partial u}{\partial x}+F_v\dfrac{\partial v}{\partial x}=0,\\G_x+G_u\dfrac{\partial u}{\partial x}+G_v\dfrac{\partial v}{\partial x}=0,\end{cases}$$

这是关于 $\dfrac{\partial u}{\partial x},\dfrac{\partial v}{\partial x}$ 的线性方程组. 由系数行列式 $J=\left.\dfrac{\partial(F,G)}{\partial(u,v)}\right|_{P_0}=\begin{vmatrix}F_u & F_v\\G_u & G_v\end{vmatrix}_{P_0}\neq 0$，利用解线性方程组的克莱姆法则，解得

$$\frac{\partial u}{\partial x}=-\frac{1}{J}\frac{\partial(F,G)}{\partial(x,v)}=-\frac{\begin{vmatrix}F_x & F_v\\G_x & G_v\end{vmatrix}}{\begin{vmatrix}F_u & F_v\\G_u & G_v\end{vmatrix}},\quad \frac{\partial v}{\partial x}=-\frac{1}{J}\frac{\partial(F,G)}{\partial(u,x)}=-\frac{\begin{vmatrix}F_u & F_x\\G_u & G_x\end{vmatrix}}{\begin{vmatrix}F_u & F_v\\G_u & G_v\end{vmatrix}}.$$

同理，若将恒等式两端对 y 求偏导，可得

$$\frac{\partial u}{\partial y}=-\frac{1}{J}\frac{\partial(F,G)}{\partial(y,v)}=-\frac{\begin{vmatrix}F_y & F_v\\G_y & G_v\end{vmatrix}}{\begin{vmatrix}F_u & F_v\\G_u & G_v\end{vmatrix}},\quad \frac{\partial v}{\partial y}=-\frac{1}{J}\frac{\partial(F,G)}{\partial(u,y)}=-\frac{\begin{vmatrix}F_u & F_y\\G_u & G_y\end{vmatrix}}{\begin{vmatrix}F_u & F_v\\G_u & G_v\end{vmatrix}}.$$

可以看出，公式(8.4.3)的形式比较复杂，用起来不太方便，实际计算中可以直接从方程组出发，依照推导公式(8.4.3)的方法求方程组所确定的隐函数组的偏导数.

例 8.4.4 设方程组 $\begin{cases}2xu+y^2v=0,\\yu+3xv=1\end{cases}$ 确定了函数 $u=u(x,y)$，$v=v(x,y)$，求 $\dfrac{\partial u}{\partial x},\dfrac{\partial u}{\partial y},\dfrac{\partial v}{\partial x},\dfrac{\partial v}{\partial y}$.

解 将所给方程组两边对 x 求导，可得

$$\begin{cases}2x\dfrac{\partial u}{\partial x}+y^2\dfrac{\partial v}{\partial x}=-2u,\\y\dfrac{\partial u}{\partial x}+3x\dfrac{\partial v}{\partial x}=-3v,\end{cases}$$

在 $J=\begin{vmatrix}2x & y^2\\y & 3x\end{vmatrix}=6x^2-y^3\neq 0$ 的条件下，

$$\frac{\partial u}{\partial x}=\frac{\begin{vmatrix}-2u & y^2\\ -3v & 3x\end{vmatrix}}{\begin{vmatrix}2x & y^2\\ y & 3x\end{vmatrix}}=\frac{3vy^2-6xu}{6x^2-y^3},\quad \frac{\partial v}{\partial x}=\frac{\begin{vmatrix}2x & -2u\\ y & -3v\end{vmatrix}}{\begin{vmatrix}2x & y^2\\ y & 3x\end{vmatrix}}=\frac{2yu-6xv}{6x^2-y^3},$$

同理将方程组两边对 y 求导，用同样的方法在 $J=6x^2-y^3\neq 0$ 的条件下，

$$\frac{\partial u}{\partial y}=\frac{y^2u-6xyv}{6x^2-y^3},\quad \frac{\partial v}{\partial y}=\frac{2y^2v-2xu}{6x^2-y^3}.$$

8.5 偏导数在几何中的应用

8.5.1 空间曲线的切线与法平面

1. 参数式方程表示的曲线的切线和法平面

设空间曲线 Γ 的参数方程为

$$x=\varphi(t),\quad y=\psi(t),\quad z=\omega(t)\quad (\alpha\leqslant t\leqslant\beta),$$

并假设上述三个函数都在 $[\alpha,\beta]$ 上可导.当 $\varphi(t),\psi(t),\omega(t)$ 均在 $[\alpha,\beta]$ 上连续时，曲线 Γ 是一条连续曲线.在曲线 Γ 上取对应于 $t=t_0$ 的一点 $M(x_0,y_0,z_0)$ 及对应于 $t=t_0+\Delta t$ 的一点 $M'(x_0+\Delta x,y_0+\Delta y,z_0+\Delta z)$，则割线 MM' 的两点式方程为

$$\frac{x-x_0}{\Delta x}=\frac{y-y_0}{\Delta y}=\frac{z-z_0}{\Delta z}.$$

用 Δt 除上式的各分母，得

$$\frac{x-x_0}{\frac{\Delta x}{\Delta t}}=\frac{y-y_0}{\frac{\Delta y}{\Delta t}}=\frac{z-z_0}{\frac{\Delta z}{\Delta t}},$$

当 M' 沿着曲线 Γ 趋近于 M 时，割线 MM' 的极限位置 MT 就是曲线 Γ 在点 M 处的切线(图 8.5.1).

当 $M'\to M$，即 $\Delta t\to 0$ 时，对上式取极限，得曲线 Γ 在点 M 处的切线方程为

$$\frac{x-x_0}{\varphi'(t_0)}=\frac{y-y_0}{\psi'(t_0)}=\frac{z-z_0}{\omega'(t_0)},$$

这里，$\varphi'(t_0)$、$\psi'(t_0)$ 及 $\omega'(t_0)$ 不能同时为零. 若 $\varphi'(t_0)$、$\psi'(t_0)$ 及 $\omega'(t_0)$ 中有个别为零，则按空间解析几何中对称式方程的说明来理解.例如，当 $\varphi'(t_0)=0$、$\psi'(t_0)\neq 0$，$\omega'(t_0)\neq 0$ 时，上式应该理解为 $\begin{cases}\dfrac{y-y_0}{\psi'(t_0)}=\dfrac{z-z_0}{\omega'(t_0)},\\ x=x_0.\end{cases}$

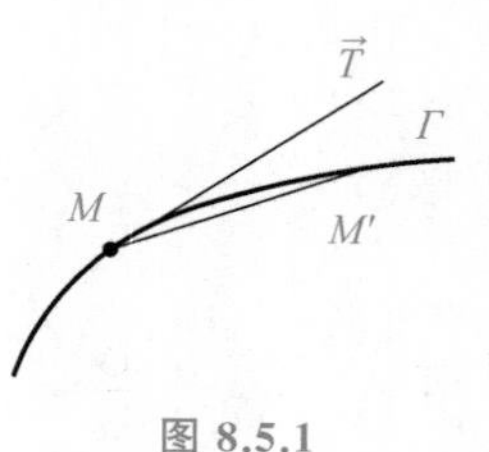

图 8.5.1

切线的方向向量称为曲线的切向量. 向量

$$\vec{T}=(\varphi'(t_0),\psi'(t_0),\omega'(t_0))$$

就是曲线Γ在点M处的一个切向量.

过点M且与该点的切线垂直的平面(过点M且与M处的切线垂直的所有直线都在此平面上)称为曲线Γ在点M处的法平面,其方程为

$$\varphi'(t_0)(x-x_0)+\psi'(t_0)(y-y_0)+\omega'(t_0)(z-z_0)=0.$$

例 8.5.1 求曲线$x=t,y=t^2,z=t^3$在点(1,1,1)处的切线和法平面.

解 因为$x'(t)=1,y'(t)=2t,z'(t)=3t^2$,又由方程知,在点(1,1,1)处对应于$t=1$,所以切线的方向向量为$\vec{T}=(1,2,3)$.故曲线在点(1,1,1)处的切线方程为

$$\frac{x-1}{1}=\frac{y-1}{2}=\frac{z-1}{3},$$

法平面方程为

$$(x-1)+2(y-1)+3(z-1)=0,\quad 即\quad x+2y+3z-6=0.$$

特别地,若空间曲线Γ的方程为$y=\varphi(x),z=\psi(x),a\leqslant x\leqslant b$,则可将其看成是以$x$为参数的参数方程

$$\begin{cases}x=x,\\ y=\varphi(x),\quad a\leqslant x\leqslant b,\\ z=\psi(x),\end{cases}$$

若$\varphi(x)$、$\psi(x)$都在$x=x_0$处可导,则曲线在点$M(x_0,y_0,z_0)$处的一个切向量为

$$\vec{T}=(1,\varphi'(x_0),\psi'(x_0)),$$

故曲线Γ在点$M(x_0,y_0,z_0)$处的切线方程为

$$\frac{x-x_0}{1}=\frac{y-y_0}{\varphi'(t_0)}=\frac{z-z_0}{\psi'(t_0)},$$

在点$M(x_0,y_0,z_0)$处的法平面方程为

$$(x-x_0)+\varphi'(x_0)(y-y_0)+\psi'(x_0)(z-z_0)=0.$$

2.一般方程表示的曲线的切线和法平面

若曲线Γ的方程为

$$\begin{cases}F(x,y,z)=0,\\ G(x,y,z)=0,\end{cases}$$

$M(x_0,y_0,z_0)$是曲线Γ上的一点,F、G有对各个变量的连续偏导数,假设

$$\left.\frac{\partial(F,G)}{\partial(y,z)}\right|_M=\begin{vmatrix}F_y & F_z\\ G_y & G_z\end{vmatrix}_M\neq 0,$$

则方程组在点$M(x_0,y_0,z_0)$的某一邻域内确定了一组函数$y=y(x),z=z(x)$,且

$$\frac{\mathrm{d}y}{\mathrm{d}x}=y'(x)=\frac{\begin{vmatrix}F_z & F_x\\ G_z & G_x\end{vmatrix}}{\begin{vmatrix}F_y & F_z\\ G_y & G_z\end{vmatrix}},\quad \frac{\mathrm{d}z}{\mathrm{d}x}=z'(x)=\frac{\begin{vmatrix}F_x & F_y\\ G_x & G_y\end{vmatrix}}{\begin{vmatrix}F_y & F_z\\ G_y & G_z\end{vmatrix}}.$$

于是曲线Γ在点$M(x_0,y_0,z_0)$处的切向量为

$$\vec{T}=\left(1,\frac{\begin{vmatrix}F_z & F_x\\G_z & G_x\end{vmatrix}_M}{\begin{vmatrix}F_y & F_z\\G_y & G_z\end{vmatrix}_M},\frac{\begin{vmatrix}F_x & F_y\\G_x & G_y\end{vmatrix}_M}{\begin{vmatrix}F_y & F_z\\G_y & G_z\end{vmatrix}_M}\right),$$

曲线 Γ 在点 $M(x_0,y_0,z_0)$ 处的切线方程为

$$\frac{x-x_0}{\begin{vmatrix}F_y & F_z\\G_y & G_z\end{vmatrix}_M}=\frac{y-y_0}{\begin{vmatrix}F_z & F_x\\G_z & G_x\end{vmatrix}_M}=\frac{z-z_0}{\begin{vmatrix}F_x & F_y\\G_x & G_y\end{vmatrix}_M},$$

曲线 Γ 在点 $M(x_0,y_0,z_0)$ 处的法平面方程为

$$\begin{vmatrix}F_y & F_z\\G_y & G_z\end{vmatrix}_M(x-x_0)+\begin{vmatrix}F_z & F_x\\G_z & G_x\end{vmatrix}_M(y-y_0)+\begin{vmatrix}F_x & F_y\\G_x & G_y\end{vmatrix}_M(z-z_0)=0.$$

例 8.5.2 求曲线 $\begin{cases}2x+y-z=0,\\x^2+y^2+2z^2=4\end{cases}$ 上点 $M(1,-1,1)$ 处的切线和法平面方程.

解 设

$$\begin{cases}F(x,y,z)=2x+y-z=0,\\G(x,y,z)=x^2+y^2+2z^2=4,\end{cases}$$

于是有

$$F_x=2,\quad F_y=1,\quad F_z=-1,\quad G_x=2x,\quad G_y=2y,\quad G_z=4z,$$

因此，在点 $M(1,-1,1)$ 处的切向量为

$$\begin{aligned}\vec{T}&=\left(\begin{vmatrix}F_y & F_z\\G_y & G_z\end{vmatrix},\begin{vmatrix}F_z & F_x\\G_z & G_x\end{vmatrix},\begin{vmatrix}F_x & F_y\\G_x & G_y\end{vmatrix}\right)\Bigg|_M\\&=\left(\begin{vmatrix}1 & -1\\2y & 4z\end{vmatrix},\begin{vmatrix}-1 & 2\\4z & 2x\end{vmatrix},\begin{vmatrix}2 & 1\\2x & 2y\end{vmatrix}\right)\Bigg|_M\\&=(2,-10,-6),\end{aligned}$$

取切向量为 $\vec{T}=(1,-5,-3)$，则曲线在点 $M(1,-1,1)$ 处的切线方程为

$$\frac{x-1}{1}=\frac{y+1}{-5}=\frac{z-1}{-3},$$

法平面方程为 $(x-1)-5(y+1)-3(z-1)=0$，即 $x-5y-3z-3=0$.

8.5.2 曲面的切平面与法线

设曲面 Σ 的方程为 $F(x,y,z)=0$，$M(x_0,y_0,z_0)$ 为曲面 Σ 上的一点，并设 $F(x,y,z)$ 在点 M 处具有连续偏导数，且偏导数不全为零. 在曲面 Σ 上，过点 M 任意作一条光滑曲线 Γ（图 8.5.2），并设曲线 Γ 的参数方程为

$$x=\varphi(t),\quad y=\psi(t),\quad z=\omega(t)\quad(\alpha\leqslant t\leqslant\beta),$$

$t=t_0$ 对应点 $M(x_0,y_0,z_0)$，故有恒等式

$$F[\varphi(t),\psi(t),\omega(t)]\equiv0.$$

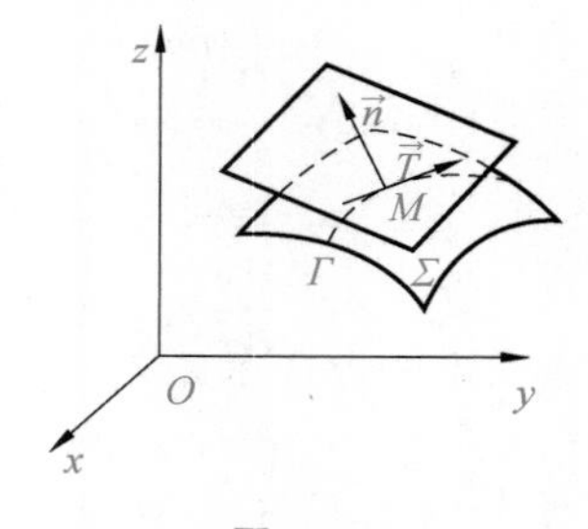

图 8.5.2

方程两边关于 t 求导，在 $t=t_0$ 处有

$$\frac{\mathrm{d}}{\mathrm{d}t}F[\varphi(t),\psi(t),\omega(t)]\big|_{t=t_0}=0,$$

即

$$F_x(x_0,y_0,z_0)\varphi'(t_0)+F_y(x_0,y_0,z_0)\psi'(t_0)+F_z(x_0,y_0,z_0)\omega'(t_0)=0.$$

已知 $\vec{T}=(\varphi'(t_0),\ \psi'(t_0),\ \omega'(t_0))$ 表示曲线 Γ 在点 M 处的切向量，若令

$$\vec{n}=(F_x(x_0,y_0,z_0),F_y(x_0,y_0,z_0),F_z(x_0,y_0,z_0)),$$

显然 $\vec{n}\neq(0,0,0)$. 由光滑曲线 Γ 的任意性知，上式说明过点 M 的任意一条光滑曲线，在点 M 处的切线都与同一法向量 $\vec{n}$ 垂直，从而曲面 Σ 上通过点 M 的一切曲线在点 M 处的切线都位于同一平面上，该平面称为曲面 Σ 在点 M 处的切平面，$\vec{n}=(F_x(x_0,y_0,z_0),F_y(x_0,y_0,z_0),F_z(x_0,y_0,z_0))$ 就是曲面 Σ 在点 M 处的一个法向量，故曲面 Σ 在点 M 处的切平面的方程为

$$F_x(x_0,y_0,z_0)(x-x_0)+F_y(x_0,y_0,z_0)(y-y_0)+F_z(x_0,y_0,z_0)(z-z_0)=0.$$

过点 $M(x_0,y_0,z_0)$ 且垂直于该点处的切平面的直线称为曲面 Σ 在点 M 处的法线. 法线方程为

$$\frac{x-x_0}{F_x(x_0,y_0,z_0)}=\frac{y-y_0}{F_y(x_0,y_0,z_0)}=\frac{z-z_0}{F_z(x_0,y_0,z_0)}.$$

特别地，如果曲面 Σ 的方程为 $z=f(x,y)$，且 $f(x,y)$ 的两个偏导数在点 (x_0,y_0) 处连续，则可将其变形为刚才讨论的情形. 令

$$F(x,y,z)=f(x,y)-z,$$

则有 $F_x=f_x,F_y=f_y,F_z=-1$.

于是，曲面 Σ 在点 $M(x_0,y_0,z_0)$ 处的法向量为

$$\vec{n}=(-f_x(x_0,y_0),-f_y(x_0,y_0),1),$$

故切平面方程为

$$f_x(x_0,y_0)(x-x_0)+f_y(x_0,y_0)(y-y_0)-(z-z_0)=0,$$

法线方程为

$$\frac{x-x_0}{f_x(x_0,y_0)}=\frac{y-y_0}{f_y(x_0,y_0)}=\frac{z-z_0}{-1}.$$

如果将上面的切平面方程移项变形为

$$z-z_0=f_x(x_0,y_0)(x-x_0)+f_y(x_0,y_0)(y-y_0),$$

则上式左端是切平面上点的竖坐标的增量，右端恰是函数 $f(x,y)$ 在点 (x_0,y_0) 处的全微分.可见，函数 $f(x,y)$ 在点 (x_0,y_0) 处的全微分的几何意义是：函数 $z=f(x,y)$ 的曲面在点 (x_0,y_0,z_0) 处切平面上的点的竖坐标增量.

如果以 α,β,γ 分别表示曲面的法向量与 x 轴、y 轴、z 轴正方向之间的夹角(方向角)，并规定法向量的方向是向上的(即它与 z 轴正向所成夹角为锐角)，则在显式方程下，若法向量为

$$\vec{n}=(-f_x(x_0,y_0),f_y(x_0,y_0),1)$$

则法向量的方向余弦为

$$\cos\alpha=\frac{-f_x(x_0,y_0)}{\sqrt{1+f_x^2(x_0,y_0)+f_y^2(x_0,y_0)}},$$

$$\cos\beta=\frac{-f_y(x_0,y_0)}{\sqrt{1+f_x^2(x_0,y_0)+f_y^2(x_0,y_0)}},$$

$$\cos\gamma=\frac{1}{\sqrt{1+f_x^2(x_0,y_0)+f_y^2(x_0,y_0)}}.$$

例 8.5.3 求曲面 $x^2+y^2-z^2=1$ 在点 $(1,1,-1)$ 处的切平面及法线方程.

解 令 $F(x,y,z)=x^2+y^2-z^2-1$,则

$$\vec{n}=(F_x,F_y,F_z)\big|_{(1,1,-1)}=(2x,2y,-2z)\big|_{(1,1,-1)}=(2,2,2).$$

曲面在点 $(1,1,-1)$ 处的切平面方程为

$$2(x-1)+2(y-1)+2(z+1)=0,\quad 即\quad x+y+z-1=0,$$

法线方程为

$$\frac{x-1}{1}=\frac{y-1}{1}=\frac{z+1}{1}.$$

例 8.5.4 求曲面 $z=x^2+y^2$ 在点 $(1,2,5)$ 处的切平面及法线方程.

解 令 $f(x,y)=x^2+y^2$,则

$$\vec{n}=(f_x,f_y,-1)\big|_{(1,2,5)}=(2x,2y,-1)\big|_{(1,2,5)}=(2,4,-1).$$

曲面在点 $(1,2,5)$ 处的切平面方程为

$$2(x-1)+4(y-2)-(z-5)=0,\quad 即\quad 2x+4y-z-5=0,$$

法线方程为 $\dfrac{x-1}{2}=\dfrac{y-2}{4}=\dfrac{z-5}{-1}$.

8.6 多元函数的极值与最值

上册中已经讨论过在只有一个自变量情形下的“收益最大”和“用料最省”等最值问题,但在实际问题中,一般最值会受到多个自变量的影响,因此有必要探讨多元函数最值的问题.与一元函数类似,多元函数的最值问题与函数的极值有着密切的联系.本节以二元函数为例,讨论多元函数的极值问题与最值问题.

8.6.1 多元函数的无条件极值与最大值、最小值

1.多元函数的无条件极值

定义 8.6.1 设函数 $z=f(x,y)$ 在点 $P_0(x_0,y_0)$ 的某个邻域内有定义,若对于该邻域内任一点 $P(x,y)$,都有 $f(x,y)\leqslant f(x_0,y_0)$(或 $f(x,y)\geqslant f(x_0,y_0)$),则称函数 $z=f(x,y)$ 在点 $P_0(x_0,y_0)$ 处取得极大值(或极小值),点 P_0 为函数 $z=f(x,y)$ 的极大值点(或极小值点),称函数值 $f(x_0,y_0)$ 为函数 $z=f(x,y)$ 的极大值或极小值.

极大值和极小值统称为极值.极大值点与极小值点统称为极值点.极值点一定是函数定义域的内点.

上述二元函数极值的定义可以推广到 n 元函数.设 n 元函数 $u=f(P)$ 在点 P_0 的某个邻域内有定义,若对于该邻域内任一点 P,都有 $f(P)\leqslant f(P_0)$ 或 $f(P)\geqslant f(P_0)$,则称

$f(P_0)$ 为函数 $u=f(P)$ 的极大值或极小值.

例 8.6.1 函数 $z=x^2+y^2$ 在点(0,0)处有极小值0,这是因为对于点(0,0)的任一邻域内的点,其函数值都为非负数,而点(0,0)处的函数值为零.

例 8.6.2 函数 $z=xy$ 在点(0,0)处不能取得极值,这是因为点(0,0)处的函数值为零,而在点(0,0)的任一邻域内总存在函数值为正的点,也存在函数值为负的点.

由极值的定义可知,若二元函数 $z=f(x,y)$ 在点(x_0,y_0)处取得极值,则固定 $y=y_0$ 得到的一元函数 $f(x,y_0)$ 在 $x=x_0$ 处必定取得极值;固定 $x=x_0$ 得到的一元函数 $f(x_0,y)$ 在 $y=y_0$ 处必定取得极值.若 $f(x,y)$ 在点(x_0,y_0)处可偏导,则由费马引理可得,$f_x(x_0,y_0)=0,f_y(x_0,y_0)=0$.

因此得到一元函数的费马引理在多元函数情形的推广结论.

定理 8.6.1(极值存在的必要条件) 设函数 $z=f(x,y)$ 在点(x_0,y_0)处取得极值,且在点(x_0,y_0)处的两个偏导数都存在,则必有 $f_x(x_0,y_0)=0,f_y(x_0,y_0)=0$.

与一元函数类似,称使 $f_x(x,y)=0,f_y(x,y)=0$ 同时成立的点(x_0,y_0)为函数 $z=f(x,y)$ 的驻点.

类似地,若三元函数 $u=f(x,y,z)$ 在点(x_0,y_0,z_0)处具有偏导数,则它在点(x_0,y_0,z_0)处取得极值的必要条件是点(x_0,y_0,z_0)为函数的驻点.

定理 8.6.1 是必要非充分条件,即偏导数存在的函数的极值点一定是驻点,但驻点不一定是极值点.例如,点(0,0)是函数 $z=xy$ 的驻点,但却不是函数的极值点.另外,函数的偏导数不存在的点也可能是极值点,例如,函数 $f(x,y)=\sqrt{x^2+y^2}$ 有极小值点(0,0),但在点(0,0)处,$f_x(0,0),f_y(0,0)$ 均不存在.

接下来讨论函数取得极值的充分条件.

定理 8.6.2(极值存在的充分条件) 设函数 $f(x,y)$ 在点(x_0,y_0)的邻域内存在二阶连续偏导数,且 $f_x(x_0,y_0)=0,f_y(x_0,y_0)=0$. 记 $A=f_{xx}(x_0,y_0),B=f_{xy}(x_0,y_0)$,$C=f_{yy}(x_0,y_0)$,则有:

(1)当 $AC-B^2>0$ 时,(x_0,y_0)是极值点,且当 $A>0$ 时,(x_0,y_0)为极小值点;当 $A<0$ 时,(x_0,y_0)为极大值点.

(2)当 $AC-B^2<0$ 时,(x_0,y_0)不是极值点.

(3)当 $AC-B^2=0$ 时,不能判定(x_0,y_0)是否为极值点,需要另外讨论.

综上所述,求解具有二阶连续偏导数的函数 $z=f(x,y)$ 的极值的一般步骤为:

①解方程组 $\begin{cases} f_x(x,y)=0, \\ f_y(x,y)=0, \end{cases}$ 求出 $f(x,y)$ 的全部驻点;

②对于每个驻点,求出其二阶偏导数的值 A、B 和 C;

③根据 $AC-B^2$ 的符号,对照定理 8.6.2 来进行判断.

例 8.6.3 求函数 $f(x,y)=x^3-3x^2-9x+y^2-2y+2$ 的极值.

解 解方程组 $\begin{cases} f_x(x,y)=3x^2-6x-9=0, \\ f_y(x,y)=2y-2=0 \end{cases}$ 得两个驻点$(-1,1)$,$(3,1)$,求二阶偏导数得

$$f_{xx}(x,y)=6x-6,\quad f_{xy}(x,y)=0,\quad f_{yy}(x,y)=2,$$

于是得到计算结果如下表所列.

二阶偏导数 驻点	$A=f_{xx}(x,y)$	$B=f_{xy}(x,y)$	$C=f_{yy}(x,y)$	$AC-B^2$
$(-1,1)$	-12	0	2	-24
$(3,1)$	12	0	2	24

可以看出，在点$(-1,1)$处 $AC-B^2<0$，所以点$(-1,1)$不是极值点；在点$(3,1)$处 $AC-B^2>0$，且 $A>0$，所以点$(3,1)$为极小值点，极小值为 $f(3,1)=-26$.

2.多元函数的最值

由连续函数的性质知，若函数 $z=f(x,y)$ 在有界闭区域 D 上连续，则 $f(x,y)$ 在区域 D 上定存在最大值和最小值.可以利用函数的极值来求函数的最值，方法是：找出 $f(x,y)$ 的所有疑似极值点，考察这些点以及边界上的点的函数值，找出其中最大者就是函数在 D 上的最大值，最小者就是函数在 D 上的最小值.

如果遇到实际问题，则要根据问题的实际意义来判断.若根据问题的实际意义可以判定函数的最值一定在 D 的内部取得，且函数在 D 内只有唯一的驻点，则可断定该驻点就是极值点，也一定是所求的最值点.

例 8.6.4 求函数 $f(x,y)=x^2-2y^2+5$ 在区域 $D=\{(x,y)\mid x^2+4y^2\leqslant 4\}$ 上的最大值与最小值.

解 先求出在区域 D 内部的所有驻点及驻点处的函数值.

解方程组

$$\begin{cases}f_x(x,y)=2x=0,\\ f_y(x,y)=-4y=0,\end{cases}$$

得驻点为$(0,0)$，$f(0,0)=5$. 再求出边界上函数的最值.

将 $x^2+4y^2=4$ 代入 $f(x,y)=x^2-2y^2+5$ 得 $f(x,y)=9-6y^2$，$-1\leqslant y\leqslant 1$：

- 当 $y=0$ 时，$x=\pm 2$，$f(x,y)$ 在边界上取得最大值为 9；
- 当 $y=\pm 1$ 时，$x=0$，$f(x,y)$ 在边界上取得最小值为 3.

将区域内驻点处的函数值与边界上的最值相比较，得函数在闭区域 D 上的最大值为 $M=f(\pm 2,0)=9$，最小值为 $m=f(0,\pm 1)=3$.

例 8.6.5 某厂要做一个体积为 8 m^3 的有盖长方体水箱.问当长、宽、高各为多少时，用料最省？

解 设水箱的长为 x (m)，宽为 y (m)，则高为 $\dfrac{8}{xy}$ (m)，因此，水箱的表面积为

$$S=2\left(xy+x\cdot\frac{8}{xy}+y\cdot\frac{8}{xy}\right)=2\left(xy+\frac{8}{y}+\frac{8}{x}\right),\quad x>0,y>0,$$

令 $\begin{cases}S_x=2\left(y-\dfrac{8}{x^2}\right)=0,\\ S_y=2\left(x-\dfrac{8}{y^2}\right)=0,\end{cases}$ 解得 $\begin{cases}x=2,\\ y=2.\end{cases}$

因为最小值一定是在开区域 $x>0,y>0$ 内部取得的，而函数在区域内只有唯一的驻点 (2,2). 故当 $x=2,y=2$ 时，表面积取得最小值，即当水箱的长为 2 m、宽为 2 m、高为 $\frac{8}{2\times 2}$ m=2 m时所用的材料最省.

8.6.2　条件极值问题与拉格朗日乘数法

在考虑函数的极值问题时，除了要限制在函数的定义域内之外，还常常需要对函数的自变量附加一定的约束条件. 这类附有约束条件的极值的问题称为条件极值. 例如，函数 $f(x,y)=\sqrt{x^2+y^2}$ 在无附加约束条件下有极小值点(0,0)，但若加上约束条件 $x+y=1$，则点(0,0)就不可能是函数的极值了，因为点(0,0)不满足约束条件.

对于一些比较简单的条件极值，可将条件极值转化为无条件极值来计算. 但这种方法并非对所有的条件极值问题都可行. 为此，下面介绍一种直接从约束条件出发，求解条件极值的方法——拉格朗日乘数法.

设函数 $z=f(x,y)$ 和 $\varphi(x,y)=0$ 在所考虑的区域内有连续的一阶偏导数，且 $\varphi_x(x,y)$，$\varphi_y(x,y)$ 不同时为零，求函数 $z=f(x,y)$ 在约束条件 $\varphi(x,y)=0$ 下的极值，可用下列步骤求解：

①构造辅助函数 $L(x,y)=f(x,y)+\lambda\varphi(x,y)$.

②解方程组 $\begin{cases}L_x(x,y)=0,\\L_y(x,y)=0,\\L_\lambda(x,y)=0,\end{cases}$ 即 $\begin{cases}f_x(x,y)+\lambda\varphi_x(x,y)=0,\\f_y(x,y)+\lambda\varphi_y(x,y)=0,\\\varphi(x,y)=0,\end{cases}$ 得到所有可能的极值点 $u=f(x,y,z,t)$.

③判断所求出的可能极值点是否为目标函数的极值点. 在实际问题中往往可根据问题本身的性质来判定.

此方法称为拉格朗日乘数法，其中辅助函数 $L(x,y)$ 称为拉格朗日函数，λ 称为拉格朗日乘数. 可将此方法推广到函数有两个以上自变量或有多个约束条件的情况.

例如，求函数 $u=f(x,y,z,t)$ 在条件 $\varphi(x,y,z,t)=0,\psi(x,y,z,t)=0$ 下的极值，可构造辅助函数

$$L(x,y,z,t)=f(x,y,z,t)+\lambda_1\varphi(x,y,z,t)+\lambda_2\psi(x,y,z,t),$$

解方程组

$$\begin{cases}f_x(x,y,z,t)+\lambda_1\varphi_x(x,y,z,t)+\lambda_2\psi_x(x,y,z,t)=0,\\f_y(x,y,z,t)+\lambda_1\varphi_y(x,y,z,t)+\lambda_2\psi_y(x,y,z,t)=0,\\f_z(x,y,z,t)+\lambda_1\varphi_z(x,y,z,t)+\lambda_2\psi_z(x,y,z,t)=0,\\f_t(x,y,z,t)+\lambda_1\varphi_t(x,y,z,t)+\lambda_2\psi_t(x,y,z,t)=0,\\\varphi(x,y,z,t)=0,\\\psi(x,y,z,t)=0,\end{cases}$$

得点 (x,y,z,t)，然后判断该点是否为极值点.

例 8.6.6　某公司通过电视和网络做广告，设其销售收入 R (万元)与电视广告费 x (万元)

及网络广告费 y（万元）之间的关系为 $R(x,y)=13+15x+33y-8xy-2x^2-10y^2$，若广告费为 2 万元，则如何分配广告费使得利润最大？

解　利润函数为 $W(x,y)=R(x,y)-(x+y)=13+14x+32y-8xy-2x^2-10y^2$，广告费为 $x+y=2$，利用拉格朗日乘数法，设拉格朗日函数为

$$F(x,y,\lambda)=13+14x+32y-8xy-2x^2-10y^2+\lambda(x+y-2),$$

由 $\begin{cases}F_x=14-8y-4x+\lambda=0,\\F_y=32-8x-20y+\lambda=0,\\x+y-2=0,\end{cases}$ 解得 $x=\dfrac{3}{4}$，$y=\dfrac{5}{4}$，由题意知，必定存在最大利润，且所求得的唯一驻点必定是极大值点，也一定是最值点.

因此，当电视广告费分配 0.75 万元、网络广告费分配 1.25 万元时所得利润最大，最大利润为 $W(0.75,1.25)=39.25$ 万元.

习题 8

1.选择题.

考虑二元函数 $f(x,y)$ 的下面 4 条性质：

① $f(x,y)$ 在点 (x_0,y_0) 处连续；　② $f(x,y)$ 在点 (x_0,y_0) 处两个偏导数连续；

③ $f(x,y)$ 在点 (x_0,y_0) 处可微；　④ $f(x,y)$ 在点 (x_0,y_0) 处两个偏导数存在.

若用“$P\Rightarrow Q$”表示由性质 P 推出性质 Q，则（　　）.

A.② ⇒ ③ ⇒ ①　　B.③ ⇒ ② ⇒ ①

C.③ ⇒ ④ ⇒ ①　　D.③ ⇒ ① ⇒ ④

2.求下列函数的定义域：

(1) $z=\ln(y-x^2)+\sqrt{1-y^2-x^2}$；　(2) $z=\dfrac{\sqrt{4x-y^2}}{\ln(1-x^2-y^2)}$；

(3) $z=\sqrt{x}\ln\sqrt{x+y}$；　(4) $u=\arcsin(x^2+y^2-z)$.

3.设 $f(u,v)=u^v$，求 $f(x+y,x^2y)$，$f\left(\dfrac{1}{y},x-y\right)$.

4.设 $f\left(x+y,\dfrac{y}{x}\right)=x^2-y^2$，求 $f(x,y)$.

5.求下列函数的极限：

(1) $\lim\limits_{(x,y)\to(1,0)}\dfrac{\ln(x+e^y)}{x^2+y^2}$；　(2) $\lim\limits_{(x,y)\to(0,2)}\dfrac{\sin(xy)}{\ln(1+x)}$；

(3) $\lim\limits_{(x,y)\to(0,0)}\dfrac{x^2y}{x^2+y^2}$；　(4) $\lim\limits_{(x,y)\to(0,0)}\dfrac{xy}{\sqrt{xy+1}-1}$；

(5) $\lim\limits_{(x,y)\to(0,0)}\dfrac{1-\cos(x^2+y^2)}{(x^2+y^2)^2x^2y^2}$；　(6) $\lim\limits_{(x,y)\to(0,0)}(1+xy)^{\frac{\sin x}{x^2+y^2}}$.

6.证明下列极限不存在：

(1) $\lim\limits_{(x,y)\to(0,0)}\dfrac{x^2+y^2}{x^2y^2+(x-y)^2}$；　(2) $\lim\limits_{(x,y)\to(0,0)}(1+xy)^{\frac{1}{x+y}}$.

7.求下列函数在指定点处的偏导数值：

(1) $z=\ln(x-2y)$ 在点(1,0)处；　　(2) $z=\dfrac{xy}{x+y}$ 在点(1,2)处.

8.求下列函数的偏导数：

(1) $z=x^2y+\dfrac{y}{2x}$；　　(2) $z=(1+xy)^y$；

(3) $z=\sin(xy)+\cos^2(xy)$；　　(4) $z=\arcsin(x+y)$；

(5) $z=\sqrt{\ln(xy)}$；　　(6) $u=x^{\frac{y}{z}}$.

9.设 $z=e^{\frac{x}{y^2}}$，证明：$2x\dfrac{\partial z}{\partial x}+y\dfrac{\partial z}{\partial y}=0$.

10.证明：函数 $z=\sqrt{x^2+y^2}$ 在点(0,0)处连续，但偏导数不存在.

11.设 $f(x,y)=\begin{cases} y\sin\dfrac{1}{x^2+y^2}, & x^2+y^2\neq 0, \\ 0, & x^2+y^2=0, \end{cases}$ 求 $f_x(0,0)$，$f_y(0,0)$.

12.求下列函数的二阶偏导数：

(1) $z=\arctan\dfrac{y}{x}$；　　(2) $z=y\ln(x+y)$；

(3) $z=x^3y^2+\dfrac{x^2}{2y}$；　　(4) $z=x\ln(xy^2)$.

13.求下列函数的全微分：

(1) $z=x\sin y+ye^{xy}$；　　(2) $z=\dfrac{y}{\sqrt{x^2-y^2}}$；

(3) $z=e^x\arcsin y$；　　(4) $u=x^{yz}$；

(5) $u=xe^{xy+2z}$.

14.设函数 $f(x,y)=\begin{cases} \dfrac{x^2y}{x^4+y^2}, & x^2+y^2\neq 0, \\ 0, & x^2+y^2=0, \end{cases}$ 讨论其在点(0,0)处的一阶偏导数及全微分是否存在.

15.证明：函数 $z=\sqrt{|xy|}$ 在点(0,0)处连续，且偏导数存在，但在该点处不可微.

16.证明：若函数 $z=f(x,y)$ 满足不等式 $|f(x,y)|\leqslant x^2+y^2$，则 $f(x,y)$ 在点(0,0)处是可微的.

17.求下列函数的一阶全导数或一阶偏导数，其中 f 有一阶连续的偏导数：

(1)设 $z=x^2-y^2+t$，$x=\sin t$，$y=\cos t$，求$\dfrac{dz}{dt}$；

(2)设 $z=x^2+xy+y^2$，$x=t^2$，$y=t$，求$\dfrac{dz}{dt}$；

(3) 设 $z=\arcsin u$，$u=x^2+y^2$，求$\dfrac{\partial z}{\partial x}$，$\dfrac{\partial z}{\partial y}$；

(4)设 $z=f(x^2-y^2,e^{xy})$，求$\dfrac{\partial z}{\partial y}$；

(5)设 $u=f\left(\dfrac{x}{y},\dfrac{y}{z}\right)$，其中 $\dfrac{\partial z}{\partial x}$ 可微，求 $\dfrac{\partial u}{\partial x},\dfrac{\partial u}{\partial y},\dfrac{\partial u}{\partial z}$.

18.求下列函数的一阶全微分，其中 f,φ 有一阶连续偏导数：

(1) $z=f(\sin x^2,x+y^2)$；　　(2) $u=f(x,xy,xyz)$.

19.验证函数 $z(x,y)=x^n f\left(\dfrac{y}{x^2}\right)$ 满足方程 $x\dfrac{\partial z}{\partial x}+2y\dfrac{\partial z}{\partial y}=nz$.

20.设 f 具有连续的二阶偏导数，求下列函数的高阶偏导数：

(1) $z=f\left(\ln\dfrac{y}{x},xy\right)$，求 $\dfrac{\partial^2 z}{\partial x^2},\dfrac{\partial^2 z}{\partial x\partial y}$；

(2) $z=yf(x+y,x^2y)$，求 $\dfrac{\partial^2 z}{\partial x\partial y},\dfrac{\partial^2 z}{\partial y^2}$；

(3) $u=f(x^2+y^2+z^2)$，求 $\dfrac{\partial^2 u}{\partial x^2},\dfrac{\partial^2 u}{\partial z^2},\dfrac{\partial^2 u}{\partial x\partial y}$.

21.设 $z=\varphi(x+y)+y\psi(x+y)$，其中 φ,ψ 有连续的二阶偏导数.试证：

$$\frac{\partial^2 z}{\partial x^2}-2\frac{\partial^2 z}{\partial x\partial y}+\frac{\partial^2 z}{\partial y^2}=0.$$

22.求下列方程所确定的隐函数的导数或偏导数：

(1)设 $x^3+y^3-3axy=0$，求 $\dfrac{\mathrm{d}y}{\mathrm{d}x}$；

(2)设 $\sin(x-y)+\mathrm{e}^{x+y}-x^2y=0$；

(3)设 $x^2+y^2+z^2=\mathrm{e}^{-(x+y+z)}$，求 $\dfrac{\partial z}{\partial x},\dfrac{\partial z}{\partial y}$；

(4)设 $z=yz^3+5x^2-2$，求 $\dfrac{\partial z}{\partial x},\dfrac{\partial z}{\partial y}$；

(5)设 $\ln\sqrt{x^2+y^2}=\arctan\dfrac{y}{x}$，求 $\dfrac{\mathrm{d}y}{\mathrm{d}x},\dfrac{\mathrm{d}^2 y}{\mathrm{d}x^2}$；

(6)设 $\mathrm{e}^z=xyz$，求 $\dfrac{\partial^2 z}{\partial x^2},\dfrac{\partial^2 z}{\partial y^2},\dfrac{\partial^2 z}{\partial x\partial y}$.

23.求由下列方程组所确定的隐函数的导数或偏导数：

(1)设 $\begin{cases}x+y+z=0,\\x^2+y^2+z^2=1,\end{cases}$ 求 $\dfrac{\mathrm{d}x}{\mathrm{d}z},\dfrac{\mathrm{d}y}{\mathrm{d}z}$；

(2)设 $\begin{cases}2xu+y^2v=0,\\yu+3xv=1,\end{cases}$ 求 $\dfrac{\partial u}{\partial x},\dfrac{\partial u}{\partial y},\dfrac{\partial v}{\partial x},\dfrac{\partial v}{\partial y}$；

(3) 设 $\begin{cases}u=f(ux^2,v+y^2),\\v=g(2u-x,v^2y),\end{cases}$ 其中 f,g 具有一阶连续偏导数，求 $\dfrac{\partial u}{\partial x},\dfrac{\partial v}{\partial x}$.

24.设 $\varphi(u,v)$ 为可微函数.证明：由方程 $\varphi(cx-az,cy-bz)=0$ 所确定的隐函数 $z=z(x,y)$ 满足方程 $a\dfrac{\partial z}{\partial x}+b\dfrac{\partial z}{\partial y}=c$.

25.设 $z=z(x,y)$ 由方程 $f(x^2+z\sin y,y^2+\cos z)=0$ 所确定，其中 f 有一阶连续偏导数，求 $\mathrm{d}z$.

26.求下列曲线在指定点处的切线方程与法平面方程：

(1)曲线 $x=t-\sin t, y=1-\cos t, z=4\sin\frac{t}{2}$ 在点 $P\left(\frac{\pi}{2}-1,1,2\sqrt{2}\right)$ 处；

(2)曲线 $\begin{cases}x^2+y^2+z^2-3x=0,\\2x-3y+5z=4\end{cases}$ 在点 $P(1,1,1)$ 处；

(3)曲线 $\begin{cases}x^2+z^2=10,\\y^2+z^2=10\end{cases}$ 在点 $P(1,1,3)$ 处.

27.求下列曲面在指定点处的切平面方程和法线方程：

(1)曲面 $e^z-z+xy=3$ 在点 $P(2,1,0)$ 处；

(2)曲面 $z=x^2+y^2$ 在点 $P(1,2,5)$ 处；

(3)曲面 $z=ye^{\frac{x}{y}}$ 在点 $P(1,1,e)$ 处.

28.求曲线 $x=t, y=t^2, z=t^3$ 上的一点,使曲线在该点处的切线平行于平面 $x+2y+z=4$.

29.求椭球面 $x^2+2y^2+z^2=1$ 上平行于平面 $x-y+2z=0$ 的切平面方程.

30.求旋转椭球面 $3x^2+y^2+z^2=16$ 上点 $P(-1,-2,3)$ 处的切平面与 xOy 坐标面夹角的余弦.

31.已知曲面 $z=4-x^2-y^2$ 上某点处的切平面平行于平面 $2x+2y+z=1$，求该点坐标.

32.设直线 $\begin{cases}x+y+b=0,\\x+ay-z-3=0\end{cases}$ 在平面上,而平面与曲面 $z=x^2+y^2$ 相切于点 $P(1,-2,5)$，求 a,b 的值.

33.求下列函数的极值：

(1) $z=x^3+y^3-3xy$；

(2) $z=e^{2x}(x+y^2+2y)$；

(3) $2x^2+2y^2+z^2+8xz-z+8=0$.

34.求下列函数在指定区域上的最大值与最小值：

(1) $f(x,y)=xy$ 在 $D=\{(x,y)\mid x\geqslant 0, y\geqslant 0, x+y\leqslant 1\}$ 上；

(2) $f(x,y)=e^{-xy}$ 在 $D=\{(x,y)\mid x^2+4y^2\leqslant 1\}$ 上；

(3) $f(x,y)=x^2y(4-x-y)$ 在 $D=\{(x,y)\mid x\geqslant 0, y\geqslant 0, x+y\leqslant 6\}$ 上.

35.设有三个正数之和是18,问当这三个数为何值时其乘积最大？

36.已知三角形的周长为 $2p$，将它绕其一边旋转而得一旋转体.问当边长各为多少时,旋转体的体积最大？

第 9 章

重积分

一元函数的积分学可以推广到多元函数,这样就得到了多元函数的积分学.本章讨论在平面区域上二元函数的积分(二重积分),以及在空间区域上三元函数的积分(三重积分)的概念及其计算方法.

9.1 重积分的概念与性质

9.1.1 重积分的概念

1.引 例

例 9.1.1 计算曲顶柱体的体积.

设有一空间几何体 Ω,它的底是 xOy 面上的有界区域 D,它的侧面是以 D 的边界曲线为准线,其母线平行于 z 轴的柱面,它的顶是曲面 $z=f(x,y)$,其中 $f(x,y)$ 在 D 上连续且 $f(x,y)\geqslant 0$(图 9.1.1),称这种几何体为曲顶柱体.

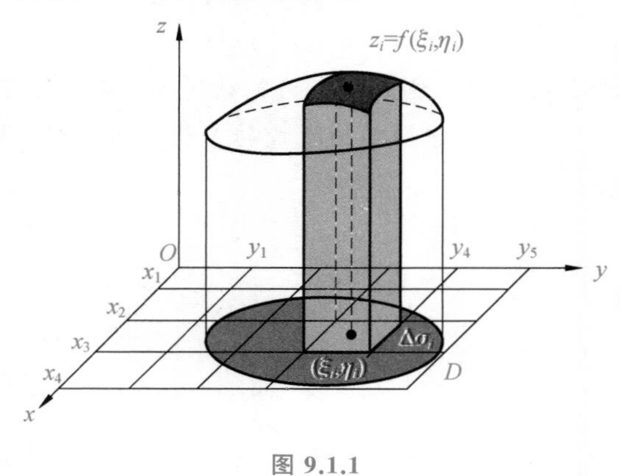

图 9.1.1

下面来讨论如何计算这个曲顶柱体的体积 V.

如果曲顶柱体的顶是个平面,则称曲顶柱体为平顶柱体,它的体积为

$$柱体体积=底面积\times高.$$

而曲顶柱体的高 $f(x,y)$ 是个变量,它的体积不能用通常的体积公式来定义和计算.由于体积具有可加性,所以可以采用“分割、近似、求和、取极限”的方法来解决这个问题.

①分割:用一族曲线网将区域 D 任意分割成 n 个小区域 $\Delta\sigma_1,\Delta\sigma_2,\cdots,\Delta\sigma_n$,仍然用 $\Delta\sigma_i$ 表示第 i 个小区域的面积.

②近似:分别以这些小区域的边界为准线,作母线平行于 z 轴的柱面,这些柱面将原来的曲顶柱体分为 n 个小的曲顶柱体,其体积记为 $\Delta V_i(i=1,2,\cdots,n)$. 当这些小闭区域的直径(指区域上任意两点间距离的最大者)很小时,由于 $f(x,y)$ 连续,因此同一个小闭区域上的高 $f(x,y)$ 变化很小,此时每一个小曲顶柱体都可近似看作平顶柱体. 在每个 $\Delta\sigma_i$ 内任取一点 (ξ_i,η_i),用高为 $f(\xi_i,\eta_i)$、底为 $\Delta\sigma_i$ 的平顶柱体的体积 $f(\xi_i,\eta_i)\cdot\Delta\sigma_i$ 来近似代替 ΔV_i,即

$$\Delta V_i\approx f(\xi_i,\eta_i)\cdot\Delta\sigma_i\quad(i=1,2,\cdots,n).$$

③求和:对小曲顶柱体求和,得

$$V=\sum_{i=1}^{n}\Delta V_i\approx\sum_{i=1}^{n}f(\xi_i,\eta_i)\cdot\Delta\sigma_i.$$

④取极限:将这 n 个小闭区域直径中的最大者记为 λ,则 $\lambda\to0$ 表示对区域 D 无限细分,这时,上述和式的极限就表示曲顶柱体的体积,即

$$V=\lim_{\lambda\to0}\sum_{i=1}^{n}f(\xi_i,\eta_i)\cdot\Delta\sigma_i.$$

例 9.1.2 计算非均质平面薄片的质量.

设有一平面薄片占有 xOy 面上的闭区域 D,假设薄片的质量分布不均匀,记点 (x,y) 处的面密度为 $\rho(x,y)$,其中 $\rho(x,y)\geqslant0$ 且在 D 上连续. 现在要计算该薄片的质量 M 为多少.

如果薄片是匀质的,则薄片的质量为

$$薄片质量=面密度\times面积.$$

而薄片是非匀质的,面密度 $\rho(x,y)$ 是变量,所以薄片的质量不能直接用上式来计算. 类似于例 9.1.1,也可以采用“分割、近似、求和、取极限”的方法来解决这个问题.

①分割:将平面薄片所占的区域任意分割成 n 个小区域 $\Delta\sigma_1,\Delta\sigma_2,\cdots,\Delta\sigma_n$,仍用 $\Delta\sigma_i$ 表示第 i 个小区域的面积,因此大的平面薄片被划分为 n 个小平面薄片(图 9.1.2),其质量记为 $\Delta M_i(i=1,2,\cdots,n)$,则 $M=\sum\limits_{i=1}^{n}\Delta M_i$.

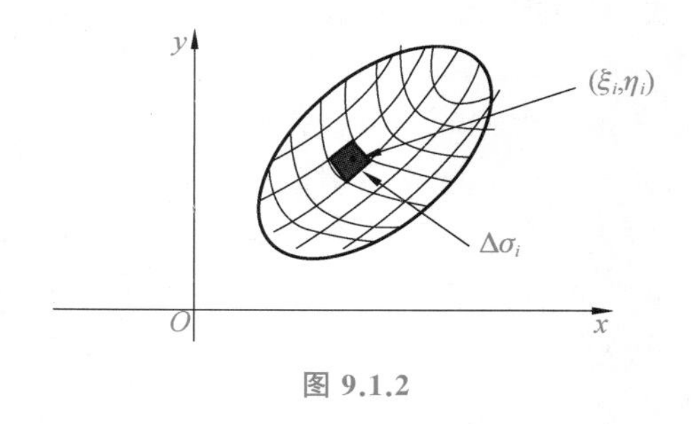

图 9.1.2

②近似:由于 $\rho(x,y)$ 连续,当 $\Delta\sigma_i$ 的直径很小时,$\rho(x,y)$ 在每个小平面薄片上的变化

也很小，这些小平面薄片可近似看作质量分布均匀. 在 $\Delta\sigma_i$ 内任取一点 (ξ_i,η_i)，以 $\rho(\xi_i,\eta_i)\cdot\Delta\sigma_i$ 来近似代替该小平面薄片的质量，即

$$\Delta M_i\approx\rho(\xi_i,\eta_i)\cdot\Delta\sigma_i\quad(i=1,2,\cdots,n).$$

③求和：对小平面薄片求和，得

$$M\approx\sum_{i=1}^{n}\rho(\xi_i,\eta_i)\cdot\Delta\sigma_i.$$

④取极限：仍用 λ 表示所有小区域中直径的最大值，则平面薄片的质量可表示为 $M=\lim\limits_{\lambda\to0}\sum\limits_{i=1}^{n}\rho(\xi_i,\eta_i)\cdot\Delta\sigma_i$.

从上面两个例题可以看出，两个问题的实际意义不同，但解决问题的方法相同，且所求量都归结为同一形式的和的极限. 在物理、力学、几何和工程技术中，有许多量都可归结为这一形式的和的极限. 因此，需要更一般地研究这种和的极限，由此抽象出下述二重积分的定义.

2.重积分的定义

定义 9.1.1 设 $f(x,y)$ 是有界闭区域 D 上的有界函数，将闭区域 D 任意分成 n 个小闭区域 $\Delta\sigma_1,\Delta\sigma_2,\cdots,\Delta\sigma_n$，第 i 个小区域的面积仍记为 $\Delta\sigma_i$，在每个 $\Delta\sigma_i$ 上任取一点 (ξ_i,η_i)，作乘积 $f(\xi_i,\eta_i)\cdot\Delta\sigma_i$，并作和式

$$\sum_{i=1}^{n}f(\xi_i,\eta_i)\cdot\Delta\sigma_i,$$

记 λ 为所有小闭区域中直径的最大值，若当 $\lambda\to0$ 时，这个和式的极限存在，且极限值与对区域 D 的分法及点 (ξ_i,η_i) 在 $\Delta\sigma_i$ 上的取法无关，则称此极限值为函数 $z=f(x,y)$ 在闭区域 D 上的二重积分，记为 $\iint\limits_D f(x,y)\mathrm{d}\sigma$，即

$$\iint\limits_D f(x,y)\mathrm{d}\sigma=\lim_{\lambda\to0}\sum_{i=1}^{n}f(\xi_i,\eta_i)\cdot\Delta\sigma_i,$$

其中 $f(x,y)$ 称为被积函数，$f(x,y)\mathrm{d}\sigma$ 称为被积表达式，$\mathrm{d}\sigma$ 称为面积元素，x 与 y 称为积分变量，D 称为积分区域，$\sum\limits_{i=1}^{n}f(\xi_i.\eta_i)\Delta\sigma_i$ 称为积分和，此时也称 $f(x,y)$ 在 D 上可积.

注意 ①在二重积分的定义中，对闭区域的划分是任意的.

②二重积分的几何意义是：当被积函数大于零时，二重积分是柱体的体积；当被积函数小于零时，二重积分是柱体的体积的负值.

③函数可积的充分条件是：

ⓐ当 $f(x,y)$ 在有界闭区域上连续时，定义中和式的极限必存在，即二重积分必存在；

ⓑ当 $f(x,y)$ 在有界闭区域上分片连续时，函数的二重积分存在.

对二重积分的定义可以很自然地进行推广，得到如下三重积分的定义.

定义 9.1.2 设 $f(x,y,z)$ 是空间有界闭区域 Ω 上的有界函数，将闭区域 Ω 任意分成 n 个小闭区域 $\Delta v_1,\Delta v_2,\cdots,\Delta v_n$，其中 Δv_i 表示第 i 个小闭区域，也表示它的体积，在每个 Δv_i 上任取一点 (ξ_i,η_i,ζ_i) 作乘积 $f(\xi_i,\eta_i,\zeta_i)\cdot\Delta v_i(i=1,2,\cdots,n)$，并求和，如果当各小

闭区域的直径中的最大值 λ 趋近于零时，该和式的极限存在，则称此极限为函数 $f(x,y,z)$ 在闭区域 Ω 上的三重积分，记为 $\iiint\limits_{\Omega} f(x,y,z)\mathrm{d}v$，即

$$\iiint\limits_{\Omega} f(x,y,z)\mathrm{d}v=\lim_{\lambda\to 0}\sum_{i=1}^{n} f(\xi_i,\eta_i,\zeta_i)\Delta v_i.$$

其中 $\mathrm{d}v$ 叫做体积元素.

如果 $f(x,y,z)$ 表示占有空间闭区域 Ω 的某物体在点 (x,y,z) 处的体密度，则该物体的质量 M 为 $f(x,y,z)$ 在 Ω 上的三重积分，即

$$M=\iiint\limits_{\Omega} f(x,y,z)\mathrm{d}v.$$

9.1.2 重积分的性质

重积分与定积分有相似的性质，现以二重积分为例，讨论如下.

假设 $f(x,y),g(x,y)$ 均可积，则有如下性质.

性质 9.1.1(线性性质) $\iint\limits_{D}[k_1 f(x,y)\pm k_2 g(x,y)]\mathrm{d}\sigma = k_1\iint\limits_{D} f(x,y)\mathrm{d}\sigma \pm k_2\iint\limits_{D} g(x,y)\mathrm{d}\sigma$ (其中 k_1,k_2 为常数).

性质 9.1.2(对积分区域的可加性) 如果积分区域 D 被一条曲线分为两个区域 D_1 和 D_2，则

$$\iint\limits_{D} f(x,y)\mathrm{d}\sigma=\iint\limits_{D_1} f(x,y)\mathrm{d}\sigma+\iint\limits_{D_2} f(x,y)\mathrm{d}\sigma.$$

性质 9.1.2 表明二重积分对积分区域具有可加性，并可推广到积分区域 D 被有限条曲线分为有限个部分闭区域的情形.

性质 9.1.3 如果在 D 上有 $f(x,y)\equiv 1$，σ 为 D 的面积，则

$$\iint\limits_{D} f(x,y)\mathrm{d}\sigma=\iint\limits_{D}\mathrm{d}\sigma=\sigma.$$

性质 9.1.3 的几何意义很明显，高为 1 的平顶柱体的体积在数值上就等于柱体的底面积.

性质 9.1.4(积分不等式) 如果在 D 上有 $f(x,y)\leqslant g(x,y)$，则

$$\iint\limits_{D} f(x,y)\mathrm{d}\sigma\leqslant\iint\limits_{D} g(x,y)\mathrm{d}\sigma.$$

性质 9.1.4 称为二重积分的单调性. 显然，若在 D 上恒有 $f(x,y)\geqslant 0$，则 $\iint\limits_{D} f(x,y)\mathrm{d}\sigma\geqslant 0$.

又由于在 D 上有

$$-|f(x,y)|\leqslant f(x,y)\leqslant |f(x,y)|,$$

因此可得到二重积分的绝对值不等式

$$\left|\iint\limits_{D} f(x,y)\mathrm{d}\sigma\right|\leqslant\iint\limits_{D}|f(x,y)|\mathrm{d}\sigma.$$

性质 9.1.5（二重积分的估值定理） 设 m、M 分别是 $f(x,y)$ 在 D 上的最小值和最大值，σ 为 D 的面积，则

$$m\sigma \leqslant \iint_D f(x,y)\mathrm{d}\sigma \leqslant M\sigma.$$

证 因为 $m \leqslant f(x,y) \leqslant M$，由性质 9.1.4 有

$$\iint_D m\,\mathrm{d}\sigma \leqslant \iint_D f(x,y)\mathrm{d}\sigma \leqslant \iint_D M\mathrm{d}\sigma.$$

再应用性质 9.1.1 和性质 9.1.3 即可得到此估值不等式.

证毕.

性质 9.1.6（二重积分的中值定理） 设 $f(x,y)$ 在闭区域 D 上连续，σ 为 D 的面积，则至少存在一点 $(\xi,\eta) \in D$，使得

$$\iint_D f(x,y)\mathrm{d}\sigma = f(\xi,\eta)\cdot\sigma.$$

证 显然 $\sigma \neq 0$，把性质 9.1.5 中的不等式各边除以 σ，得

$$m \leqslant \frac{1}{\sigma}\iint_D f(x,y)\mathrm{d}\sigma \leqslant M.$$

这表明，确定的数值 $\frac{1}{\sigma}\iint\limits_D f(x,y)\mathrm{d}\sigma$ 是介于函数 $f(x,y)$ 的最小值 m 和最大值 M 之间的. 由闭区域上连续函数的介值定理知，至少存在一点 $(\xi,\eta) \in D$，使得

$$\frac{1}{\sigma}\iint_D f(x,y)\mathrm{d}\sigma = f(\xi,\eta).$$

上式两端各乘以 σ，便得到所要证明的式子.

证毕.

注 ①二重积分的中值定理的几何意义是：当 $f(x,y) \geqslant 0$ 时，在闭区域 D 上以曲面 $z = f(x,y)$ 为顶的曲顶柱体的体积等于闭区域 D 上以 $f(\xi,\eta)$ 为高的平顶柱体的体积.

② $f(\xi,\eta)$ 是 $f(x,y)$ 在闭区域 D 上的平均值.

以上二重积分的性质可类似地平行推广到三重积分.

例 9.1.3 设平面区域 D 由直线 $x=0, y=0, x+y=\frac{1}{2}, x+y=1$ 所围成，若

$$I_1 = \iint_D [\ln(x+y)^3]\mathrm{d}\sigma, I_2 = \iint_D [\sin(x+y)^3]\mathrm{d}\sigma, I_3 = \iint_D (x+y)^3\mathrm{d}\sigma,$$

请比较它们之间的大小.

解 因为在区域 D 上 $\frac{1}{2} \leqslant x+y \leqslant 1 < \mathrm{e}$，故

$$\ln(x+y)^3 \leqslant 0, \quad \text{且} \quad (x+y)^3 > \sin(x+y)^3 > 0.$$

由性质 9.1.4 可知 $I_1 < 0$，且 $I_3 > I_2 > 0$，因此 $I_3 > I_2 > I_1$.

例 9.1.4 估计二重积分 $I = \iint\limits_D \sin^2 x\,\cos^2 y\mathrm{d}\sigma$ 的值的大小，其中积分区域 $D = \{(x,y)\,|\,0 \leqslant x \leqslant \pi, 0 \leqslant y \leqslant \pi\}$.

解 因为在区域 D 上 $0 \leqslant \sin^2 x\,\cos^2 y \leqslant 1$，而区域 D 的面积为 π^2，由性质 9.1.5 有 $0 \leqslant I \leqslant \pi^2$.

9.2 二重积分的计算

9.2.1 直角坐标系下二重积分的计算

由于二重积分的定义中对闭区域 D 的划分是任意的，所以在直角坐标系下，若用一组平行于坐标轴的直线来划分区域 D，那么除了靠近边界曲线的一些小区域之外，绝大多数的小区域都是矩形(图 9.2.1).因此，在直角坐标系下，面积元素 $\mathrm{d}\sigma=\mathrm{d}x\mathrm{d}y$ 称为直角坐标系下的面积元素，此时二重积分记为

$$\iint_D f(x,y)\mathrm{d}\sigma=\iint_D f(x,y)\mathrm{d}x\mathrm{d}y.$$

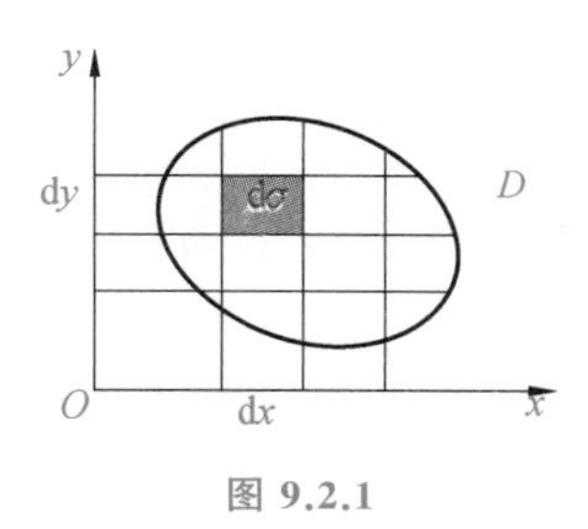

图 9.2.1

二重积分的值除了与被积函数 $f(x,y)$ 有关外，还与积分区域有关. 通常区域 D 的表示方式分为两种：

一种称为 X 形区域(图 9.2.2)，即区域 D 可表示为

$$D=\{(x,y)\mid\varphi_1(x)\leqslant y\leqslant\varphi_2(x),a\leqslant x\leqslant b\}.$$

其特点是：穿过区域 D 的内部且与 y 轴平行的直线与区域 D 的边界曲线的交点不多于两个.

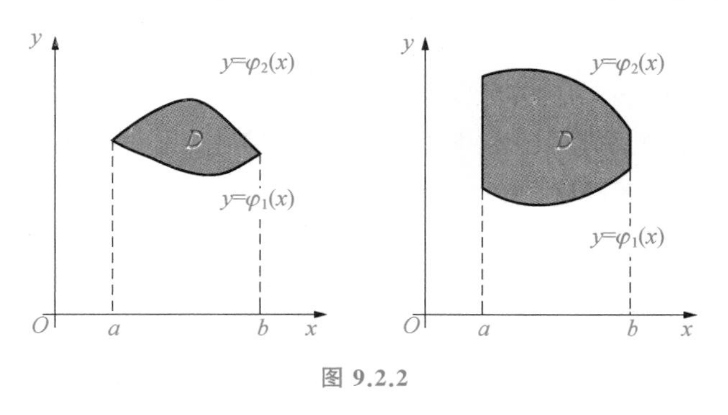

图 9.2.2

另一种称为 Y 形区域(图 9.2.3)，即区域 D 的表示形式为

$$D=\{(x,y)\mid\psi_1(y)\leqslant x\leqslant\psi_2(y),c\leqslant y\leqslant d\}.$$

其特点是：穿过区域 D 的内部且与 x 轴平行的直线与区域 D 的边界曲线的交点不多于两个.

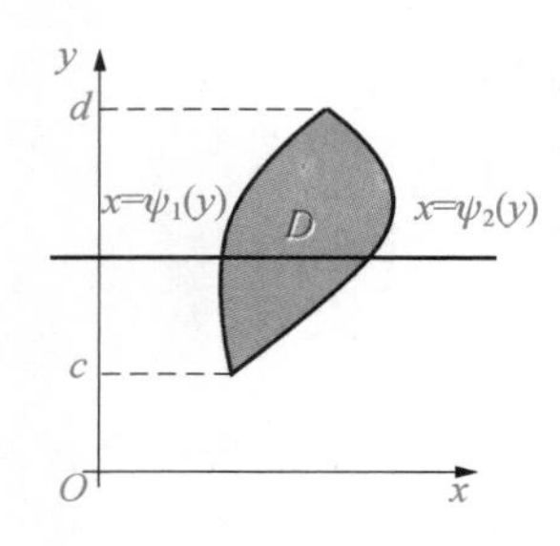

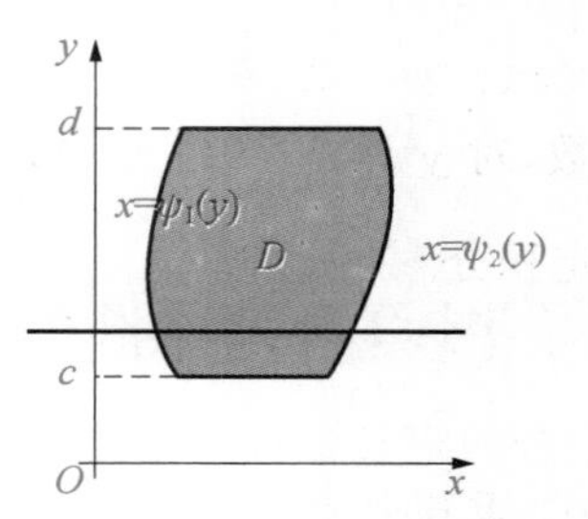

图 9.2.3

若积分区域既不是 X 形区域，又不是 Y 形区域(图 9.2.4)，则可通过划分的方法，将区域 D 分成若干部分，使每一部分是 X 形区域或 Y 形区域.

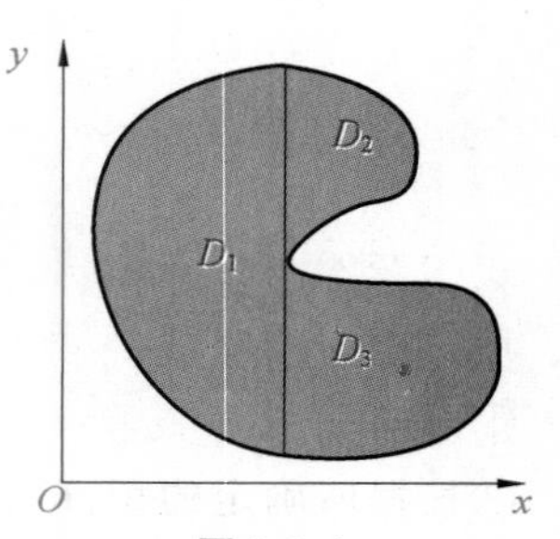

图 9.2.4

由二重积分的几何意义可知，当 $f(x,y)\geqslant 0$ 时，二重积分 $\iint\limits_D f(x,y)\mathrm{d}\sigma$ 的值就是以曲面 $z=f(x,y)$ 为顶、以 D 为底的曲顶柱体的体积.由定积分中“平行截面面积已知的几何体的体积”的计算，可得到二重积分的计算方法.

下面以求 X 形区域 D 上曲顶柱体的体积为例，推导出二重积分的计算方法.

设二元函数 $z=f(x,y)$ 在 D 上是连续非负的：

①将区域 D 投影到 x 轴上，得 $x\in[a,b]$，则区域 D 可用不等式组表示为

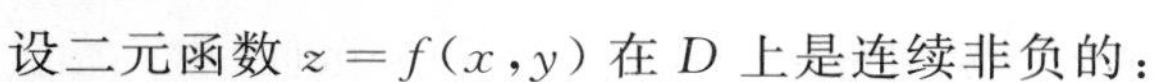

$$D=\{(x,y)\,|\,\varphi_1(x)\leqslant y\leqslant\varphi_2(x),a\leqslant x\leqslant b\}.$$

在区间 $[a,b]$ 上任意取定一点 x_0，作平行于 yOz 面的平面 $x=x_0$，该平面截曲顶柱体所得的截面是一个以区间 $[\varphi_1(x_0),\varphi_2(x_0)]$ 为底、以曲线 $z=f(x_0,y)$ 为曲边的曲边梯形(图 9.2.5).

②曲边梯形的面积为

$$A(x_0)=\int_{\varphi_1(x_0)}^{\varphi_2(x_0)}f(x_0,y)\mathrm{d}y,$$

由 x_0 的任意性，可得当 $\forall x\in[a,b]$ 时，

$$A(x)=\int_{\varphi_1(x)}^{\varphi_2(x)}f(x,y)\mathrm{d}y.$$

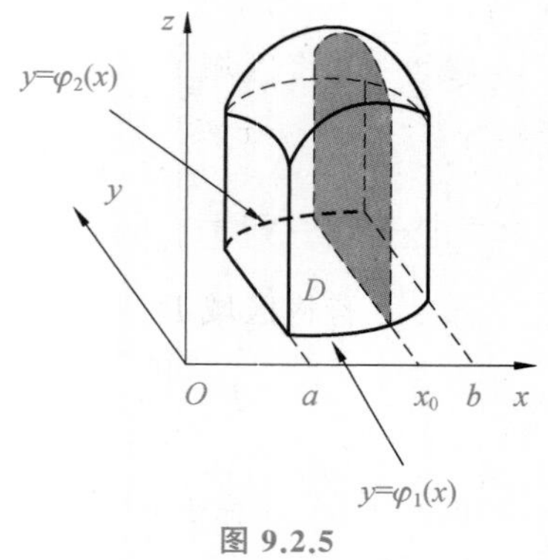

图 9.2.5

③求几何体的体积：应用计算“平行截面面积已知的几何体的体积”的方法，得曲顶柱体的体积为

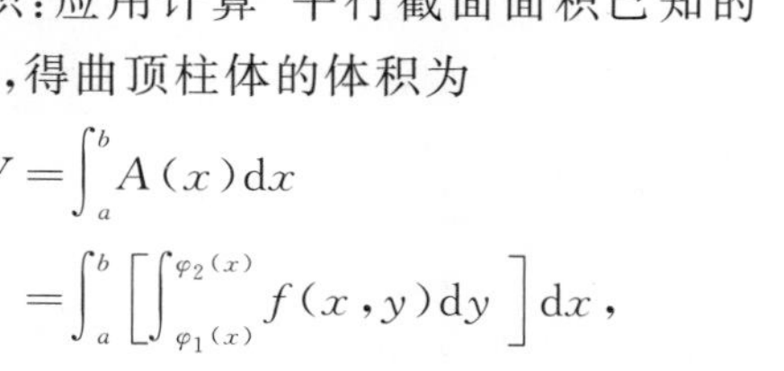

$$V=\int_a^b A(x)\mathrm{d}x=\int_a^b\left[\int_{\varphi_1(x)}^{\varphi_2(x)}f(x,y)\mathrm{d}y\right]\mathrm{d}x,$$

从而

$$\iint_D f(x,y)\mathrm{d}\sigma = \int_a^b \left[\int_{\varphi_1(x)}^{\varphi_2(x)} f(x,y)\mathrm{d}y\right]\mathrm{d}x.$$

上式右端的积分叫做先对 y、后对 x 的二次积分，它表示先将 x 看作常数，把 $f(x,y)$ 只看作 y 的函数，对 y 计算从 $\varphi_1(x)$ 到 $\varphi_2(x)$ 的定积分，得到关于 x 的一元函数，再求此函数由 a 到 b 的定积分. 为了方便，二次积分简记为 $\int_a^b \mathrm{d}x \int_{\varphi_1(x)}^{\varphi_2(x)} f(x,y)\mathrm{d}y$，即

$$\iint_D f(x,y)\mathrm{d}\sigma = \int_a^b \mathrm{d}x \int_{\varphi_1(x)}^{\varphi_2(x)} f(x,y)\mathrm{d}y. \tag{9.2.1}$$

式(9.2.1)即为二重积分的计算公式，它给出了二重积分的计算方法，即将其转化为二次积分.

上面假定了 $f(x,y)$ 在 D 上非负. 事实上，只要 $f(x,y)$ 是连续函数，式(9.2.1)也是成立的.

同理，若 $f(x,y)$ 在闭区域 D 上连续，且 D 为 Y 形积分区域，并可表示为 $D=\{(x,y)\mid \psi_1(y)\leqslant x\leqslant \psi_2(y), c\leqslant y\leqslant d\}$，则有

$$\iint_D f(x,y)\mathrm{d}x\mathrm{d}y = \int_c^d \mathrm{d}y \int_{\psi_1(y)}^{\psi_2(y)} f(x,y)\mathrm{d}x. \tag{9.2.2}$$

式(9.2.2)为把二重积分化为先对 x、后对 y 的二次积分.

从上面的推导过程，可以总结出在直角坐标系下计算二重积分的一般步骤：

①画出区域 D 的草图，根据积分区域 D 的类型和被积函数的形式确定积分次序.

②根据所确定的积分次序，将积分区域 D 中的变量的取值范围用不等式组表示.

③积分区域的不等式组的表示式即为二次积分中相应变量的积分区间，也就是相应的积分限，根据此表示式即可将二重积分化为二次积分.

例 9.2.1 计算 $I=\iint_D (x+y)\mathrm{d}\sigma$，其中区域 D 由 $y=x$、$x=1$ 以及 x 轴所围成.

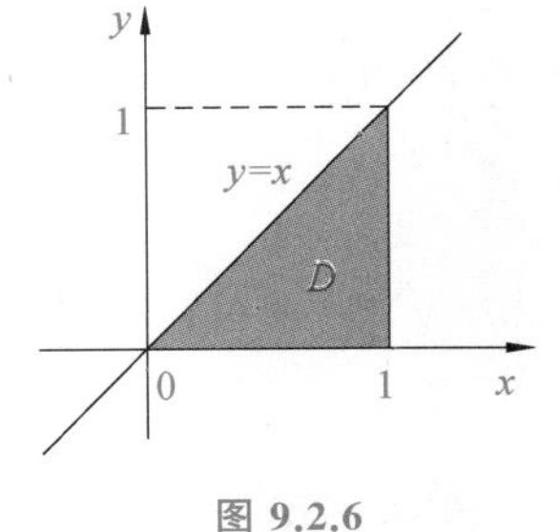

图 9.2.6

从图 9.2.6 可以看出，区域 D 既是 X 形区域，也是 Y 形区域，

解 1 若将区域 D 看作是 X 形区域，则 $D=\{(x,y)\mid 0\leqslant y\leqslant x, 0\leqslant x\leqslant 1\}$，因此

$$I=\iint_D (x+y)\mathrm{d}\sigma = \int_0^1 \mathrm{d}x \int_0^x (x+y)\mathrm{d}y = \int_0^1 \frac{3x^2}{2}\mathrm{d}x = \frac{1}{2}.$$

解 2 若将区域 D 看作是 Y 形区域，则 $D=\{(x,y)\mid y\leqslant x\leqslant 1, 0\leqslant y\leqslant 1\}$，因此

$$I=\iint_D (x+y)\mathrm{d}\sigma = \int_0^1 \mathrm{d}y \int_y^1 (x+y)\mathrm{d}x = \int_0^1 \frac{3y^2}{2}\mathrm{d}y = \frac{1}{2}.$$

例 9.2.2 计算 $I=\iint_D xy\mathrm{d}\sigma$，其中 D 由抛物线 $y^2=x$ 及直线 $y=x-2$ 围成.积分区域 D 既是 X 形区域，又是 Y 形区域.

解 1 将 D 看作 Y 形区域(图 9.2.7)，则有

$$I=\int_{-1}^{2}\mathrm{d}y\int_{y^2}^{y+2}xy\,\mathrm{d}x=\int_{-1}^{2}y\left(\frac{1}{2}x^2\,\Big|_{y^2}^{y+2}\right)\mathrm{d}y$$
$$=\int_{-1}^{2}\frac{1}{2}[y\,(y+2)^2-y^5]\mathrm{d}y$$
$$=\frac{1}{2}\left(\frac{1}{4}y^4+\frac{4}{3}y^3+2y^2-\frac{1}{6}y^6\right)\Big|_{-1}^{2}=\frac{45}{8}.$$

解 2 将 D 看作 X 形区域，则由于在区间 $[0,1]$ 与 $[1,4]$ 上 $\varphi_1(x)$ 的表达式不同，所以需要用过交点 $(1,-1)$ 且平行于 y 轴的直线 $x=1$ 将 D 分成 D_1 和 D_2 两部分（图 9.2.8），其中

$$D_1:0\leqslant x\leqslant 1,-\sqrt{x}\leqslant y\leqslant\sqrt{x},\quad D_2:1\leqslant x\leqslant 4,x-2\leqslant y\leqslant\sqrt{x}.$$

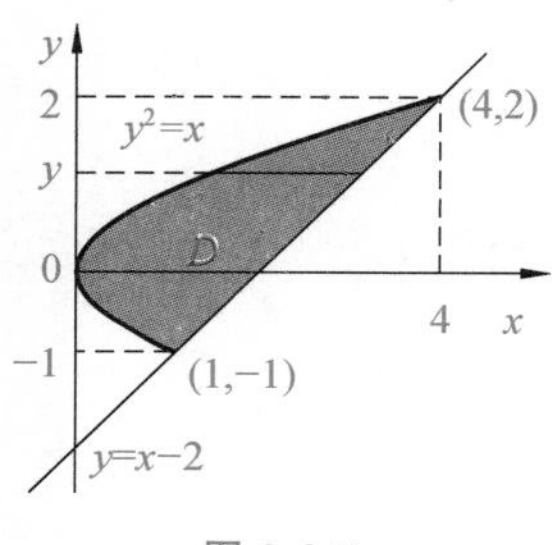

图 9.2.7

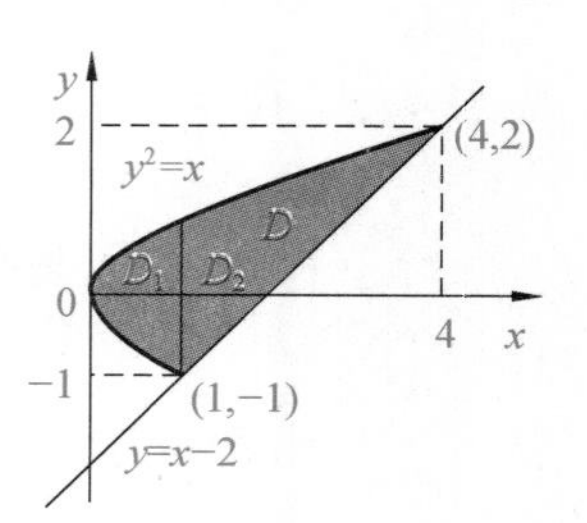

图 9.2.8

根据积分区域的可加性，有

$$I=\iint_{D_1}xy\,\mathrm{d}\sigma+\iint_{D_2}xy\,\mathrm{d}\sigma$$
$$=\int_0^1\mathrm{d}x\int_{-\sqrt{x}}^{\sqrt{x}}xy\,\mathrm{d}y+\int_1^4\mathrm{d}x\int_{x-2}^{\sqrt{x}}xy\,\mathrm{d}y=\frac{45}{8}.$$

注 上述例子说明，不同次序的二次积分，计算过程的繁简可能不同，因此，要学会根据不同的情形，选择适当的积分次序，既要考虑积分区域 D 的形状，又要考虑被积函数 $f(x,y)$ 的特性.

例 9.2.3 计算 $\int_0^1\mathrm{d}y\int_y^{\sqrt{y}}\frac{\cos x}{x}\mathrm{d}x$.

解 此题给出的是先对 x、后对 y 的二次积分，但由被积函数的形式知，$\frac{\cos x}{x}$ 的原函数不是初等函数，无法直接计算，故需先交换积分次序再计算.

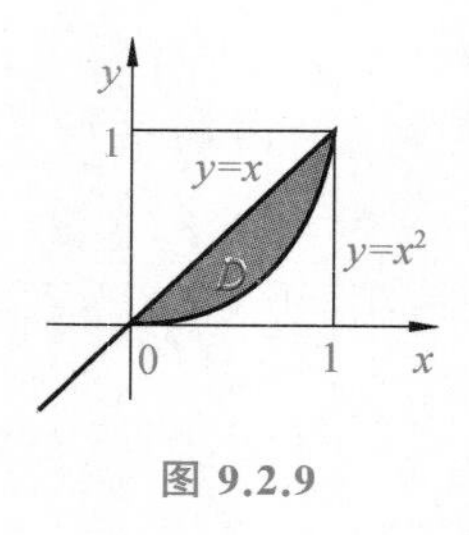

图 9.2.9

由题目给出的二次积分的积分限知，积分区域为 $D=\{(x,y)\mid y\leqslant x\leqslant\sqrt{y},0\leqslant y\leqslant 1\}$，由此画出区域 D 的草图（图 9.2.9）.

将 D 视为 X 形区域，可得 $D=\{(x,y)\mid x^2\leqslant y\leqslant x,0\leqslant x\leqslant 1\}$，则有

$$\int_0^1\mathrm{d}y\int_y^{\sqrt{y}}\frac{\cos x}{x}\mathrm{d}x=\int_0^1\mathrm{d}x\int_{x^2}^{x}\frac{\cos x}{x}\mathrm{d}y=\int_0^1(\cos x-x\cos x)\mathrm{d}x=1-\cos 1.$$

例 9.2.4 改变下列积分的积分次序：

(1) $\int_0^1\mathrm{d}y\int_y^1 f(x,y)\mathrm{d}x$；　　(2) $\int_0^1\mathrm{d}x\int_x^{2-x}f(x,y)\mathrm{d}y$.

解 (1)画出积分区域 D，如图 9.2.10 所示，有

$$D=\{(x,y)\mid 0\leqslant y\leqslant 1,y\leqslant x\leqslant 1\},$$

积分次序是先对 x、后对 y，现需改为先对 y、后对 x，将区域 D 看作 X 形区域，有

$$D=\{(x,y)\mid 0\leqslant x\leqslant 1,0\leqslant y\leqslant x\},$$

故

$$\int_0^1 \mathrm{d}y\int_y^1 f(x,y)\mathrm{d}x=\int_0^1 \mathrm{d}x\int_o^x f(x,y)\mathrm{d}y.$$

(2)画出积分区域 D，如图 9.2.11 所示，有

$$D=\{(x,y)\mid 0\leqslant x\leqslant 1,x\leqslant y\leqslant 2-x\},$$

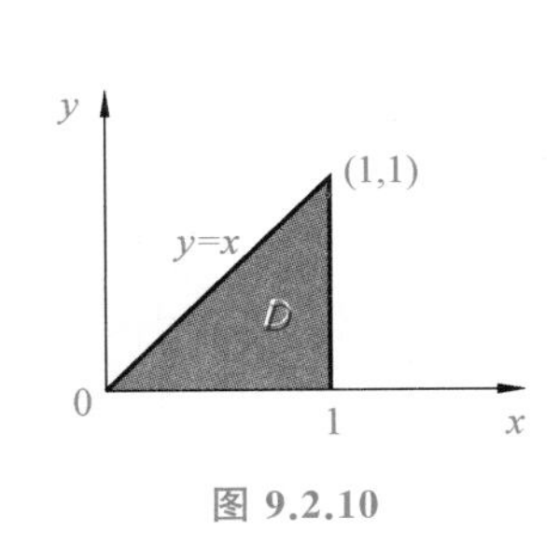

图 9.2.10

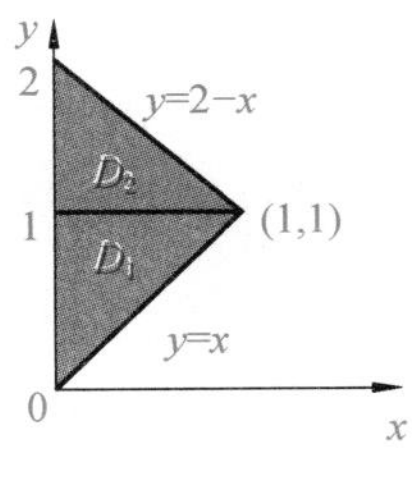

图 9.2.11

现将积分次序变为先对 x、后对 y. 为此，用直线 $y=1$ 将 D 分成 D_1 和 D_2 两部分，有

$$D_1=\{(x,y)\mid 0\leqslant x\leqslant y,0\leqslant y\leqslant 1\},$$

$$D_2=\{(x,y)\mid 0\leqslant x\leqslant 2-y,1\leqslant y\leqslant 2\},$$

故

$$\int_0^1 \mathrm{d}x\int_x^{2-x} f(x,y)\mathrm{d}y=\int_0^1 \mathrm{d}y\int_0^y f(x,y)\mathrm{d}x+\int_1^2 \mathrm{d}y\int_0^{2-y} f(x,y)\mathrm{d}x.$$

在二重积分中，同样也可以利用被积函数的奇偶性并结合积分区域的对称性来化简计算，方法是：

①当积分区域 D 关于 y 轴对称时(图 9.2.12)：

- 若被积函数 $f(x,y)$ 关于 x 是奇函数，即 $f(-x,y)=-f(x,y)$，则

$$\iint_D f(x,y)\mathrm{d}\sigma=0;$$

- 若被积函数 $f(x,y)$ 关于 x 是偶函数，即 $f(-x,y)=f(x,y)$，则

$$\iint_D f(x,y)\mathrm{d}\sigma=2\iint_{D_1} f(x,y)\mathrm{d}\sigma=2\iint_{D_2} f(x,y)\mathrm{d}\sigma.$$

②当积分区域 D 关于 x 轴对称时(图 9.2.13)：

- 若被积函数 $f(x,y)$ 关于 y 是奇函数，即 $f(x,-y)=-f(x,y)$，则

$$\iint_D f(x,y)\mathrm{d}\sigma=0;$$

- 若被积函数 $f(x,y)$ 关于 y 是偶函数，即 $f(x,-y)=f(x,y)$，则

$$\iint_D f(x,y)\mathrm{d}\sigma=2\iint_{D_1} f(x,y)\mathrm{d}\sigma=2\iint_{D_2} f(x,y)\mathrm{d}\sigma.$$

③(轮换对称性)当积分区域 D 关于 $y=x$ 对称时(图 9.2.14)，则

$$\iint_D f(x,y)\mathrm{d}\sigma=\iint_D f(y,x)\mathrm{d}\sigma.$$

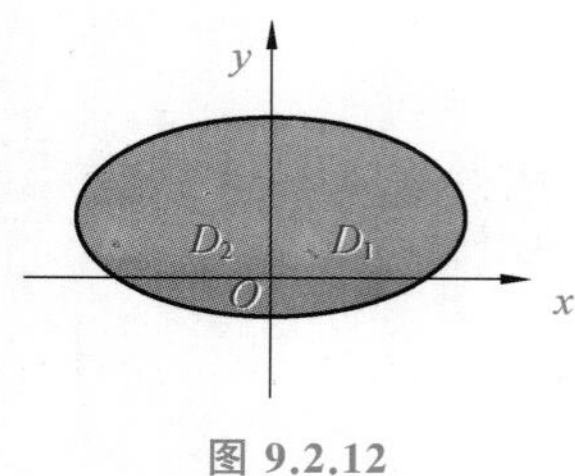

图 9.2.12

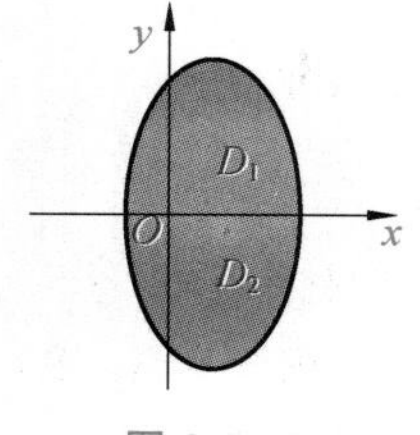

图 9.2.13

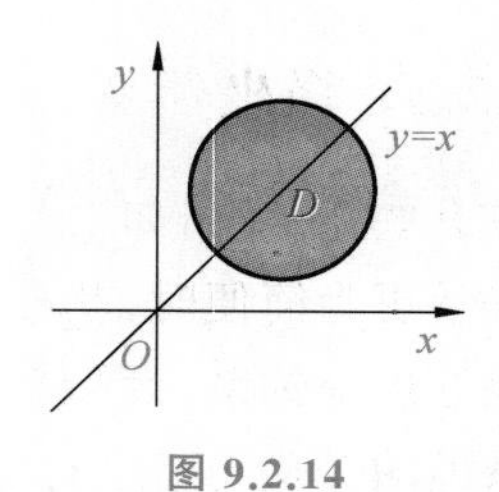

图 9.2.14

例 9.2.5 计算 $I=\iint\limits_{D} x\ln(y+\sqrt{1+y^2})\mathrm{d}x\mathrm{d}y$，其中区域 D 是由 $y=4-x^2$，$y=-3x$ 以及 $x=1$ 围成.

解 如图 9.2.15 所示，积分区域 $D=D_1+D_2$，令 $f(x,y)=x\ln(y+\sqrt{1+y^2})$，则

$$I=\iint\limits_{D_1} x\ln(y+\sqrt{1+y^2})\mathrm{d}x\mathrm{d}y+\iint\limits_{D_2} x\ln(y+\sqrt{1+y^2})\mathrm{d}x\mathrm{d}y,$$

因为区域 D_1 关于 y 轴对称，且在区域 D_1 上有 $f(-x,y)=-f(x,y)$，故

$$\iint\limits_{D_1} x\ln(y+\sqrt{1+y^2})\mathrm{d}x\mathrm{d}y=0;$$

因为区域 D_2 关于 x 轴对称，且在区域 D_2 上有 $f(x,-y)=-f(x,y)$，故

$$\iint\limits_{D_2} x\ln(y+\sqrt{1+y^2})\mathrm{d}x\mathrm{d}y=0.$$

所以 $I=\iint\limits_{D} x\ln(y+\sqrt{1+y^2})\mathrm{d}x\mathrm{d}y=0$.

例 9.2.6 计算 $\iint\limits_{D}\frac{1+x^2}{2+x^2+y^2}\mathrm{d}\sigma$，其中区域 $D=\{(x,y)\mid x^2+y^2\leqslant 1,x\geqslant 0,y\geqslant 0\}$.

解 积分区域 D 关于直线 $y=x$ 对称（图 9.2.16），由轮换对称性得

$$\begin{aligned}\iint\limits_{D}\frac{1+x^2}{2+x^2+y^2}\mathrm{d}\sigma&=\frac{1}{2}\iint\limits_{D}\left(\frac{1+x^2}{2+x^2+y^2}+\frac{1+y^2}{2+x^2+y^2}\right)\mathrm{d}\sigma\\&=\frac{1}{2}\iint\limits_{D}\mathrm{d}\sigma=\frac{\pi}{8}.\end{aligned}$$

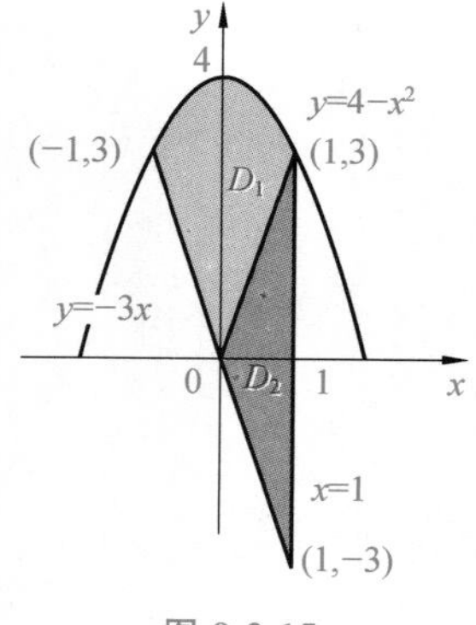

图 9.2.15

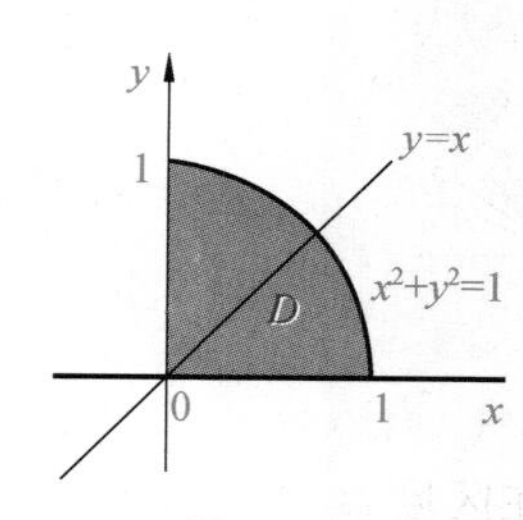

图 9.2.16

9.2.2 极坐标系下二重积分的计算

在有些情形下，如当积分区域 D 的边界为圆、圆环或它们的一部分，且被积函数用极坐标来表示更为简便时，就要考虑用极坐标来计算二重积分.

建立极坐标系，设极点与 xOy 直角坐标系的原点重合，极轴与 x 轴的正向重合，则直角坐标系下的变量与极坐标系下的变量间的关系为

$$\begin{cases} x=\rho\cos\theta, \\ y=\rho\sin\theta \end{cases} \quad (0\leqslant\rho<+\infty, 0\leqslant\theta\leqslant 2\pi).$$

用极坐标系下的曲线网(图 9.2.17)

$$\rho=\text{常数}, \quad \theta=\text{常数}$$

将区域 D 分为 n 个小闭区域.除靠近边界曲线包含边界点的部分外，其余部分的小区域面积可看作是两个小的扇形面积之差，即

$$\Delta\sigma=\frac{1}{2}(\rho+\Delta\rho)^2\Delta\theta-\frac{1}{2}\rho^2\Delta\theta=\rho\Delta\rho\Delta\theta+\frac{1}{2}(\Delta\rho)^2\Delta\theta,$$

当 $\Delta\rho$ 与 $\Delta\theta$ 充分小时，$\Delta\sigma\approx\rho\Delta\rho\Delta\theta$，故极坐标系下的面积元素 $\mathrm{d}\sigma=\rho\mathrm{d}\rho\mathrm{d}\theta$，从而有极坐标系下的二重积分

$$\iint\limits_D f(x,y)\mathrm{d}\sigma=\iint\limits_D f(\rho\cos\theta,\rho\sin\theta)\rho\mathrm{d}\rho\mathrm{d}\theta.$$

极坐标系下的二重积分同样可以化为二次积分来计算.一般，极坐标系下的二次积分的次序是先对 ρ、再对 θ. 设当过极点引出的射线穿过 D 的内部时，与边界曲线的交点不多于两个，于是，可将极点与积分区域之间的关系分为三种情形：

(1)极点 O 在区域 D 之外

如图 9.2.18 所示，设积分区域 D 可以表示为

$$D=\{(\rho,\theta)\,|\,\rho_1(\theta)\leqslant\rho\leqslant\rho_2(\theta), \alpha\leqslant\theta\leqslant\beta\},$$

其中，$\rho_1(\theta)$，$\rho_2(\theta)$ 在区间 $[\alpha,\beta]$ 上连续，则

$$\iint\limits_D f(\rho\cos\theta,\rho\sin\theta)\rho\mathrm{d}\rho\mathrm{d}\theta=\int_\alpha^\beta\mathrm{d}\theta\int_{\rho_1(\theta)}^{\rho_2(\theta)}f(\rho\cos\theta,\rho\sin\theta)\rho\mathrm{d}\rho.$$

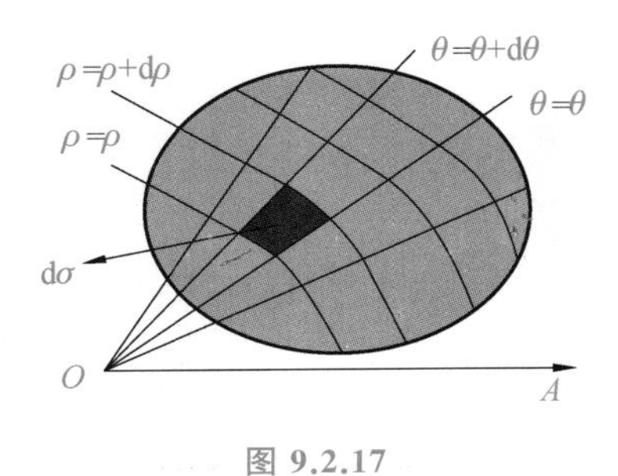

图 9.2.17

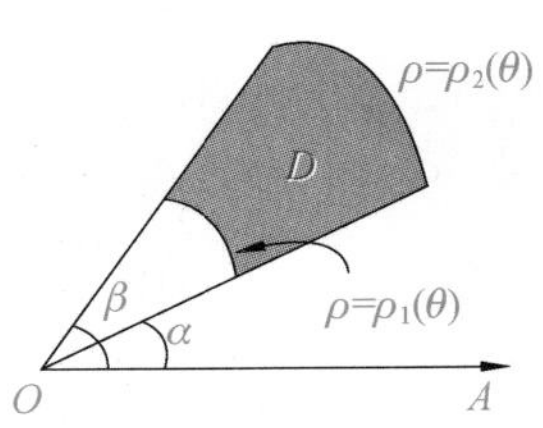

图 9.2.18

(2)极点 O 在区域 D 的边界上

设区域 D 是如图 9.2.19 所示的曲边扇形，则 D 可以表示为

$$D=\{(\rho,\theta)\mid 0\leqslant\rho\leqslant\rho(\theta),\alpha\leqslant\theta\leqslant\beta\},$$

故

$$\iint_D f(\rho\cos\theta,\rho\sin\theta)\rho\mathrm{d}\rho\mathrm{d}\theta=\int_\alpha^\beta\mathrm{d}\theta\int_0^{\rho(\theta)}f(\rho\cos\theta,\rho\sin\theta)\rho\mathrm{d}\rho.$$

(3)极点 O 在区域 D 内

设区域 D 的边界曲线为 $\rho=\rho(\theta)$，如图 9.2.20 所示，则区域 D 可以表示为

$$D=\{(\rho,\theta)\mid 0\leqslant\rho\leqslant\rho(\theta),0\leqslant\theta\leqslant 2\pi\},$$

故

$$\iint_D f(\rho\cos\theta,\rho\sin\theta)\rho\mathrm{d}\rho\mathrm{d}\theta=\int_0^{2\pi}\mathrm{d}\theta\int_0^{\rho(\theta)}f(\rho\cos\theta,\rho\sin\theta)\rho\mathrm{d}\rho.$$

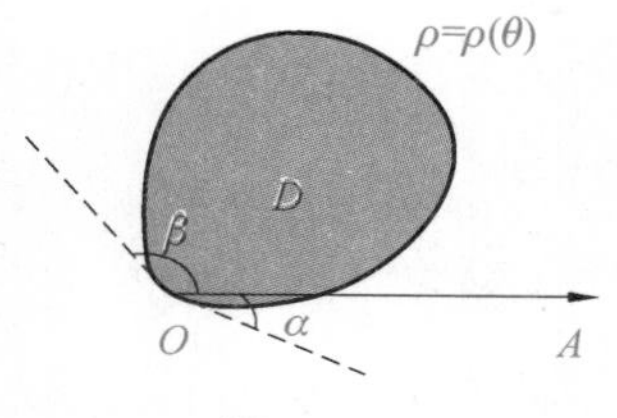

图 9.2.19

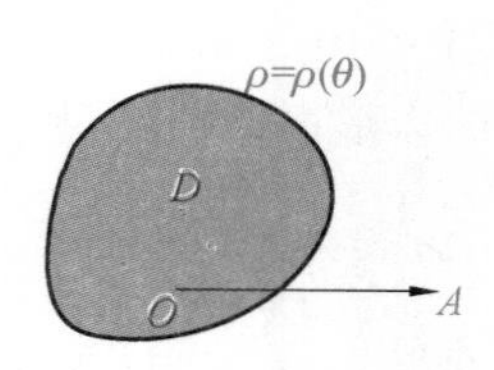

图 9.2.20

例 9.2.7 计算 $\iint\limits_D(x+y)\mathrm{d}\sigma$，其中区域 $D=\{(x,y)\mid x^2+y^2\leqslant 2x\}$.

解 积分区域 D 如图 9.2.21 所示，设 $x=\rho\cos\theta,y=\rho\sin\theta$，则在极坐标系下，积分区域 D 可以表示为

$$D=\left\{(\rho,\theta)\mid 0\leqslant\rho\leqslant 2\cos\theta,-\frac{\pi}{2}\leqslant\theta\leqslant\frac{\pi}{2}\right\},$$

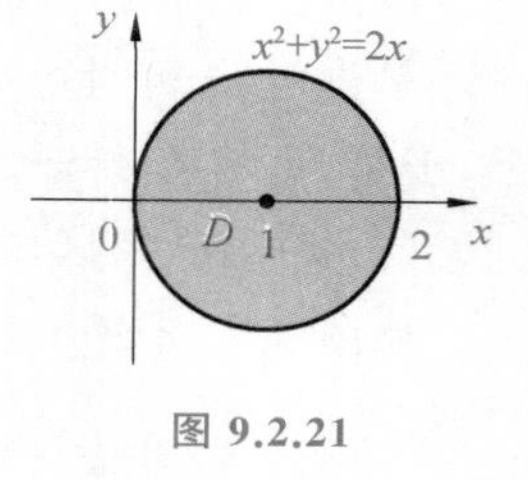

图 9.2.21

故

$$\iint_D(x+y)\mathrm{d}\sigma=\int_{-\frac{\pi}{2}}^{\frac{\pi}{2}}\mathrm{d}\theta\int_0^{2\cos\theta}(\rho\cos\theta+\rho\sin\theta)\rho\mathrm{d}\rho$$

$$=\frac{8}{3}\int_{-\frac{\pi}{2}}^{\frac{\pi}{2}}(\cos\theta+\sin\theta)\cos^3\theta\mathrm{d}\theta=\pi.$$

例 9.2.8 证明：广义积分 $\int_0^{+\infty}\mathrm{e}^{-x^2}\mathrm{d}x=\frac{\sqrt{\pi}}{2}$.

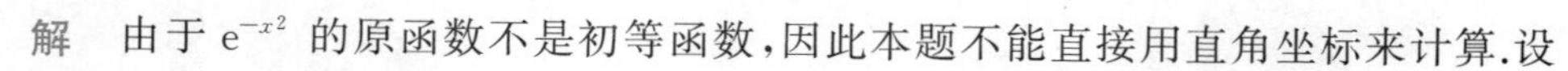
解 由于 e^{-x^2} 的原函数不是初等函数，因此本题不能直接用直角坐标来计算.设

$$D_1=\{(x,y)\mid x^2+y^2\leqslant R^2,x\geqslant 0,y\geqslant 0\},$$

$$D_2=\{(x,y)\mid 0\leqslant x\leqslant R,0\leqslant y\leqslant R\},$$

$$D_3=\{(x,y)\mid x^2+y^2\leqslant 2R^2,x\geqslant 0,y\geqslant 0\},$$

因为 $\mathrm{e}^{-x^2-y^2}>0$，而 $D_1\subset D_2\subset D_3$（图 9.2.22），所以

$$\iint_{D_1}\mathrm{e}^{-x^2-y^2}\mathrm{d}x\mathrm{d}y<\iint_{D_2}\mathrm{e}^{-x^2-y^2}\mathrm{d}x\mathrm{d}y<\iint_{D_3}\mathrm{e}^{-x^2-y^2}\mathrm{d}x\mathrm{d}y.$$

在极坐标系下，有

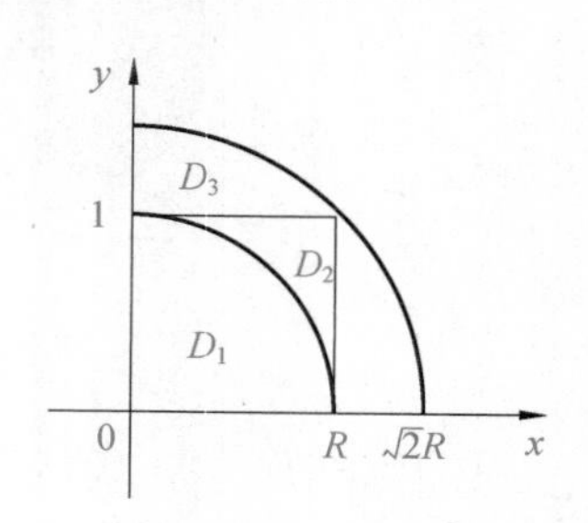

图 9.2.22

$$D_1=\left\{(\rho,\theta)\,|\,0\leqslant\rho\leqslant R,0\leqslant\theta\leqslant\frac{\pi}{2}\right\},$$

$$D_3=\left\{(\rho,\theta)\,|\,0\leqslant\rho\leqslant\sqrt{2}R,0\leqslant\theta\leqslant\frac{\pi}{2}\right\},$$

故

$$\iint\limits_{D_1}\mathrm{e}^{-x^2-y^2}\,\mathrm{d}x\,\mathrm{d}y=\int_0^{\frac{\pi}{2}}\mathrm{d}\theta\int_0^R\mathrm{e}^{-\rho^2}\rho\,\mathrm{d}\rho=\frac{\pi}{4}(1-\mathrm{e}^{-R^2}),$$

$$\iint\limits_{D_3}\mathrm{e}^{-x^2-y^2}\,\mathrm{d}x\,\mathrm{d}y=\int_0^{\frac{\pi}{2}}\mathrm{d}\theta\int_0^{\sqrt{2}R}\mathrm{e}^{-\rho^2}\rho\,\mathrm{d}\rho=\frac{\pi}{4}(1-\mathrm{e}^{-2R^2}).$$

而 $\iint\limits_{D_2}\mathrm{e}^{-x^2-y^2}\,\mathrm{d}x\,\mathrm{d}y=\int_0^R\mathrm{e}^{-x^2}\,\mathrm{d}x\cdot\int_0^R\mathrm{e}^{-y^2}\,\mathrm{d}y=\left(\int_0^R\mathrm{e}^{-x^2}\,\mathrm{d}x\right)^2$，因此

$$\frac{\pi}{4}(1-\mathrm{e}^{-R^2})<\left(\int_0^R\mathrm{e}^{-x^2}\,\mathrm{d}x\right)^2<\frac{\pi}{4}(1-\mathrm{e}^{-2R^2}).$$

又因为

$$\lim_{R\to+\infty}\frac{\pi}{4}(1-\mathrm{e}^{-R^2})=\frac{\pi}{4},\quad \lim_{R\to+\infty}\frac{\pi}{4}(1-\mathrm{e}^{-2R^2})=\frac{\pi}{4},$$

由夹逼准则得

$$\left(\int_0^R\mathrm{e}^{-x^2}\,\mathrm{d}x\right)^2=\frac{\pi}{4},\quad 即\quad \int_0^{+\infty}\mathrm{e}^{-x^2}\,\mathrm{d}x=\frac{\sqrt{\pi}}{2}.$$

本例中的 $\int_0^{+\infty}\mathrm{e}^{-x^2}\,\mathrm{d}x$ 为欧拉-泊松积分，$\int_0^{+\infty}\mathrm{e}^{-x^2}\,\mathrm{d}x=\frac{\sqrt{\pi}}{2}$ 这一结论在概率论与数理统计及工程中有着重要的应用.

9.3 三重积分的计算

与二重积分的计算类似，三重积分的计算也是化为累次积分计算，即三重积分是化为三次积分来计算.

9.3.1 直角坐标系下三重积分的计算

在直角坐标系下，如果用平行于三坐标面的平面划分区域 Ω，那么除了包含 Ω 的边界点的一些不规则小闭区域外，得到的小闭区域 Δv 均为长方体. 设长方体小闭区域 Δv 的边长为 Δx、Δy、Δz，则 $\Delta v=\Delta x\Delta y\Delta z$. 因此在直角坐标系下，$\mathrm{d}v=\mathrm{d}x\,\mathrm{d}y\,\mathrm{d}z$，此时三重积分记为

$$\iiint\limits_{\Omega}f(x,y,z)\,\mathrm{d}v=\iiint\limits_{\Omega}f(x,y,z)\,\mathrm{d}x\,\mathrm{d}y\,\mathrm{d}z,$$

其中，$\mathrm{d}x\,\mathrm{d}y\,\mathrm{d}z$ 叫做直角坐标系下的体积元素.

1."先一后二法"

设平行于 z 轴且穿过 Ω 内部的直线与 Ω 的边界曲面 S 相交不多于两点,故积分的计算步骤是:

①把闭区域 Ω 投影到 xOy 面上,得一平面闭区域 D_{xy}(图 9.3.1).

②以 D_{xy} 的边界为准线,作一个母线平行于 z 轴的柱面,此柱面与曲面 S 的交线将 S 分为上、下两部分,分别为

$$S_1: z=z_1(x,y),$$
$$S_2: z=z_2(x,y),$$

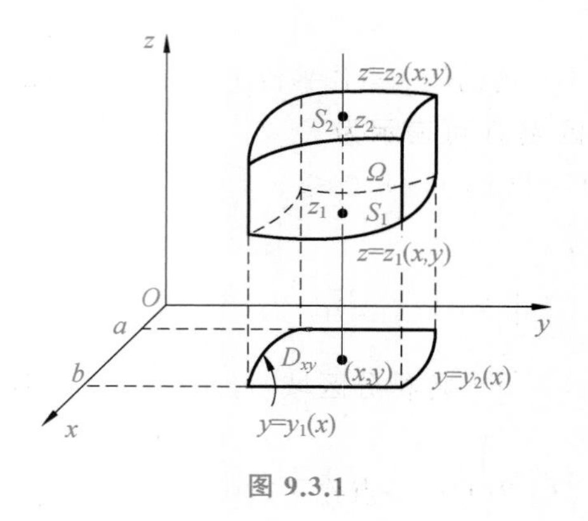

图 9.3.1

其中,$z_1(x,y)$ 与 $z_2(x,y)$ 都是 D_{xy} 上的连续函数,且 $z_1(x,y)\leqslant z\leqslant z_2(x,y)$.

③过平面区域 D_{xy} 内的任一点 (x,y),作平行于 z 轴的直线,此直线通过曲面 S_1 穿入 Ω,再通过曲面 S_2 穿出 Ω,其穿入点与穿出点的坐标分别为 $z=z_1(x,y)$ 和 $z=z_2(x,y)$. 此时,$\iiint\limits_{\Omega}f(x,y,z)\mathrm{d}x\mathrm{d}y\mathrm{d}z$ 可以看作在区间 $[z_1(x,y),z_2(x,y)]$ 上对 z 作定积分,其结果为 x,y 的函数,记为 $F(x,y)$,即

$$F(x,y)=\int_{z_1(x,y)}^{z_2(x,y)}f(x,y,z)\mathrm{d}z.$$

④再求 $F(x,y)$ 在区域 D_{xy} 上的二重积分

$$\iint\limits_{D_{xy}}F(x,y)\mathrm{d}\sigma=\iint\limits_{D_{xy}}\left[\int_{z_1(x,y)}^{z_2(x,y)}f(x,y,z)\mathrm{d}z\right]\mathrm{d}\sigma.$$

由函数可积的条件知,若 $f(x,y,z)$ 在 Ω 上连续,则 $\iiint\limits_{\Omega}f(x,y,z)\mathrm{d}x\mathrm{d}y\mathrm{d}z$ 存在,故

$$\iiint\limits_{\Omega}f(x,y,z)\mathrm{d}x\mathrm{d}y\mathrm{d}z=\iint\limits_{D_{xy}}\left[\int_{z_1(x,y)}^{z_2(x,y)}f(x,y,z)\mathrm{d}z\right]\mathrm{d}\sigma.$$

设 $D_{xy}=\{(x,y)\mid y_1(x)\leqslant y\leqslant y_2(x),a\leqslant x\leqslant b\}$,则有

$$\iiint\limits_{\Omega}f(x,y,z)\mathrm{d}x\mathrm{d}y\mathrm{d}z=\int_a^b\mathrm{d}x\int_{y_1(x)}^{y_2(x)}\mathrm{d}y\int_{z_1(x,y)}^{z_2(x,y)}f(x,y,z)\mathrm{d}z,$$

上式把三重积分化为先对 z、次对 y、最后对 x 的三次积分,这就是三重积分计算的公式,此时,积分区域 Ω 可表示为

$$\Omega=\{(x,y,z)\mid z_1(x,y)\leqslant z\leqslant z_2(x,y),y_1(x)\leqslant y\leqslant y_2(x),a\leqslant x\leqslant b\}.$$

同理,若将积分区域 Ω 投影到 yOz 平面(zOx 平面)上,且当过投影区域 D_{yz}(投影区域 D_{xz})内的任一点作与 x 轴(y 轴)平行的直线与 Ω 的边界曲面的交点不多于两个时,可得到类似的结论.

例 9.3.1 将三重积分 $\iiint\limits_{\Omega}f(x,y,z)\mathrm{d}x\mathrm{d}y\mathrm{d}z$ 化为三次积分,其中 Ω 是由 $x+y+z=1$ 及三个坐标面所围成的区域.

解1 将积分区域 Ω 向 xOy 面投影(图9.3.2),得

$$D_{xy}=\{(x,y)\mid 0\leqslant y\leqslant 1-x,0\leqslant x\leqslant 1\},$$

过 D_{xy} 内的任一点作平行于 z 轴的直线穿过区域 Ω,得 $0\leqslant z\leqslant 1-x-y$,故区域 Ω 可表示为

$$\Omega=\{(x,y,z)\mid 0\leqslant z\leqslant 1-x-y,0\leqslant y\leqslant 1-x,0\leqslant x\leqslant 1\},$$

则有

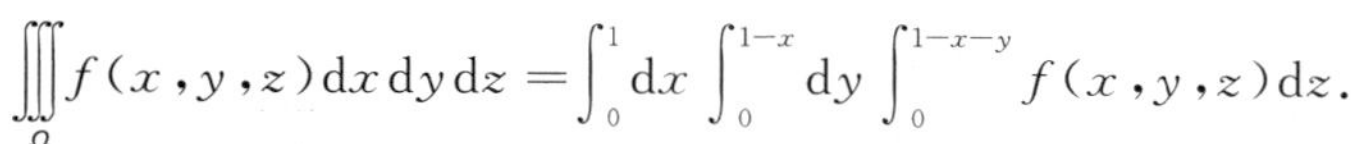

$$\iiint_{\Omega}f(x,y,z)\mathrm{d}x\mathrm{d}y\mathrm{d}z=\int_0^1\mathrm{d}x\int_0^{1-x}\mathrm{d}y\int_0^{1-x-y}f(x,y,z)\mathrm{d}z.$$

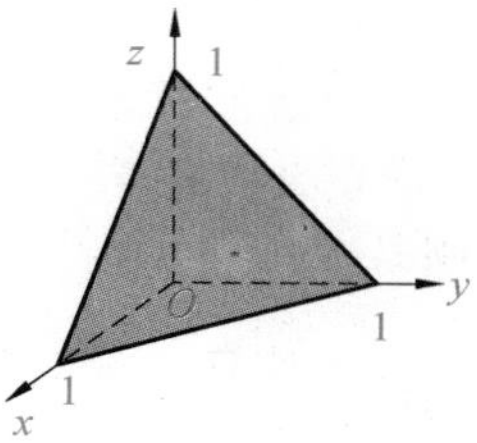

图9.3.2

解2 将积分区域 Ω 向 yOz 面投影(图9.3.2),得

$$D_{yz}=\{(y,z)\mid 0\leqslant y\leqslant 1-z,0\leqslant z\leqslant 1\},$$

过 D_{yz} 内的任一点作平行于 x 轴的直线穿过区域 Ω,得 $0\leqslant x\leqslant 1-y-z$,故区域 Ω 可表示为

$$\Omega=\{(x,y,z)\mid 0\leqslant x\leqslant 1-y-z,0\leqslant y\leqslant 1-z,0\leqslant z\leqslant 1\},$$

则有

$$\iiint_{\Omega}f(x,y,z)\mathrm{d}x\mathrm{d}y\mathrm{d}z=\int_0^1\mathrm{d}z\int_0^{1-z}\mathrm{d}y\int_0^{1-y-z}f(x,y,z)\mathrm{d}x.$$

解3 将积分区域 Ω 向 xOz 面投影(图9.3.2),得

$$D_{xz}=\{(x,z)\mid 0\leqslant z\leqslant 1-x,0\leqslant x\leqslant 1\},$$

过 D_{xz} 内的任一点作平行于 y 轴的直线穿过区域 Ω,得 $0\leqslant y\leqslant 1-x-z$,故区域 Ω 可表示为

$$\Omega=\{(x,y,z)\mid 0\leqslant y\leqslant 1-x-z,0\leqslant z\leqslant 1-x,0\leqslant x\leqslant 1\},$$

则有

$$\iiint_{\Omega}f(x,y,z)\mathrm{d}x\mathrm{d}y\mathrm{d}z=\int_0^1\mathrm{d}x\int_0^{1-x}\mathrm{d}z\int_0^{1-x-z}f(x,y,z)\mathrm{d}y.$$

例9.3.2 计算 $\iiint_{\Omega}xyz\,\mathrm{d}x\mathrm{d}y\mathrm{d}z$,其中 Ω 为球面 $x^2+y^2+z^2=1$ 及三个坐标面所围的在第一卦限的闭区域.

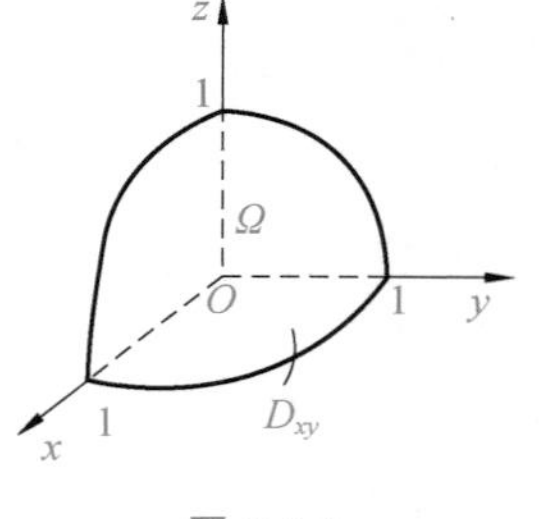

图9.3.3

解 将积分区域 Ω 向 xOy 面投影(图9.3.3),得

$$D_{xy}=\{(x,y)\mid 0\leqslant y\leqslant\sqrt{1-x^2},0\leqslant x\leqslant 1\},$$

过 D_{xy} 内的任一点作平行于 z 轴的直线穿过区域 Ω,得 $0\leqslant z\leqslant\sqrt{1-x^2-y^2}$,故区域 Ω 可表示为

$$\Omega=\{(x,y,z)\mid 0\leqslant z\leqslant\sqrt{1-x^2-y^2},0\leqslant y\leqslant\sqrt{1-x^2},0\leqslant x\leqslant 1\},$$

则有

$$\begin{aligned}\iiint_{\Omega}xyz\,\mathrm{d}x\mathrm{d}y\mathrm{d}z&=\int_0^1\mathrm{d}x\int_0^{\sqrt{1-x^2}}\mathrm{d}y\int_0^{\sqrt{1-x^2-y^2}}xyz\,\mathrm{d}z\\&=\int_0^1x\,\mathrm{d}x\int_0^{\sqrt{1-x^2}}\frac{y(1-x^2-y^2)}{2}\mathrm{d}y\\&=\int_0^1\frac{x\,(1-x^2)^2}{8}\mathrm{d}x=\frac{1}{48}.\end{aligned}$$

2."先二后一法"

计算步骤是：

①将积分区域 Ω 向某个坐标轴(例如 z 轴)投影(图 9.3.4),得到投影区间 $[c_1,c_2]$;

②对 $z\in[c_1,c_2]$ 用过 z 轴且平行于 xOy 平面的平面去截 Ω，得截面 D_z；

③计算二重积分 $\iint\limits_{D_z} f(x,y,z)\mathrm{d}x\mathrm{d}y$，其结果为 z 的函数 $F(z)$；

④计算定积分 $\int_{c_1}^{c_2}F(z)\mathrm{d}z$ 即得三重积分值.

例 9.3.3 计算三重积分 $\iiint\limits_{\Omega} z\mathrm{d}x\mathrm{d}y\mathrm{d}z$，其中 Ω 是由圆锥面 $z=\sqrt{x^2+y^2}$ 及平面 $z=1$ 所围成的区域.

解 积分区域可以表示为 $\Omega=\{(x,y,z)\,|\,x^2+y^2\leqslant z^2,0\leqslant z\leqslant 1\}$，如图 9.3.5 所示，则有

$$\begin{aligned}\iiint\limits_{\Omega} z\mathrm{d}x\mathrm{d}y\mathrm{d}z&=\int_0^1\mathrm{d}z\iint\limits_{D_z} z\mathrm{d}x\mathrm{d}y\\&=\int_0^1 z\mathrm{d}z\iint\limits_{x^2+y^2\leqslant z^2}\mathrm{d}x\mathrm{d}y\\&=\int_0^1 z\pi z^2\mathrm{d}z=\frac{\pi}{4}.\end{aligned}$$

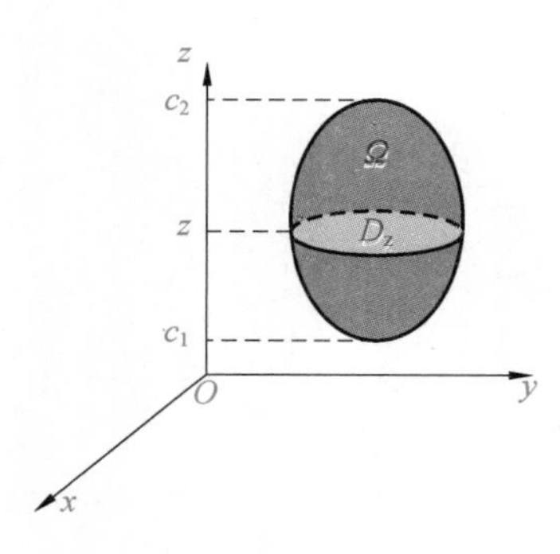

图 9.3.4

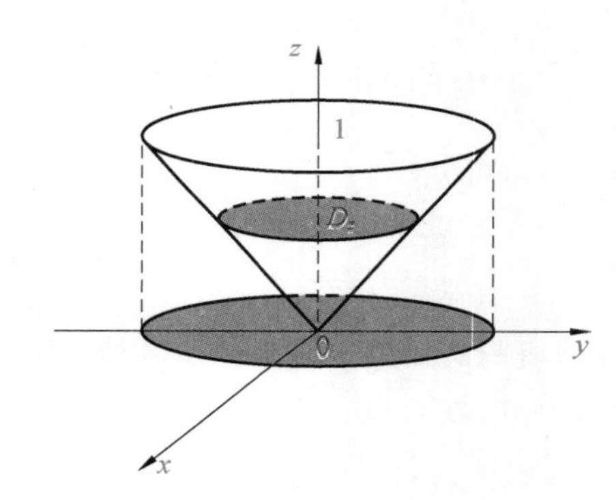

图 9.3.5

在三重积分中，同样也可以利用被积函数的奇偶性并结合积分区域的对称性来化简计算，方法是：

①当积分区域 Ω 关于 xOy 平面对称时，位于 xOy 平面上方的区域为 Ω_1，则：

- 当 $f(x,y,-z)=-f(x,y,z)$ 时，$\iiint\limits_{\Omega} f(x,y,z)\mathrm{d}v=0$；
- 当 $f(x,y,-z)=f(x,y,z)$ 时，$\iiint\limits_{\Omega} f(x,y,z)\mathrm{d}v=2\iiint\limits_{\Omega_1} f(x,y,z)\mathrm{d}v$.

②当积分区域 Ω 关于 yOz 平面对称时，位于 yOz 平面前侧的区域为 Ω_1，则：

- 当 $f(-x,y,z)=-f(x,y,z)$ 时，$\iiint\limits_{\Omega} f(x,y,z)\mathrm{d}v=0$；

- 当 $f(-x,y,z)=f(x,y,z)$ 时，$\iiint\limits_{\Omega} f(x,y,z)\mathrm{d}v=2\iiint\limits_{\Omega_1} f(x,y,z)\mathrm{d}v$.

③当积分区域 Ω 关于 zOx 平面对称时，位于 zOx 平面右侧的区域为 Ω_1，则：

- 当 $f(x,-y,z)=-f(x,y,z)$ 时，$\iiint\limits_{\Omega} f(x,y,z)\mathrm{d}v=0$；
- 当 $f(x,-y,z)=f(x,y,z)$ 时，$\iiint\limits_{\Omega} f(x,y,z)\mathrm{d}v=2\iiint\limits_{\Omega_1} f(x,y,z)\mathrm{d}v$.

例 9.3.4 计算 $\iiint\limits_{\Omega}(xy^2+z^3)\mathrm{d}x\mathrm{d}y\mathrm{d}z$，其中 Ω 为球面 $x^2+y^2+z^2=1$ 所围成的区域.

解 因为 $\iiint\limits_{\Omega}(xy^2+z^3)\mathrm{d}x\mathrm{d}y\mathrm{d}z=\iiint\limits_{\Omega}xy^2\mathrm{d}x\mathrm{d}y\mathrm{d}z+\iiint\limits_{\Omega}z^3\mathrm{d}x\mathrm{d}y\mathrm{d}z$，并且：

- 由于积分区域 Ω 关于 yOz 平面对称，函数 xy^2 是关于 x 的奇函数，因此由对称性可知，$\iiint\limits_{\Omega}xy^2\mathrm{d}x\mathrm{d}y\mathrm{d}z=0$；
- 由于积分区域 Ω 关于 xOy 平面对称，函数 z^3 是关于 z 的奇函数，因此由对称性可知，$\iiint\limits_{\Omega}z^3\mathrm{d}x\mathrm{d}y\mathrm{d}z=0$.

所以 $\iiint\limits_{\Omega}(xy^2+z^3)\mathrm{d}x\mathrm{d}y\mathrm{d}z=\iiint\limits_{\Omega}xy^2\mathrm{d}x\mathrm{d}y\mathrm{d}z+\iiint\limits_{\Omega}z^3\mathrm{d}x\mathrm{d}y\mathrm{d}z=0$.

9.3.2 柱面坐标系及球面坐标系下三重积分的计算

1. 柱面坐标系下计算三重积分

设 $M(x,y,z)$ 为空间一点，并设点 M 在 xOy 面上的投影点 P 的极坐标为 ρ,θ，则规定三个数 ρ,θ,z 为点 M 的柱面坐标（图 9.3.6），其中 $0\leqslant\rho<+\infty$，$0\leqslant\theta\leqslant 2\pi$，$-\infty<z<+\infty$.

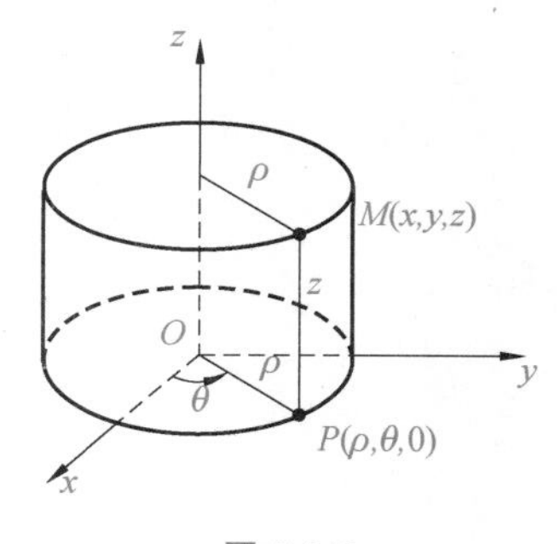

图 9.3.6

柱面坐标系的三个坐标面分别为：

- $\rho=\rho_0$，即以 z 轴为中心轴，ρ_0 为半径的圆柱面；
- $\theta=\theta_0$，即过 z 轴，且极角为 θ_0 的半平面；
- $z=z_0$，即与 xOy 面平行，且高度为 z_0 的平面.

显然，点 M 的直角坐标与柱面坐标的关系为

$$\begin{cases}x=\rho\cos\theta,\\ y=\rho\sin\theta,\\ z=z.\end{cases}$$

现在要把三重积分 $\iiint\limits_{\Omega} f(x,y,z)\mathrm{d}v$ 中的变量转化为柱面坐标. 为此，使用三个坐标面

$$\rho=\text{常数},\quad \theta=\text{常数},\quad z=\text{常数}$$

将积分区域 Ω 划分为许多小闭区域，除了含 Ω 的边界点的一些不规则小闭区域外，其他小闭区域都是柱体. 现考虑由 ρ,θ,z 各取得微小增量 $\mathrm{d}\rho,\mathrm{d}\theta,\mathrm{d}z$ 所形成的小柱体的体积

(图 9.3.7). 小柱体可近似看作一长方体,高为 $\mathrm{d}z$,底面积在不计高阶无穷小时为 $\rho\mathrm{d}\rho\mathrm{d}\theta$,于是得

$$\mathrm{d}v=\rho\mathrm{d}\rho\mathrm{d}\theta\mathrm{d}z.$$

这就是柱面坐标系下的体积元素.从而三重积分从直角坐标变换到柱面坐标的变换公式为

$$\iiint\limits_{\Omega}f(x,y,z)\mathrm{d}v=\iiint\limits_{\Omega}f(\rho\cos\theta,\rho\sin\theta,z)\rho\mathrm{d}\rho\mathrm{d}\theta\mathrm{d}z.$$

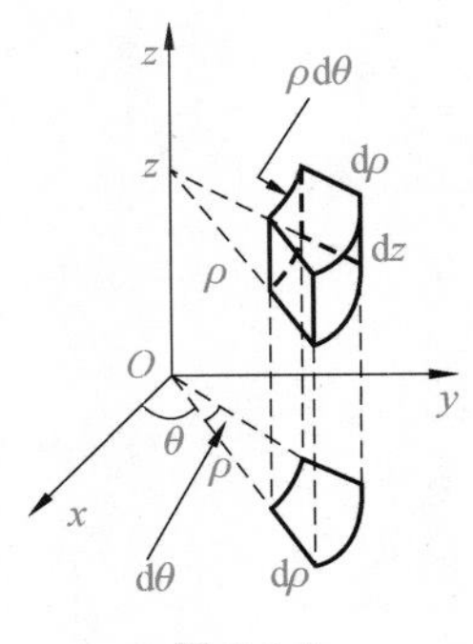

图 9.3.7

一般来说,当积分区域的投影区域为圆域或是以直线和圆弧为边界曲线,且被积函数含有 x^2+y^2 项时,用柱面坐标来计算三重积分较为简便.

例 9.3.5　计算三重积分 $\iiint\limits_{\Omega}(x^2+y^2)\mathrm{d}x\mathrm{d}y\mathrm{d}z$,其中 Ω 是由曲面 $z^2=x^2+y^2$ 与平面 $z=1$ 所围成的闭区域.

解　选用柱面坐标来计算.令

$$\begin{cases}x=\rho\cos\theta,\\y=\rho\sin\theta,\\z=z,\end{cases}$$

则 Ω 的边界曲面在柱面坐标系下的方程为 $z=\rho,z=1$,将积分区域 Ω 投影到 xOy 面上(图 9.3.8),得半径为 1 的圆形闭区域

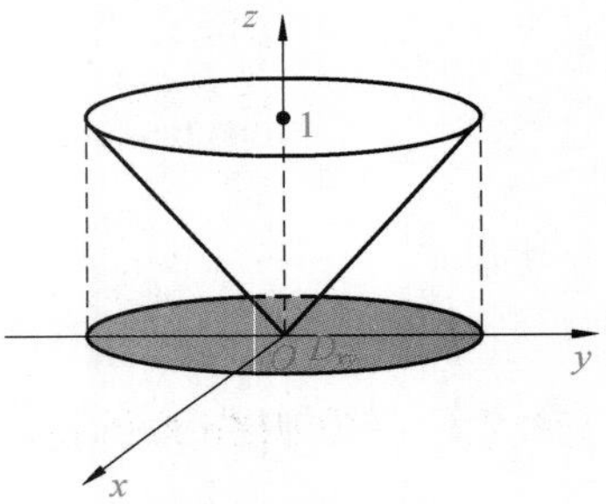

$$D_{xy}=\{(\rho,\theta)\,|\,0\leqslant\rho\leqslant1,0\leqslant\theta\leqslant2\pi\}.$$

图 9.3.8

过 D_{xy} 内任一点,作平行于 z 轴的直线,此直线通过曲面 $z=\rho$ 穿入 Ω,再通过平面 $z=1$ 穿出 Ω,所以 Ω 可表示为

$$\Omega=\{(\rho,\theta,z)\,|\,\rho\leqslant z\leqslant1,0\leqslant\rho\leqslant1,0\leqslant\theta\leqslant2\pi\},$$

因此

$$\iiint\limits_{\Omega}(x^2+y^2)\mathrm{d}x\mathrm{d}y\mathrm{d}z=\int_0^{2\pi}\mathrm{d}\theta\int_0^1\rho\mathrm{d}\rho\int_{\rho}^1\rho^2\mathrm{d}z=2\pi\int_0^1\rho^3(1-\rho)\mathrm{d}\rho=\frac{\pi}{10}.$$

例 9.3.6　计算三重积分 $\iiint\limits_{\Omega}(x+z)\mathrm{d}x\mathrm{d}y\mathrm{d}z$,其中积分区域 Ω 为球面 $z=\sqrt{4-x^2-y^2}$ 及抛物面 $x^2+y^2=3z$ 所围成的几何体.

解　因为积分区域 Ω 关于 yOz 面对称(图 9.3.9),函数 $f(x,y,z)=x$ 是关于 x 的奇函数,所以 $\iiint\limits_{\Omega}x\mathrm{d}x\mathrm{d}y\mathrm{d}z=0$.

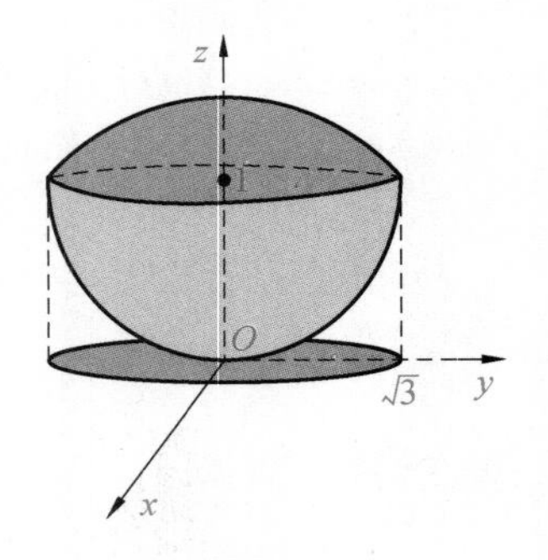

图 9.3.9

在柱面坐标系下,球面与抛物面的交线为 $z=1,\rho=\sqrt{3}$,因此积分区域 Ω 可以表示为

$$\Omega=\left\{(\rho,\theta,z)\,\middle|\,\frac{\rho^2}{3}\leqslant z\leqslant\sqrt{4-\rho^2},0\leqslant\rho\leqslant\sqrt{3},0\leqslant\theta\leqslant 2\pi\right\},$$

所以

$$\begin{aligned}\iiint\limits_{\Omega}(x+z)\mathrm{d}x\mathrm{d}y\mathrm{d}z&=\iiint\limits_{\Omega}z\mathrm{d}x\mathrm{d}y\mathrm{d}z\\&=\int_0^{2\pi}\mathrm{d}\theta\int_0^{\sqrt{3}}\rho\mathrm{d}\rho\int_{\frac{\rho^2}{3}}^{\sqrt{4-\rho^2}}z\mathrm{d}z\\&=2\pi\int_0^{\sqrt{3}}\rho\left(\frac{4-\rho^2}{2}-\frac{\rho^4}{18}\right)\mathrm{d}\rho=\frac{13\pi}{4}.\end{aligned}$$

2.球面坐标系下计算三重积分

设 $M(x,y,z)$ 为空间一点，则点 M 也可用三个数 r,φ,θ 来确定，其中 r 为点 M 到原点 O 的距离，φ 为有向线段 $\overrightarrow{OM}$ 与 z 轴正向的夹角，θ 为从 z 轴正向来看自 x 轴按逆时针方向转到有向线段 $\overrightarrow{OP}$ 的角，这里 P 为点 M 在 xOy 面上的投影(图 9.3.10). 这样的三个数 r,φ,θ 叫做点 M 的球面坐标，其中 $0\leqslant r<+\infty,0\leqslant\varphi\leqslant\pi,0\leqslant\theta\leqslant 2\pi$.

点 M 的直角坐标与球面坐标的关系为

$$\begin{cases}x=OP\cos\theta=r\sin\varphi\cos\theta,\\y=OP\sin\theta=r\sin\varphi\sin\theta,\\z=r\cos\varphi.\end{cases}$$

在球面坐标系下用三个坐标面

$$r=\text{常数},\quad \varphi=\text{常数},\quad \theta=\text{常数}$$

将积分区域 Ω 划分为许多小闭区域. 现考虑由 r,φ,θ 各取得微小增量 $\mathrm{d}r,d\varphi,\mathrm{d}\theta$ 所形成的六面体的体积(图 9.3.11). 不计高阶无穷小，这个六面体可看作长方体，其经线方向的长为 $r\mathrm{d}\varphi$，纬线方向的宽为 $r\sin\varphi\mathrm{d}\theta$，向径方向的高为 $\mathrm{d}r$，于是球面坐标系下的体积元素为

$$\mathrm{d}v=r^2\sin\varphi\mathrm{d}r\mathrm{d}\varphi\mathrm{d}\theta,$$

从而三重积分从直角坐标变换到球面坐标的变换公式为

$$\iiint\limits_{\Omega}f(x,y,z)\mathrm{d}x\mathrm{d}y\mathrm{d}z=\iiint\limits_{\Omega}f(r\sin\varphi\cos\theta,r\sin\varphi\sin\theta,r\cos\varphi)r^2\sin\varphi\mathrm{d}r\mathrm{d}\varphi\mathrm{d}\theta.$$

一般来说，当积分区域由球面、锥面围成时，利用球面坐标系计算三重积分较为简便.

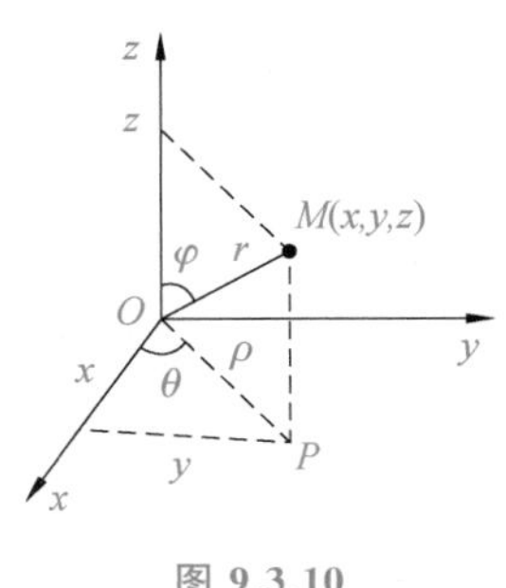

图 9.3.10

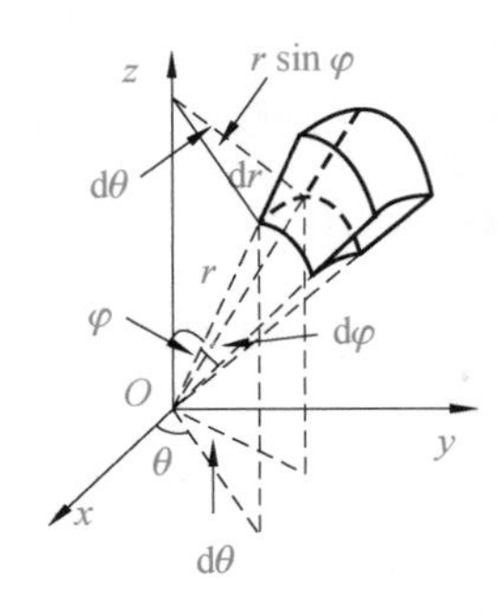

图 9.3.11

例 9.3.7 计算三重积分 $\iiint\limits_{\Omega}\frac{\sin\sqrt{x^2+y^2+z^2}}{x^2+y^2+z^2}\mathrm{d}x\mathrm{d}y\mathrm{d}z$，其中积分区域 Ω 为

$$\Omega=\{(x,y,z)\mid 1\leqslant x^2+y^2+z^2\leqslant 4, x\geqslant 0, y\geqslant 0\}.$$

解 如图 9.3.12 所示建立坐标系，则在球面坐标系下的积分区域 Ω 可以表示为

$$\Omega=\left\{(r,\theta,\varphi)\mid 1<r<2, 0<\varphi<\pi, 0<\theta<\frac{\pi}{2}\right\},$$

所以

$$\iiint\limits_{\Omega}\frac{\sin\sqrt{x^2+y^2+z^2}}{x^2+y^2+z^2}\mathrm{d}x\mathrm{d}y\mathrm{d}z=\int_0^{\frac{\pi}{2}}\mathrm{d}\theta\int_0^{\pi}\mathrm{d}\varphi\int_1^2\frac{\sin r}{r^2}\cdot r^2\sin\varphi\mathrm{d}r=\pi(\cos 1-\cos 2).$$

例 9.3.8 利用三重积分计算 $x^2+y^2+z^2\leqslant 2az$ 与 $x^2+y^2\geqslant z^2$ 所围成的几何体区域 Ω 的体积.

解 画出几何体区域 Ω（图 9.3.13），在球面坐标系下，几何体区域 Ω 可表示为

$$\Omega=\left\{(r,\varphi,\theta)\,\middle|\, 0\leqslant r\leqslant 2a\cos\varphi, \frac{\pi}{4}\leqslant\varphi\leqslant\frac{\pi}{2}, 0\leqslant\theta\leqslant 2\pi\right\},$$

因此 Ω 的体积为

$$V=\iiint\limits_{\Omega}\mathrm{d}v=\int_0^{2\pi}\mathrm{d}\theta\int_{\frac{\pi}{4}}^{\frac{\pi}{2}}\mathrm{d}\varphi\int_0^{2a\cos\varphi}r^2\sin\varphi\mathrm{d}r=\frac{\pi a^3}{3}.$$

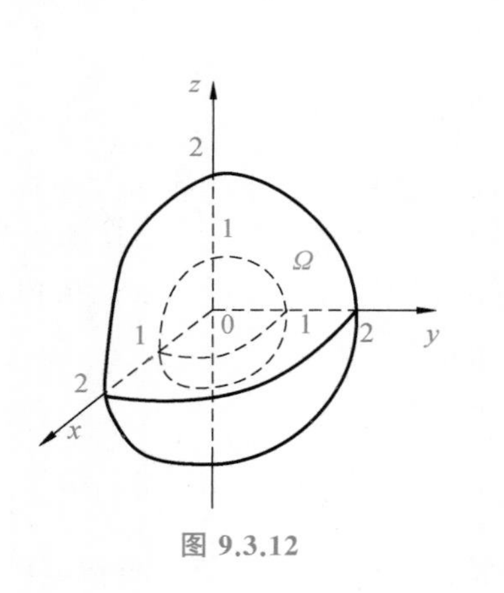

图 9.3.12

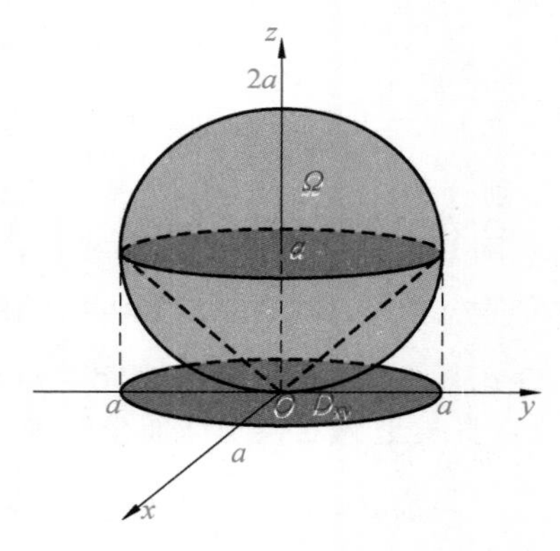

图 9.3.13

习题 9

1.利用二重积分的性质，判断下列二重积分的正负号：

(1) $I=\iint\limits_{D}xy\mathrm{d}\sigma$，其中 $D=\{(x,y)\mid x^2+y^2\leqslant 1\}$；

(2) $I=\iint\limits_{D}\ln(1-x^2-y^2)\mathrm{d}\sigma$，其中 $D=\left\{(x,y)\mid x^2+y^2\leqslant\frac{1}{4}\right\}$；

(3) $I=\iint\limits_{D}(x+1)\mathrm{d}\sigma$，其中 $D=\{(x,y)\mid -1\leqslant x\leqslant 1, -1\leqslant y\leqslant 1\}$；

(4) $I=\iint\limits_D \ln(x^2+y^2)\mathrm{d}\sigma$，其中 $D=\{(x,y)\ \big|\ |x|+|y|\leqslant 1\}$.

2.利用二重积分的性质，比较下列二重积分的大小：

(1) $I_1=\iint\limits_D \mathrm{e}^{xy}\mathrm{d}\sigma$ 与 $I_2=\iint\limits_D \mathrm{e}^{2xy}\mathrm{d}\sigma$，其中 $D=\{(x,y)\,|\,0\leqslant x\leqslant 1,0\leqslant y\leqslant 1\}$；

(2) $I_1=\iint\limits_D (x+y)^5\mathrm{d}\sigma$ 与 $I_2=\iint\limits_D (x+y)^4\mathrm{d}\sigma$，其中 $D=\{(x,y)\,|\,(x-2)^2+(y-1)^2=2\}$.

3.利用二重积分的性质估计下列二重积分的值：

(1) $I=\iint\limits_D \sin(x^2+y^2)\mathrm{d}\sigma$，其中 $D=\left\{(x,y)\,\middle|\,\dfrac{\pi}{4}\leqslant x^2+y^2\leqslant\dfrac{3\pi}{4}\right\}$；

(2) $I=\iint\limits_D (x+y+5)\mathrm{d}\sigma$，其中 $D=\{(x,y)\,|\,0\leqslant x\leqslant 1,0\leqslant y\leqslant 2\}$；

(3) $I=\iint\limits_D xy(x+y)\mathrm{d}\sigma$，其中 $D=\{(x,y)\,|\,0\leqslant x\leqslant 2,0\leqslant y\leqslant 2\}$；

(4) $I=\iint\limits_D (x^2+4y^2+9)\mathrm{d}\sigma$，其中 $D=\{(x,y)\,|\,1\leqslant x^2+y^2\leqslant 4\}$.

4.利用二重积分的几何意义，求下列二重积分的值：

(1) $\iint\limits_D \mathrm{d}\sigma$，其中 $D=\{(x,y)\,|\,x^2+(y-2)^2\leqslant 4\}$；

(2) $\iint\limits_D \sqrt{R^2-x^2-y^2}\,\mathrm{d}\sigma$，其中 $D=\{(x,y)\,|\,x^2+y^2\leqslant R^2\}$.

5.设 $f(x,y)$ 在下列区域 D 上连续，请将 $\iint\limits_D f(x,y)\mathrm{d}x\mathrm{d}y$ 化为 D 上的二次积分（两种次序）：

(1) $D=\{(x,y)\,|\,x^2+y^2\leqslant 4\}$；　　(2) $D=\{(x,y)\ \big|\ |x|+|y|\leqslant 1\}$.

6.在直角坐标系下计算下列二重积分：

(1) $\iint\limits_D x\sqrt{y}\,\mathrm{d}x\mathrm{d}y$，其中 D 为曲线 $y=x^2,x=y^2$ 所围成的区域；

(2) $\iint\limits_D \dfrac{x^2}{y^2}\mathrm{d}\sigma$，其中 D 由直线 $x=2,y=x$ 和双曲线 $xy=1$ 围成；

(3) $\iint\limits_D xy\,\mathrm{d}x\mathrm{d}y$，其中 D 由直线 $y=-x$ 及曲线 $y=\sqrt{1-x^2},y=\sqrt{x-x^2}$ 围成；

(4) $\iint\limits_D (x^2+y^2-x)\mathrm{d}x\mathrm{d}y$，其中 D 由 $y=x,y=2x,y=2$ 围成；

(5) $\iint\limits_D \mathrm{e}^{x^2}\mathrm{d}x\mathrm{d}y$，其中 D 是由曲线 $y=x^3$ 与直线 $y=x$ 在第一象限内所围成的闭区域；

(6) $\iint\limits_D \sin\dfrac{\pi x}{2y}\mathrm{d}\sigma$，其中 D 由曲线 $y=\sqrt{x}$ 和直线 $y=x,y=2$ 围成；

(7) $\iint\limits_D (2x+3y)^2\mathrm{d}x\mathrm{d}y$，其中 D 是以点 $A(-1,0)$、$B(0,1)$ 和 $C(1,0)$ 为顶点的三角形；

(8) $\iint\limits_D \sqrt{|y-x^2|}\mathrm{d}x\mathrm{d}y$，其中 D 为矩形区域：$-1\leqslant x\leqslant 1, 0\leqslant y\leqslant 2$；

(9) $\iint\limits_D \frac{y}{x^2+y^2}\mathrm{d}x\mathrm{d}y$，其中 D 由 $y=x, y^2=x, y=3$ 围成.

7.改变下列二次积分的次序：

(1) $\int_{-2}^{1}\mathrm{d}y\int_{y^2}^{4}f(x,y)\mathrm{d}x$；

(2) $\int_{1}^{e}\mathrm{d}x\int_{0}^{\ln x}f(x,y)\mathrm{d}y$；

(3) $\int_{-1}^{1}\mathrm{d}x\int_{-\sqrt{1-x^2}}^{1-x^2}f(x,y)\mathrm{d}y$；

(4) $\int_{0}^{1}\mathrm{d}y\int_{0}^{2y}f(x,y)\mathrm{d}x+\int_{1}^{3}\mathrm{d}y\int_{0}^{3-y}f(x,y)\mathrm{d}x$.

8.把积分 $\iint\limits_D f(x,y)\mathrm{d}x\mathrm{d}y$ 表示为极坐标形式的二重积分，其中积分区域 D 为：

(1) $x^2+y^2\leqslant 2x$；

(2) $0\leqslant y\leqslant 1-x, 0\leqslant x\leqslant 1$.

9.把下列积分化为极坐标形式：

(1) $\int_{0}^{2a}\mathrm{d}x\int_{-\sqrt{2ax-x^2}}^{\sqrt{2ax-x^2}}f(x,y)\mathrm{d}y$；

(2) $\int_{0}^{2}\mathrm{d}x\int_{x}^{\sqrt{3}x}f(\sqrt{x^2+y^2})\mathrm{d}y$；

(3) $\int_{0}^{2}\mathrm{d}x\int_{\sqrt{2x-x^2}}^{\sqrt{4x-x^2}}f(x,y)\mathrm{d}y+\int_{2}^{4}\mathrm{d}x\int_{0}^{\sqrt{4x-x^2}}f(x,y)\mathrm{d}y$.

10.把下列积分化为极坐标形式，并计算积分值：

(1) $\int_{0}^{a}\mathrm{d}x\int_{0}^{x}\sqrt{x^2+y^2}\mathrm{d}y$；

(2) $\int_{0}^{a}\mathrm{d}y\int_{0}^{\sqrt{a^2-y^2}}(x^2+y^2)\mathrm{d}x$；

(3) $\int_{-1}^{1}\mathrm{d}x\int_{0}^{\sqrt{1-x^2}}\mathrm{e}^{-x^2-y^2}\mathrm{d}y$；

(4) $\int_{0}^{1}\mathrm{d}x\int_{x^2}^{x}\frac{1}{\sqrt{x^2+y^2}}\mathrm{d}y$.

11.在极坐标系下计算下列二重积分：

(1) $\iint\limits_D \frac{x+y}{x^2+y^2}\mathrm{d}x\mathrm{d}y$，其中 $D=\{(x,y)\mid x^2+y^2\leqslant 1, x+y\geqslant 1\}$；

(2) $\iint\limits_D \cos\sqrt{x^2+y^2}\mathrm{d}x\mathrm{d}y$，其中 $D=\{(x,y)\mid \pi^2\leqslant x^2+y^2\leqslant 4\pi^2\}$；

(3) $\iint\limits_D xy\mathrm{d}x\mathrm{d}y$，其中 $D=\{(x,y)\mid x^2+y^2-2y\leqslant 0, y\leqslant x\}$；

(4) $\iint\limits_D (x+y)\mathrm{d}x\mathrm{d}y$，其中 $D=\{(x,y)\mid x^2+y^2\leqslant x+y\}$；

(5) $\iint\limits_D \left(\frac{x^2}{a^2}+\frac{y^2}{b^2}\right)\mathrm{d}x\mathrm{d}y$，其中 $D=\{(x,y)\mid x^2+y^2\leqslant R^2\}$；

(6) $\iint\limits_D \arctan\frac{y}{x}\mathrm{d}x\mathrm{d}y$，其中 $D=\{(x,y)\mid 1\leqslant x^2+y^2\leqslant 4, 0\leqslant y\leqslant x\}$；

(7) $\iint\limits_D |x^2+y^2-2x|\mathrm{d}x\mathrm{d}y$，其中 $D=\{(x,y)\mid x^2+y^2\leqslant 4\}$.

12.计算$\iint\limits_D y\mathrm{d}x\mathrm{d}y$,$D$是由曲线$x=-2,y=0,y=2$及$x=-\sqrt{2y-y^2}$所围成的区域.

13.求$\iint\limits_D x[1+yf(x^2+y^2)]\mathrm{d}x\mathrm{d}y$,其中$D$是由$y=x^3,y=1,x=-1$所围成的区域.

14.设连续函数$f(x)>0$,计算$\iint\limits_D \frac{af(x)+bf(y)}{f(x)+f(y)}\mathrm{d}x\mathrm{d}y$,其中$D=\{(x,y)\mid x^2+y^2\leqslant x+y\}$.

15.计算$\iint\limits_D \mathrm{e}^{\max\{x^2,y^2\}}\mathrm{d}x\mathrm{d}y$,其中$D=\{(x,y)\mid 0\leqslant x\leqslant 1,0\leqslant y\leqslant 1\}$.

16.计算$\lim\limits_{x\to 0}\frac{\int_0^x \mathrm{d}u\int_0^{u^2}\arctan(1+t)\mathrm{d}t}{x(1-\cos x)}$.

17.求由曲线$y=x,y=2,y^2=x$所围成的平面图形的面积.

18.求由下列曲线所围成的平面图形的面积:

(1) $\rho=a(1-\cos\theta)$;　　(2) $\rho^2=4a^2\sin 2\theta$;

(3) $\rho=a\sin 2\theta$.

19. 求由平面$x=0,y=0,x+y=1$所围成的柱体被平面$z=0$及抛物面$x^2+y^2=6-z$截得的几何体的体积.

20. 求由曲面$z=x^2+y^2,x^2+y^2=a^2,z=0$所围成的几何体的体积.

21.求由下列曲面所围成的几何体的体积:

(1) $z=x^2+2y^2$及$z=6-2x^2-y^2$;

(2) $z=\sqrt{x^2+y^2}$及$z=\sqrt{1-x^2-y^2}$.

22.把三重积分$\iiint\limits_\Omega f(x,y,z)\mathrm{d}v$化为三次积分,其中:

(1) Ω是由平面$x=1,x=2,z=0,y=x,z=y$所围成的区域;

(2) Ω是由曲面$z=x^2+y^2$及$z=2-x^2$所围成的区域;

(3) Ω由$z=x^2+y^2,y=x^2,y=1,z=0$围成;

(4) Ω由$z=y,z=0,y=\sqrt{1-x^2}$围成.

23.计算下列三重积分:

(1) $\iiint\limits_\Omega xyz\mathrm{d}v$,其中$\Omega=\{(x,y,z)\mid 0\leqslant x\leqslant 1,-2\leqslant y\leqslant 3,1\leqslant z\leqslant 2\}$;

(2) $\iiint\limits_\Omega \mathrm{e}^{(x+y+z)}\mathrm{d}x\mathrm{d}y\mathrm{d}z$,其中$\Omega$由$z=-x,z=0,y=-x,y=1$围成;

(3) $\iiint\limits_\Omega (x^2+y^2)\mathrm{d}v$,其中$\Omega=\{(x,y,z)\mid x^2+y^2\leqslant 4,0\leqslant z\leqslant 4\}$;

(4) $\iiint\limits_\Omega xy\mathrm{d}x\mathrm{d}y\mathrm{d}z$,其中$\Omega$由$z=x^2+y^2,y^2=x,x=1$及$z=0$围成;

(5) $\iiint\limits_{\Omega}(x^2+yx)\mathrm{d}v$，其中 $\Omega=\{(x,y,z)\mid a^2\leqslant x^2+y^2+z^2\leqslant b^2,0<a<b\}$；

(6) $\iiint\limits_{\Omega}\mathrm{e}^y\mathrm{d}x\mathrm{d}y\mathrm{d}z$，其中 Ω 由 $x^2-y^2+z^2=1,y=0,y=2$ 围成；

(7) $\iiint\limits_{\Omega}\sqrt{x^2+y^2}\mathrm{d}v$，其中 Ω 由 $x^2+y^2=z^2$ 及 $z=1$ 围成；

(8) $\iiint\limits_{\Omega}(1+x^4)\mathrm{d}x\mathrm{d}y\mathrm{d}z$，其中 Ω 由 $x^2=y^2+z^2,x=1$ 及 $x=2$ 围成；

(9) $\iiint\limits_{\Omega}y\sqrt{1-x^2}\mathrm{d}x\mathrm{d}y\mathrm{d}z$，其中 Ω 由 $y=-\sqrt{1-x^2-z^2},x^2+z^2=1,y=1$ 围成.

24.求 $\iiint\limits_{\Omega}z^2\mathrm{d}x\mathrm{d}y\mathrm{d}z$，其中 Ω 为：

(1)由 $x^2+y^2+z^2=2$ 与 $z=x^2+y^2$ 围成的含有点(0,0,1)的部分；

(2)由 $x^2+y^2+z^2=2$ 与 $z=x^2+y^2$ 围成的含有点(0,0,−1)的部分.

25.利用“先二后一”的方法计算下列三重积分：

(1) $\iiint\limits_{\Omega}\dfrac{\mathrm{e}^z}{\sqrt{x^2+y^2}}\mathrm{d}x\mathrm{d}y\mathrm{d}z$，其中 Ω 由曲面 $z=\sqrt{x^2+y^2},z=1$ 及 $z=2$ 围成；

(2) $\iiint\limits_{\Omega}z\mathrm{d}x\mathrm{d}y\mathrm{d}z$，其中 Ω 由曲面 $z=x^2+y^2,z=1$ 及 $z=2$ 围成.

26.用柱面坐标计算下列积分：

(1) $\iiint\limits_{\Omega}z\sqrt{x^2+y^2}\mathrm{d}x\mathrm{d}y\mathrm{d}z$，其中 Ω 是由柱面 $x^2+y^2=2x$ 及平面 $z=0,z=a(a>0)$，以及 $y=0$ 所围成的半圆柱体；

(2) $\iiint\limits_{\Omega}(x^2+y^2+z)\mathrm{d}x\mathrm{d}y\mathrm{d}z$，其中 Ω 为由曲面 $2z=x^2+y^2$ 及平面 $z=2$ 所围成的区域；

(3) $\iiint\limits_{\Omega}\mathrm{e}^{-(x2+y2)}\mathrm{d}x\mathrm{d}y\mathrm{d}z$，其中 Ω 由曲面 $x^2+y^2=a^2,z=a(a>0)$ 及 $z=0$ 围成；

(4) $\iiint\limits_{\Omega}\dfrac{\mathrm{d}x\mathrm{d}y\mathrm{d}z}{1+x^2+y^2}$，其中 Ω 由抛物面 $x^2+y^2=4z$ 及平面 $z=a(a>0)$ 围成；

(5) $\iiint\limits_{\Omega}(x+z)\mathrm{d}x\mathrm{d}y\mathrm{d}z$，其中 Ω 为由曲面 $z=\sqrt{a^2-x^2-y^2}$ 及 $z^2=x^2+y^2$ 所围成的区域；

(6) $\iiint\limits_{\Omega}z\sqrt{x^2+y^2}\mathrm{d}x\mathrm{d}y\mathrm{d}z$，其中 Ω 为由曲面 $y=\sqrt{2x-x^2}$ 及平面 $z=2,z=0,y=0$ 所围成的区域；

27. 用球面坐标计算下列积分：

(1) $\iiint\limits_{\Omega}(x^2+y^2+z^2)\mathrm{d}x\mathrm{d}y\mathrm{d}z$，其中 Ω 是由锥面 $z=\sqrt{x^2+y^2}$ 与球面 $x^2+y^2+z^2=R^2$

所围成的几何体；

(2) $\iiint\limits_{\Omega}(x^2+y^2+z^2)\mathrm{d}x\mathrm{d}y\mathrm{d}z$，其中 Ω 为由曲面 $x^2+y^2+z^2=4$ 所围成的区域；

(3) $\iiint\limits_{\Omega}(x^2+y^2)\mathrm{d}x\mathrm{d}y\mathrm{d}z$，其中 $\Omega=\{(x,y,z)\mid a^2\leqslant x^2+y^2+z^2\leqslant b^2,x\geqslant 0,y\geqslant 0\}$；

(4) $\iiint\limits_{\Omega}\sqrt{x^2+y^2+z^2}\mathrm{d}x\mathrm{d}y\mathrm{d}z$，其中 Ω 由球面 $x^2+y^2+z^2=z$ 围成；

(5) $\iiint\limits_{\Omega}\frac{\sin\sqrt{x^2+y^2+z^2}}{x^2+y^2+z^2}\mathrm{d}x\mathrm{d}y\mathrm{d}z$，其中 $\Omega=\{(x,y,z)\mid 1\leqslant x^2+y^2+z^2\leqslant 4,x\geqslant 0,y\geqslant 0\}$.

28.利用三重积分求下列几何体的体积：

(1)由平面 $z=6-x^2-y^2$ 及 $z=\sqrt{x^2+y^2}$ 围成；

(2)由平面 $x^2+y^2+z^2\leqslant 2az$ 及 $x^2+y^2\geqslant z^2$ 围成；

(3)由平面 $y=0,z=0,y=x$ 及 $6x+2y+3z=6$ 围成；

(4)由抛物面 $z=10-3x^2-3y^2$ 与平面 $z=4$ 围成.

29.求 $\iiint\limits_{\Omega}|z|\mathrm{d}x\mathrm{d}y\mathrm{d}z$，其中 $\Omega=\{(x,y,z)\mid x^2+y^2+z^2\leqslant 1\}$.

30.求 $\iiint\limits_{\Omega}\left|\sqrt{x^2+y^2+z^2}-1\right|\mathrm{d}x\mathrm{d}y\mathrm{d}z$，其中 Ω 为由 $z=\sqrt{x^2+y^2}$ 及 $z=1$ 所围成的区域.

第 10 章

曲线积分与曲面积分

在前面的章节中分别讨论过定义在直线段、平面域和空间域上的函数积分.本章进一步讨论定义在曲线域和曲面域上的函数积分的概念及其计算方法.

10.1 对弧长的曲线积分

10.1.1 对弧长的曲线积分的概念与性质

先给出引例如下.

例 10.1.1 求曲线形构件的质量.

设一个曲线形构件占有 xOy 平面上的一段弧 L（图 10.1.1），其端点为 A 和 B，且曲线 L 上任意一点 (x,y) 处的线密度(单位长度的质量)为 $\rho(x,y)$. 现在要计算该构件的质量 M.

解 如果构件的线密度是常量 a，长度为 s，那么该构件的质量 $M=as$. 现在构件上各点处的线密度是变量，就不能直接用上述方法来计算了. 假设 $\rho(x,y)$ 在 L 上连续，由于质量是具有可加性的，所以可采用“分割、近似、求和、取极限”的方法来解决本问题.

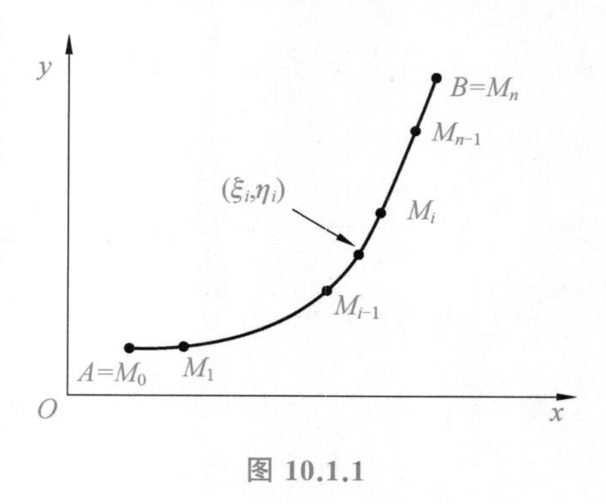

图 10.1.1

①分割：在 L 上插入 $n-1$ 个分点，即 $A=M_0$，M_1，…，M_{n-1}，$M_n=B$ 将 L 分为 n 个小弧线段.记第 i 个小弧段 $\widehat{M_{i-1}M_i}$ 的长度为 $\Delta s_i(i=1,2,\cdots,n)$.

②近似：在第 i 个小弧段 $\widehat{M_{i-1}M_i}$ 内任取一点 (ξ_i,η_i)，用该点处的线密度代替本小段上其他各点处的线密度，则小弧段的质量 $\Delta M_i \approx \rho(\xi_i,\eta_i)\cdot\Delta s_i$.

③求和：从而整个曲线形构件的质量 $M \approx \sum\limits_{i=1}^{n}\rho(\xi_i,\eta_i)\Delta s_i$.

④取极限：用 λ 表示这 n 个小弧段中的最大长度，即 $\lambda=\max\limits_{1\leqslant i\leqslant n}\{\Delta s_i\}$，求上述和式当 $\lambda\to 0$ 时的极限，便得到整个构件的质量精确值

$$M=\lim_{\lambda\to 0}\sum_{i=1}^{n}\rho(\xi_i,\eta_i)\Delta s_i.$$

上述结果的形式为一乘积和式的极限. 在应用中，有许多量都可归结为这一形式. 为了更一般地研究这种和的极限，由此抽象出下述对弧长的曲线积分的定义.

定义 10.1.1 设 L 为 xOy 平面上的一段光滑曲线弧，函数 $f(x,y)$ 是定义在 L 上的有界函数. 在曲线 L 上任意插入 $n-1$ 个点 $M_1,M_2,\cdots,M_{n-1}$ 将 L 分为 n 个小段. 设第 i 个小弧段 $\widehat{M_{i-1}M_i}$ 的长度为 $\Delta s_i(i=1,2,\cdots,n)$，$(\xi_i,\eta_i)$ 为 $\widehat{M_{i-1}M_i}$ 上的任意一点，作乘积

$$f(\xi_i,\eta_i)\Delta s_i\quad(i=1,2,\cdots,n),$$

再求和

$$\sum_{i=1}^{n}f(\xi_i,\eta_i)\Delta s_i,$$

如果不论曲线 L 如何分割，也不论 (ξ_i,η_i) 如何选取，当各小弧段长度的最大值 $\lambda\to 0$ 时，该和式的极限总存在且相等，则称此极限为函数 $f(x,y)$ 在曲线弧 L 上对弧长的曲线积分或第一类曲线积分，记为 $\int_L f(x,y)\mathrm{d}s$，即

$$\int_L f(x,y)\mathrm{d}s=\lim_{\lambda\to 0}\sum_{i=1}^{n}f(\xi_i,\eta_i)\Delta s_i,$$

其中，$f(x,y)$ 叫做被积函数，L 叫做积分弧段，$\mathrm{d}s$ 叫做弧长元素. 当曲线弧 L 为封闭曲线时，上述积分记为 $\oint_L f(x,y)\mathrm{d}s$.

因此，引例 10.1.1 中曲线形构件的质量可以表示为

$$M=\int_L\rho(x,y)\mathrm{d}s.$$

注 ①曲线光滑指曲线上的每一点都有切线，且随切点在曲线上移动，切线连续变动. 例如，若曲线 L 的参数方程为 $\begin{cases}x=\varphi(t),\\ y=\psi(t),\end{cases}t_1\leqslant t\leqslant t_2$，$\varphi'(t)$ 和 $\psi'(t)$ 在 $[t_1,t_2]$ 上连续，且 $\varphi'^2(t)+\psi'^2(t)\neq 0$，则称曲线 L 为光滑曲线.

②若 $f(x,y)$ 在光滑曲线 L 上连续，则 $\int_L f(x,y)\mathrm{d}s$ 总存在.

③当 $f(x,y)\equiv 1$ 时，对弧长的曲线积分就等于积分弧段的长度 s，即 $\int_L\mathrm{d}s=s$.

若 Γ 为空间曲线，则可以类似地定义函数 $f(x,y,z)$ 在空间曲线 Γ 上对弧长的曲线积分为

$$\int_\Gamma f(x,y,z)\mathrm{d}s=\lim_{\lambda\to 0}\sum_{i=1}^{n}f(\xi_i,\eta_i,\zeta_i)\Delta s_i.$$

通过定义 10.1.1 可以看出，对弧长的曲线积分有与定积分类似的性质，下面列出平面上对弧长的曲线积分的性质.

性质 10.1.1(线性性质) $\int_L [k_1 f(x,y) \pm k_2 g(x,y)] \mathrm{d}s = k_1 \int_L f(x,y) \mathrm{d}s \pm k_2 \int_L g(x,y) \mathrm{d}s$，其中 k_1, k_2 是常数.

性质 10.1.2(积分区域可加性) 若积分弧段 L 可分为两段光滑曲线弧 L_1 和 L_2，则

$$\int_L f(x,y) \mathrm{d}s = \int_{L_1} f(x,y) \mathrm{d}s + \int_{L_2} f(x,y) \mathrm{d}s.$$

性质 10.1.3(积分不等式) 设在 L 上有 $f(x,y) \leqslant g(x,y)$，则有

$$\int_L f(x,y) \mathrm{d}s \leqslant \int_L g(x,y) \mathrm{d}s.$$

性质 10.1.4(绝对可积性) 若 $\int_L f(x,y) \mathrm{d}s$ 存在，则 $\int_L |f(x,y)| \mathrm{d}s$ 也存在，且

$$\left| \int_L f(x,y) \mathrm{d}s \right| \leqslant \int_L |f(x,y)| \mathrm{d}s.$$

性质 10.1.5(积分中值定理) 设 $f(x,y)$ 在光滑曲线弧 L 上连续，则在 L 上至少存在一点 (ξ, η)，使得

$$\int_L f(x,y) \mathrm{d}s = f(\xi, \eta) \cdot s,$$

其中，s 为弧段 L 的长度.

10.1.2 对弧长的曲线积分的计算

定理 10.1.1 设函数 $f(x,y)$ 在曲线弧 L 上连续，L 的参数方程为

$$\begin{cases} x = \varphi(t), \\ y = \psi(t) \end{cases} \quad (\alpha \leqslant t \leqslant \beta),$$

其中，$\varphi'(t), \psi'(t)$ 在 $[\alpha, \beta]$ 上连续，且 $\varphi'^2(t) + \psi'^2(t) \neq 0$，则曲线积分 $\int_L f(x,y) \mathrm{d}s$ 存在，且

$$\int_L f(x,y) \mathrm{d}s = \int_\alpha^\beta f[\varphi(t), \psi(t)] \sqrt{\varphi'^2(t) + \psi'^2(t)} \, \mathrm{d}t \quad (\alpha < \beta).$$

证 设当参数 t 由 α 变至 β 时，L 上的点依次由 A 移到 B，在 L 上任取一点列

$$A = M_0, M_1, \cdots, M_{n-1}, M_n = B,$$

它们对应的参数值分别为

$$\alpha = t_0 < t_1 < \cdots < t_{n-1} < t_n = \beta.$$

由于

$$\int_L f(x,y) \mathrm{d}s = \lim_{\lambda \to 0} \sum_{i=1}^{n} f(\xi_i, \eta_i) \Delta s_i,$$

设点 (ξ_i, η_i) 对应的参数值为 τ_i，即 $\xi_i = \varphi(\tau_i), \eta_i = \psi(\tau_i)$，其中 $t_{i-1} < \tau_i < t_i$，则由积分中值定理得

$$\Delta s_i = \int_{t_{i-1}}^{t_i} \sqrt{\varphi'^2(t) + \psi'^2(t)} \, \mathrm{d}t = \sqrt{\varphi'^2(\tau_i') + \psi'^2(\tau_i')} \, \Delta t_i,$$

其中，$\Delta t_i = t_i - t_{i-1}, t_{i-1} \leqslant \tau_i' \leqslant t_i$. 于是有

$$\int_L f(x,y)\mathrm{d}s=\lim_{\lambda\to 0}\sum_{i=1}^{n} f[\varphi(\tau_i),\psi(\tau_i)]\sqrt{\varphi'^2(\tau_i')+\psi'^2(\tau_i')}\,\Delta t_i.$$

由于 $\sqrt{\varphi'^2(t)+\psi'^2(t)}$ 在闭区间 $[\alpha,\beta]$ 上连续，故一致连续，可将 τ_i' 换为 τ_i，则有

$$\int_L f(x,y)\mathrm{d}s=\lim_{\lambda\to 0}\sum_{i=1}^{n} f[\varphi(\tau_i),\psi(\tau_i)]\sqrt{\varphi'^2(\tau_i)+\psi'^2(\tau_i)}\,\Delta t_i.$$

上式右端和式的极限就是函数 $f[\varphi(t),\psi(t)]\sqrt{\varphi'^2(t)+\psi'^2(t)}$ 在$[\alpha,\beta]$ 上的定积分，由于该函数在 $[\alpha,\beta]$ 上连续，所以此定积分必定存在，因此上式左端的曲线积分 $\int_L f(x,y)\mathrm{d}s$ 也存在，且

$$\int_L f(x,y)\mathrm{d}s=\int_\alpha^\beta f[\varphi(t),\psi(t)]\sqrt{\varphi'^2(t)+\psi'^2(t)}\,\mathrm{d}t\quad(\alpha<\beta).$$

证毕.

注　①计算方法口诀：一代，二换，三定限. “一代”，即把曲线方程代入被积函数；“二换”，即把弧长的微元变换为定积分的微元；“三定限”，即确定定积分的上、下限.

②定积分的下限 α 一定要小于上限β，这是因为小弧段的长度 Δs_i 总是正的，所以 $\alpha<\beta$.

③可推广到空间曲线 Γ 上.设 Γ 的参数方程为 $x=\varphi(t)$，$y=\psi(t)$，$z=\omega(t)(\alpha\leqslant t\leqslant\beta)$，则

$$\int_\Gamma f(x,y,z)\mathrm{d}s=\int_\alpha^\beta f[\varphi(t),\psi(t),\omega(t)]\sqrt{\varphi'^2(t)+\psi'^2(t)+\omega'^2(t)}\,\mathrm{d}t\quad(\alpha<\beta).$$

若曲线 L 的方程为 $y=\varphi(x)(a\leqslant x\leqslant b)$，则将 x 作为参数可得

$$\int_L f(x,y)\mathrm{d}x=\int_a^b f[x,\varphi(x)]\sqrt{1+\varphi'^2(x)}\,\mathrm{d}x.$$

若曲线 L 的方程为 $x=\psi(y)(c\leqslant y\leqslant d)$，则

$$\int_L f(x,y)\mathrm{d}x=\int_c^d f[\psi(y),y]\sqrt{1+\psi'^2(y)}\,\mathrm{d}y.$$

若曲线 L 的极坐标方程为$\rho=\rho(\theta)(\alpha\leqslant\theta\leqslant\beta)$，则由 $x=\rho(\theta)\cos\theta$，$y=\rho(\theta)\sin\theta$ 得极坐标系下的弧长元素为

$$\mathrm{d}s=\sqrt{\varphi'^2(t)+\psi'^2(t)}\,\mathrm{d}t=\sqrt{\rho^2(\theta)+\rho'^2(\theta)}\,\mathrm{d}\theta,$$

于是 $\int_L f(x,y)\mathrm{d}x=\int_\alpha^\beta f[\rho(\theta)\cos\theta,\rho(\theta)\sin\theta]\sqrt{\rho^2(\theta)+\rho'^2(\theta)}\,\mathrm{d}\theta(\alpha<\beta)$.

例 10.1.2　计算对弧长的曲线积分 $\int_L y\mathrm{d}s$，其中 L 是曲线 $y^2=2x$ 从点$(0,0)$到点$(2,2)$的弧段.

解　L 的方程为 $x=\dfrac{y^2}{2}(0\leqslant y\leqslant 2)$，故 $\mathrm{d}s=\sqrt{1+x'^2}\,\mathrm{d}y=\sqrt{1+y^2}\,\mathrm{d}y$，因此

$$\int_L y\mathrm{d}s=\int_0^2 y\sqrt{1+y^2}\,\mathrm{d}y=\frac{1}{3}(1+y^2)^{\frac{3}{2}}\Big|_0^2=\frac{5\sqrt{5}-1}{3}.$$

例 10.1.3　计算 $\int_\Gamma z\mathrm{d}s$，其中曲线 Γ 为 $x=t\cos t$，$y=t\sin t$，$z=t(0\leqslant t\leqslant\sqrt{2})$.

解　因为 $\mathrm{d}s=\sqrt{(\cos t-t\sin t)^2+(\sin t+t\cos t)^2+1}\,\mathrm{d}t=\sqrt{2+t^2}\,\mathrm{d}t$，所以

$$\int_\Gamma z\,\mathrm{d}s=\int_0^{\sqrt{2}} t\sqrt{2+t^2}\,\mathrm{d}t=\frac{1}{3}(2+t^2)^{\frac{3}{2}}\Big|_0^{\sqrt{2}}=\frac{8-2\sqrt{2}}{3}.$$

例 10.1.4 计算 $\oint_L \sqrt{x^2+y^2}\,\mathrm{d}s$，其中 L 为由圆周 $x^2+y^2=2x(y\geqslant 0)$ 及 x 轴围成的位于第一象限部分区域的边界曲线（图 10.1.2）.

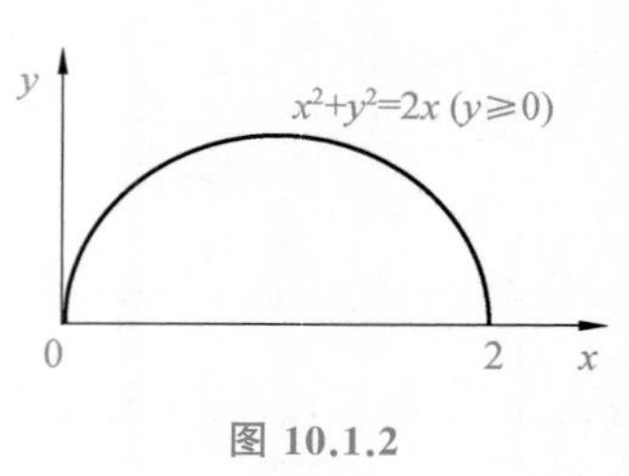

图 10.1.2

解 令 L_1 为 $y=0(0\leqslant x\leqslant 2)$，$L_2$ 为 $\rho=2\cos\theta$ $\left(0\leqslant x\leqslant\frac{\pi}{2}\right)$，则

$$\begin{aligned}\oint_L \sqrt{x^2+y^2}\,\mathrm{d}s&=\int_{L_1}\sqrt{x^2+y^2}\,\mathrm{d}s+\int_{L_2}\sqrt{x^2+y^2}\,\mathrm{d}s\\&=\int_0^2 x\,\mathrm{d}x+\int_0^{\frac{\pi}{2}}\sqrt{(2\cos^2\theta)^2+(2\cos\theta\sin\theta)^2}\sqrt{(2\cos\theta)^2+(-2\sin\theta)^2}\,\mathrm{d}\theta\\&=\int_0^2 x\,\mathrm{d}x+4\int_0^{\frac{\pi}{2}}\cos\theta\,\mathrm{d}\theta\\&=6.\end{aligned}$$

在对弧长的曲线积分中，同样也可以利用被积函数的奇偶性并结合积分区域的对称性来化简计算，计算方法是：

①设曲线 L 关于 y 轴对称，位于 y 轴右侧的部分为 L_1，则：

- 若被积函数 $f(x,y)$ 关于 x 是奇函数，即 $f(-x,y)=-f(x,y)$，则 $\int_L f(x,y)\mathrm{d}s=0$；
- 若被积函数 $f(x,y)$ 关于 x 是偶函数，即 $f(-x,y)=f(x,y)$，则

$$\int_L f(x,y)\mathrm{d}s=2\int_{L_1} f(x,y)\mathrm{d}s.$$

②设曲线 L 关于 x 轴对称，位于 x 轴上方的部分为 L_1，则：

- 若被积函数 $f(x,y)$ 关于 y 是奇函数，即 $f(x,-y)=-f(x,y)$，则 $\int_L f(x,y)\mathrm{d}s=0$；
- 若被积函数 $f(x,y)$ 关于 y 是偶函数，即 $f(x,-y)=f(x,y)$，则

$$\int_L f(x,y)\mathrm{d}s=2\int_{L_1} f(x,y)\mathrm{d}s.$$

③设曲线 L 关于 $y=x$ 对称，则 $\int_L f(x,y)\mathrm{d}s=\int_L f(y,x)\mathrm{d}s$.

例 10.1.5 计算下列曲线积分：

(1) $\oint_L (x+y)^2\mathrm{d}s$，其中 $L:x^2+y^2=9(y\geqslant 0)$；

(2) $\oint_L (4x^2+xy+3y^2)\mathrm{d}s$，其中 $L:\frac{x^2}{3}+\frac{y^2}{4}=1$，设曲线 L 的长度为 a.

解 (1) 因为曲线 L 关于 y 轴对称，所以 $\int_L 2xy\,\mathrm{d}s=0$，故

$$\int_L (x+y)^2\mathrm{d}s=\int_L (x^2+y^2)\mathrm{d}s=9\int_L \mathrm{d}s=27\pi.$$

(2)因为曲线 L 关于 x 轴对称，所以 $\int_L xy\,ds=0$，故

$$\oint_L(4x^2+xy+3y^2)ds=\oint_L(4x^2+3y^2)ds$$
$$=12\oint_L\left(\frac{x^2}{3}+\frac{y^2}{4}\right)ds=12\oint_L ds=12a.$$

10.2 对坐标的曲线积分

10.2.1 对坐标的曲线积分的概念与性质

先给出引例如下.

例 10.2.1 求变力沿有向曲线所做的功.

设一质点在平面 xOy 上点(x,y)处受到变力 $\vec{F}(x,y)=P(x,y)\vec{i}+Q(x,y)\vec{j}$ 的作用，从点 A 沿光滑曲线弧 L 移动到点 B，其中 $P(x,y)$，$Q(x,y)$ 在 L 上连续.求变力 $\vec{F}(x,y)$ 所做的功(图 10.2.1).

解 如果 $\vec{F}$ 是常力，且质点是从点 A 沿直线移动到点 B，那么 $\vec{F}$ 对质点所做的功 W 等于向量 $\vec{F}$ 与向量 $\overrightarrow{AB}$ 的数量积，即

$$W=\vec{F}\cdot\overrightarrow{AB}.$$

现在 $\vec{F}(x,y)$ 是变力，且质点沿曲线 L 移动，故功 W 不能直接用上述公式来计算，此时可以采用“分割、近似、求和、取极限”的方法来解决本问题.

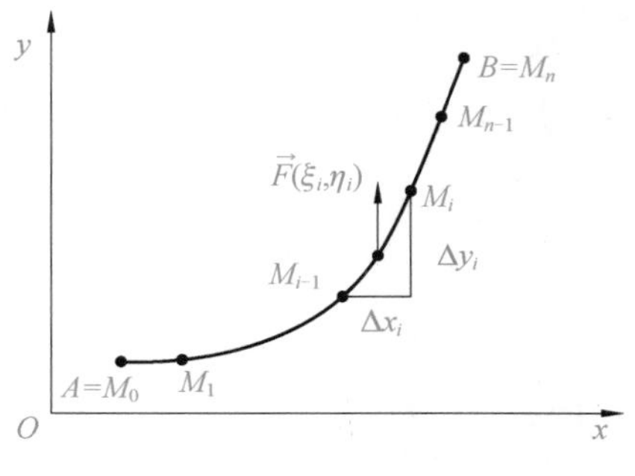

图 10.2.1

①分割：在 L 上依次插入点 $A=M_0(x_0,y_0)$，$M_1(x_1,y_1)$，…，$M_{n-1}(x_{n-1},y_{n-1})$，$M_n(x_n,y_n)=B$ 将 L 分为 n 个小弧段 $\widehat{M_{i-1}M_i}$ $(i=1,2,\cdots,n)$，记第 i 个小弧段 $\widehat{M_{i-1}M_i}$ 的长度为 Δs_i.

②近似：在第 i 个有向小弧段 $\widehat{M_{i-1}M_i}$ 上任取一点 (ξ_i,η_i)，用该点处的力 $\vec{F}(\xi_i,\eta_i)=P(\xi_i,\eta_i)\vec{i}+Q(\xi_i,\eta_i)\vec{j}$ 代替小弧段 $\widehat{M_{i-1}M_i}$ 上每一点处的力，用有向线段 $\overrightarrow{M_{i-1}M_i}=\Delta x_i\vec{i}+\Delta y_i\vec{j}$ 来近似代替沿小弧段 $\widehat{M_{i-1}M_i}$ 的位移，其中 $\Delta x_i=x_i-x_{i-1}$，$\Delta y_i=y_i-y_{i-1}$. 由此，变力 $\vec{F}(x,y)$ 沿有向小弧段 $\widehat{M_{i-1}M_i}$ 所做的功 ΔW_i 可近似看作恒力 $\vec{F}(\xi_i,\eta_i)$ 沿有向线段 $\overrightarrow{M_{i-1}M_i}$ 所做的功，即

$$\Delta W_i\approx\vec{F}(\xi_i,\eta_i)\cdot\overrightarrow{M_{i-1}M_i}=P(\xi_i,\eta_i)\Delta x_i+Q(\xi_i,\eta_i)\Delta y_i.$$

③求和：总功为

$$W=\sum_{i=1}^{n}\Delta W_i\approx\sum_{i=1}^{n}[P(\xi_i,\eta_i)\Delta x_i+Q(\xi_i,\eta_i)\Delta y_i].$$

④取极限：以 λ 表示 n 个小弧段的最大长度，即 $\lambda=\max\limits_{1\leqslant\lambda\leqslant n}\{\Delta s_i\}$，令 $\lambda\to 0$ 取上述和式的极限，所得到的极限值就是变力 $\vec{F}(x,y)$ 沿有向曲线 L 所做的功，即

$$W=\lim_{\lambda\to 0}\sum_{i=1}^{n}[P(\xi_i,\eta_i)\Delta x_i+Q(\xi_i,\eta_i)\Delta y_i].$$

由此，可以抽象出下面的定义.

定义 10.2.1 设 L 为 xOy 面上从点 A 到点 B 的一条光滑有向曲线弧，函数 $P(x,y)$，$Q(x,y)$ 在 L 上有界. 在 L 上沿 L 的方向任意插入一点列

$$A=M_0(x_0,y_0),M_1(x_1,y_1),\cdots,M_{n-1}(x_{n-1},y_{n-1}),M_n(x_n,y_n)=B$$

将 L 分为 n 个有向小弧段 $\widehat{M_{i-1}M_i}\,(i=1,2,\cdots,n)$. 设 $\Delta x_i=x_i-x_{i-1}$，$\Delta y_i=y_i-y_{i-1}$，点(ξ_i,η_i) 为第 i 个有向小弧段 $\widehat{M_{i-1}M_i}$ 上任取的一点. 若当各个小弧段的最大长度 $\lambda\to 0$ 时，$\sum\limits_{i=1}^{n}P(\xi_i,\eta_i)\Delta x_i$ 的极限总存在，且与曲线弧 L 的分法及点 (ξ_i,η_i) 的取法无关，则称此极限为函数 $P(x,y)$ 在有向曲线 L 上对坐标 x 的曲线积分，记作 $\int_L P(x,y)\mathrm{d}x$. 类似地，若 $\sum\limits_{i=1}^{n}Q(\xi_i,\eta_i)\Delta y_i$ 的极限总存在，且与曲线弧 L 的分法及点 (ξ_i,η_i) 的取法无关，则称此极限为函数 $Q(x,y)$ 在有向曲线 L 上对坐标 y 的曲线积分，记作 $\int_L Q(x,y)\mathrm{d}y$，也就是

$$\int_L P(x,y)\mathrm{d}x=\lim_{\lambda\to 0}\sum_{i=1}^{n}P(\xi_i,\eta_i)\Delta x_i,$$

$$\int_L Q(x.y)\mathrm{d}y=\lim_{\lambda\to 0}\sum_{i=1}^{n}Q(\xi_i,\eta_i)\Delta y_i.$$

其中，$P(x,y)$，$Q(x,y)$ 叫做被积函数，L 叫做积分弧段.这两个积分也称为第二类曲线积分.在应用中常出现的是两个积分合起来的形式 $\int_L P(x,y)\mathrm{d}x+\int_L Q(x,y)\mathrm{d}y$，可简便写成

$$\int_L P(x,y)\mathrm{d}x+Q(x,y)\mathrm{d}y,$$

也可写成向量形式

$$\int_L \vec{F}(x,y)\cdot\mathrm{d}\vec{r},$$

其中，$\vec{F}(x,y)=P(x,y)\vec{i}+Q(x,y)\vec{j}$，$\mathrm{d}\vec{r}=\mathrm{d}x\vec{i}+\mathrm{d}y\vec{j}$.

因此，引例 10.2.1 中的变力 $\vec{F}(x,y)$ 从点 A 沿光滑曲线弧 L 移动到点 B 所做的功可表示为

$$W=\int_L P(x,y)\mathrm{d}x+Q(x,y)\mathrm{d}y\quad 或\quad W=\int_L\vec{F}(x,y)\cdot\mathrm{d}\vec{r}.$$

注 当 $P(x,y)$，$Q(x,y)$ 在分段光滑曲线弧 L 上连续时，对坐标的曲线积分 $\int_L\vec{F}(x,y)\cdot\mathrm{d}\vec{r}$ 存在.

第二类曲线积分有与定积分类似的性质如下.

性质10.2.1(线性性质) 设 α,β 为常数,则

$$\int_L [\alpha\vec{F}_1(x,y)+\beta\vec{F}_2(x,y)]\cdot d\vec{r}=\alpha\int_L \vec{F}_1(x,y)\cdot d\vec{r}+\beta\int_L \vec{F}_2(x,y)\cdot d\vec{r}.$$

性质10.2.2(积分区域可加性) 若有向曲线 L 可以分成两段光滑的有向曲线 L_1 和 L_2,则

$$\int_L \vec{F}(x,y)\cdot d\vec{r}=\int_{L_1} \vec{F}(x,y)\cdot d\vec{r}+\int_{L_2} \vec{F}(x,y)\cdot d\vec{r}.$$

性质10.2.3(方向性) $\int_L \vec{F}(x,y)\cdot d\vec{r}=-\int_{L^-} \vec{F}(x,y)\cdot d\vec{r}$,其中 L^- 是 L 的反向曲线弧.

说明 ①对坐标的曲线积分必须注意积分弧段的方向,当积分弧段的方向改变时,对坐标的曲线积分要改变符号.

②定积分是第二类曲线积分的特例.

上述在平面有向曲线 L 上的第二类曲线积分的定义和性质可以类似地推广到积分弧段为空间有向曲线 Γ 的情形.例如函数 $P(x,y,z),Q(x,y,z),R(x,y,z)$ 在空间有向曲线 Γ 上对坐标的曲线积分为

$$\int_\Gamma P(x,y,z)dx=\lim_{\lambda\to 0}\sum_{i=1}^{n}P(\xi_i,\eta_i,\zeta_i)\Delta x_i,$$

$$\int_\Gamma Q(x,y,z)dy=\lim_{\lambda\to 0}\sum_{i=1}^{n}Q(\xi_i,\eta_i,\zeta_i)\Delta y_i,$$

$$\int_\Gamma R(x,y,z)dz=\lim_{\lambda\to 0}\sum_{i=1}^{n}R(\xi_i,\eta_i,\zeta_i)\Delta z_i,$$

合并起来为

$$\int_\Gamma P(x,y,z)dx+\int_\Gamma Q(x,y,z)dy+\int_\Gamma R(x,y,z)dz,$$

可简便写为

$$\int_\Gamma P(x,y,z)dx+Q(x,y,z)dy+R(x,y,z)dz.$$

也可写为向量形式

$$\int_L \vec{F}(x,y,z)\cdot d\vec{r},$$

其中,$\vec{F}(x,y,z)=P(x,y,z)\vec{i}+Q(x,y,z)\vec{j}+R(x,y,z)\vec{k}$,$d\vec{r}=dx\vec{i}+dy\vec{j}+dz\vec{k}$.

10.2.2 对坐标的曲线积分的计算

与第一类曲线积分类似,第二类曲线积分也可以化为定积分来进行计算.

定理10.2.1 设有向曲线弧 L 的参数方程为

$$\begin{cases}x=\varphi(t),\\ y=\psi(t),\end{cases}$$

当参数 t 单调地从 α 变到 β 时，点 $M(x,y)$ 从 L 的起点 A 沿 L 运动到终点 B，$\varphi(t)$、$\psi(t)$ 在以 α 及 β 为端点的闭区间上具有一阶连续导数，且 $\varphi'^2(t)+\psi'^2(t)\neq 0$，函数 $P(x,y)$ 与 $Q(x,y)$ 在 L 上连续，则曲线积分 $\int_L P(x,y)\mathrm{d}x+Q(x,y)\mathrm{d}y$ 存在，且

$$\int_L P(x,y)\mathrm{d}x+Q(x,y)\mathrm{d}y=\int_\alpha^\beta\{P[\varphi(t),\psi(t)]\varphi'(t)+Q[\varphi(t),\psi(t)]\psi'(t)\}\mathrm{d}t.$$

证　在 L 上任取一点列

$$A=M_0,M_1,\cdots,M_{n-1},M_n=B,$$

它们对应一列单调变化的参数值

$$\alpha=t_0<t_1<\cdots<t_{n-1}<t_n=\beta.$$

因为

$$\int_L P(x,y)\mathrm{d}x=\lim_{\lambda\to 0}\sum_{i=1}^n P(\xi_i,\eta_i)\Delta x_i,$$

设点 (ξ_i,η_i) 对应的参数值为 τ_i，即 $\xi_i=\varphi(\tau_i)$，$\eta_i=\psi(\tau_i)$，其中 τ_i 在 t_{i-1} 与 t_i 之间；又由于

$$\Delta x_i=x_i-x_{i-1}=\varphi(t_i)-\varphi(t_{i-1}),$$

应用微分中值定理，有

$$\Delta x_i=\varphi'(\tau_i')\Delta t_i,$$

其中，$\Delta t_i=t_i-t_{i-1}$，τ_i' 在 t_{i-1} 与 t_i 之间，所以

$$\int_L P(x,y)\mathrm{d}x=\lim_{\lambda\to 0}\sum_{i=1}^n P[\varphi(\tau_i),\psi(\tau_i)]\varphi'(\tau_i')\Delta t_i.$$

由于函数 $\varphi'(\tau_i')$ 在闭区间 $[\alpha,\beta]$ 或 $[\beta,\alpha]$ 上连续，从而一致连续，可将 τ_i' 换为 τ_i，即有

$$\int_L P(x,y)\mathrm{d}x=\lim_{\lambda\to 0}\sum_{i=1}^n P[\varphi(\tau_i),\psi(\tau_i)]\varphi'(\tau_i)\Delta t_i.$$

上式右端和式的极限就是定积分 $\int_\alpha^\beta P[\varphi(t),\psi(t)]\varphi'(t)\mathrm{d}t$，由于函数 $P[\varphi(\tau_i),\psi(\tau_i)]\varphi'(\tau_i)$ 连续，所以该定积分必定存在，因此上式左端的曲线积分 $\int_L P(x,y)\mathrm{d}x$ 也存在，并有

$$\int_L P(x,y)\mathrm{d}x=\int_\alpha^\beta P[\varphi(t),\psi(t)]\varphi'(t)\mathrm{d}t.$$

同理可证

$$\int_L Q(x,y)\mathrm{d}y=\int_\alpha^\beta Q[\varphi(t),\psi(t)]\psi'(t)\mathrm{d}t.$$

把以上两式相加，得

$$\int_L P(x,y)\mathrm{d}x+Q(x,y)\mathrm{d}y=\int_\alpha^\beta\{P[\varphi(t),\psi(t)]\varphi'(t)+Q[\varphi(t),\psi(t)]\psi'(t)\}\mathrm{d}t. \tag{10.2.1}$$

这里，下限 α 对应于起点 A，上限 β 对应于终点 B.

证毕.

注　①计算方法口诀：一代，二换，三对限."一代"，即把曲线方程代入被积函数，也就是将 x、y 依次换为 $\varphi(t)$、$\psi(t)$；"二换"，即把曲线积分的微元换成定积分的微元，也就是将 $\mathrm{d}x$、$\mathrm{d}y$ 依次换为 $\varphi'(t)\mathrm{d}t$、$\psi'(t)\mathrm{d}t$；"三对限"，即确定定积分的下限对应起点坐标，上限对应终

点坐标，也就是下限 α 是 L 的起点 A 对应的参数，上限 β 是 L 的终点 B 对应的参数.

②下限 α 不一定要小于上限 β.

③对于封闭曲线弧 L，可在 L 上任意选取一点作为起点，沿 L 所指定的方向前进，最后回到这一点.

若曲线弧 L 的方程为 $y=\varphi(x)$，L 的起点 A 与终点 B 分别对应 $x=a$ 与 $x=b$，则

$$\int_L P\,\mathrm{d}x+Q\,\mathrm{d}y=\int_a^b\{P[x,\varphi(x)]+Q[x,\varphi(x)]\varphi'(x)\}\,\mathrm{d}x.$$

若曲线弧 L 的方程为 $x=\psi(y)$，L 的起点 A 与终点 B 分别对应 $y=c$ 与 $y=d$，则

$$\int_L P\,\mathrm{d}x+Q\,\mathrm{d}y=\int_c^d\{P[\psi(y),y]\psi'(y)+Q[\psi(y),y]\}\,\mathrm{d}y.$$

类似地，公式(10.2.1)可推广到积分弧段为空间有向曲线 Γ 的情形.设 Γ 的参数方程为 $x=\varphi(t),y=\psi(t),z=\omega(t)$，则

$$\begin{aligned}\int_\Gamma P\,\mathrm{d}x+Q\,\mathrm{d}y+R\,\mathrm{d}z=\int_\alpha^\beta\{&P[\varphi(t),\psi(t),\omega(t)]\varphi'(t)+\\&Q[\varphi(t),\psi(t),\omega(t)]\psi'(t)+\\&R[\varphi(t),\psi(t),\omega(t)]\omega'(t)\}\,\mathrm{d}t.\end{aligned}$$

其中，Γ 的起点对应参数 α，Γ 的终点对应参数 β.

例 10.2.2　计算 $\int_L y^2\,\mathrm{d}x+x^2\,\mathrm{d}y$，其中 L（图 10.2.2）为：

(1)半径为 1、圆心为原点、按逆时针方向绕行的上半圆周；

(2)从点 $A(1,0)$ 到点 $B(-1,0)$ 的直线段.

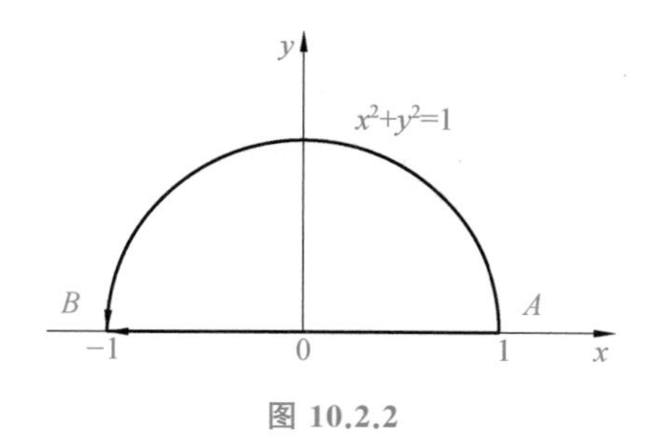

图 10.2.2

解　(1) L 的参数方程为 $x=\cos\theta,y=\sin\theta,\theta:0\to\pi,\theta=0$ 对应于起点 A，$\theta=\pi$ 对应于终点 B，所以

$$\begin{aligned}\int_L y^2\,\mathrm{d}x+x^2\,\mathrm{d}y&=\int_0^\pi[\sin^2\theta(-\sin\theta)+\cos^2\theta(\cos\theta)]\,\mathrm{d}\theta\\&=\int_0^\pi[(1-\cos^2\theta)(-\sin\theta)+(1-\sin^2\theta)(\cos\theta)]\,\mathrm{d}\theta\\&=-\frac{4}{3}.\end{aligned}$$

(2) L 的方程为 $y=0,x:1\to-1$，所以

$$\int_L y^2\,\mathrm{d}x+x^2\,\mathrm{d}y=\int_1^{-1}0\cdot\mathrm{d}x=0.$$

注 例 10.2.2 中，虽然两个曲线积分的被积函数相同，起点和终点也相同，但沿不同路径积分，得出的积分值并不相等.

例 10.2.3 计算 $\int_L (x+y)\mathrm{d}x+(x-y)\mathrm{d}y$，其中 L（图 10.2.3）为：

(1) 从点 $O(0,0)$ 沿直线 $y=x$ 到点 $A(1,1)$ 的直线段；

(2) 从点 $O(0,0)$ 沿抛物线 $y=x^2$ 到点 $A(1,1)$ 的一段弧；

(3) 有向折线 OBA，点 O,B,A 的坐标分别为 $(0,0),(1,0),(1,1)$.

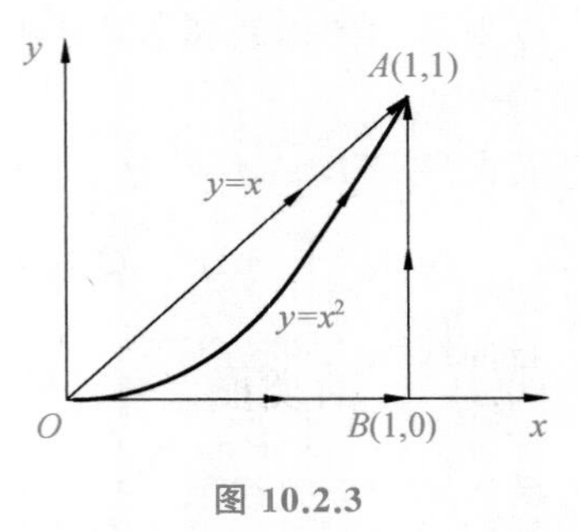

图 10.2.3

解 (1) 因为 L 的方程为 $y=x, x:0\to 1$，所以

$$\int_L (x+y)\mathrm{d}x+(x-y)\mathrm{d}y=\int_0^1[(x+x)+(x-x)]\mathrm{d}x=\int_0^1 2x\,\mathrm{d}x=1.$$

(2) 因为 L 的方程为 $y=x^2, x:0\to 1$，所以

$$\begin{aligned}\int_L (x+y)\mathrm{d}x+(x-y)\mathrm{d}y&=\int_0^1[(x+x^2)+2x(x-x^2)]\mathrm{d}x\\&=\int_0^1(x+3x^2-2x^3)\mathrm{d}x=1.\end{aligned}$$

(3) $$\begin{aligned}\int_L (x+y)\mathrm{d}x+(x-y)\mathrm{d}y=&\int_{OB}(x+y)\mathrm{d}x+(x-y)\mathrm{d}y+\\&\int_{BA}(x+y)\mathrm{d}x+(x-y)\mathrm{d}y.\end{aligned}$$

在 OB 上，$y=0, x:0\to 1$，所以

$$\int_{OB}(x+y)\mathrm{d}x+(x-y)\mathrm{d}y=\int_0^1(x+0)\mathrm{d}x=\frac{1}{2}.$$

在 BA 上，$x=1, y:0\to 1$，所以

$$\int_{BA}(x+y)\mathrm{d}x+(x-y)\mathrm{d}y=\int_0^1(1-y)\mathrm{d}y=\frac{1}{2}.$$

因此

$$\int_L (x+y)\mathrm{d}x+(x-y)\mathrm{d}y=\frac{1}{2}+\frac{1}{2}=1.$$

注 例 10.2.3 中，两个曲线积分的被积函数相同，起点和终点也相同，虽然沿不同路径积分，但得出的积分值却相等.

例 10.2.4 计算 $\oint_\Gamma 2y\,\mathrm{d}x+xz\,\mathrm{d}y-yz^2\mathrm{d}z$，其中 Γ：$\begin{cases}z=x^2+y^2,\\z=4,\end{cases}$ 从 z 轴正向看为逆时针方向（图 10.2.4）.

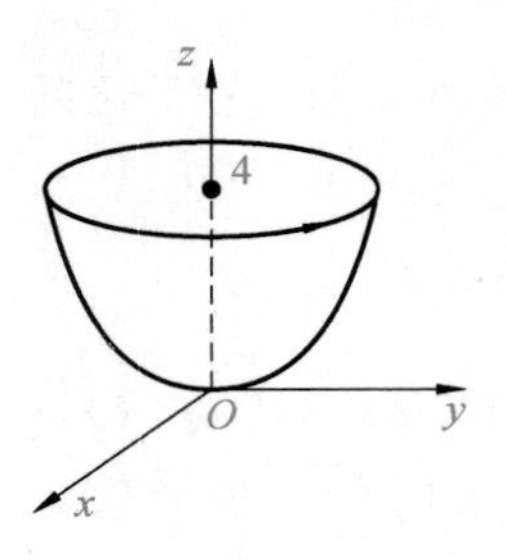

图 10.2.4

解　Γ 的参数方程为 $\begin{cases} x=2\cos t, \\ y=2\sin t, t: 0 \to 2\pi, \\ z=4, \end{cases}$ 则

$$\oint_{\Gamma} 2y\,dx + xz\,dy - yz^2\,dz = \int_0^{2\pi} [4\sin t(-2\sin t) + 8\cos t \cdot 2\cos t]dt$$

$$= 8\int_0^{2\pi} (2\cos^2 t - \sin^2 t)dt = 8\pi.$$

10.2.3　两类曲线积分的关系

虽然第一类曲线积分与第二类曲线积分是根据不同物理背景抽象出来的，但在一定条件下，可以建立它们之间的联系.

设 L 是起点为 A、终点为 B 的有向光滑曲线弧，它以弧长 s 为参数的参数方程为

$$\begin{cases} x = x(s), \\ y = y(s), \end{cases} \quad 0 \leqslant s \leqslant l,$$

起点 A 对应坐标 $(x(0), y(0))$，终点 B 对应坐标 $(x(l), y(l))$，曲线弧 L 上每一点的切线方向指向弧长增加的方向，现以 α, β 分别表示切线方向与 x 轴和 y 轴正方向的夹角，则在切线上每一点处的方向余弦为

$$\cos\alpha = \frac{dx}{ds}, \quad \cos\beta = \frac{dy}{ds}.$$

由于函数 $P(x,y)$ 与 $Q(x,y)$ 在 L 上连续，则

$$\int_L P(x,y)dx + Q(x,y)dy = \int_0^l \{P[x(s), y(s)]\cos\alpha + Q[x(s), y(s)]\cos\beta\}ds$$

$$= \int_L [P(x,y)\cos\alpha + Q(x,y)\cos\beta]ds.$$

由此可见，平面曲线 L 上的两类曲线积分之间具有如下关系：

$$\int_L P\,dx + Q\,dy = \int_L (P\cos\alpha + Q\sin\beta)ds,$$

其中，$\cos\alpha$、$\cos\beta$ 为有向曲线弧 L 在点 $M(x,y)$ 处的切向量的方向余弦.

类似地，空间曲线 Γ 上的两类曲线积分之间具有如下关系：

$$\int_L P\,dx + Q\,dy + R\,dz = \int_L (P\cos\alpha + Q\cos\beta + R\cos\gamma)ds,$$

其中，$\cos\alpha$、$\cos\beta$、$\cos\gamma$ 为有向曲线弧 Γ 在点 $M(x,y,z)$ 处的切向量的方向余弦.

两类曲线积分之间的关系也可用向量形式表示.例如，空间曲线 Γ 上的两类曲线积分之间的关系可写成

$$\int_{\Gamma} \vec{A} \cdot d\vec{r} = \int_{\Gamma} \vec{A} \cdot \vec{\tau}\,ds = \int_{\Gamma} A_{\vec{\tau}}\,ds,$$

其中，$\vec{A} = \{P, Q, R\}$，$\vec{\tau} = (\cos\alpha, \cos\beta, \cos\gamma)$ 为有向曲线弧 Γ 在点 (x,y,z) 处的单位切向量，$d\vec{r} = \vec{\tau} \cdot ds = (dx, dy, dz)$ 称为有向曲线元，$A_{\vec{\tau}}$ 为向量 $\vec{A}$ 在向量 $\vec{\tau}$ 上的投影.

例 10.2.5　将对坐标的曲线积分 $\int_L P(x,y)\mathrm{d}x+Q(x,y)\mathrm{d}y$ 化为对弧长的曲线积分，其中 L 是沿上半圆周 $x^2+y^2-2x=0(y\geqslant 0)$ 从 $O(0,0)$ 到 $B(2,0)$ 的曲线弧段(图 10.2.5).

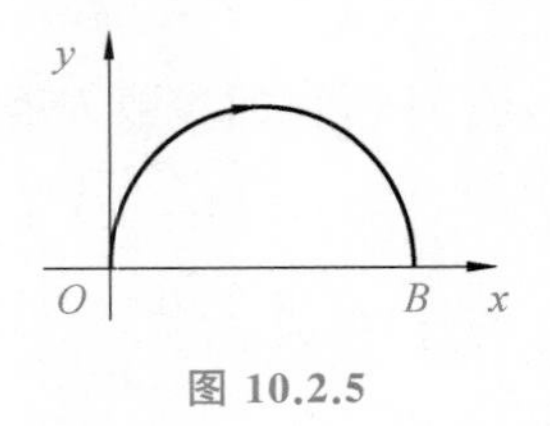

图 10.2.5

解　由于积分曲线为 $L:y=\sqrt{2x-x^2}$，$x:0\to 2$，则

$$\mathrm{d}y=\frac{1-x}{\sqrt{2x-x^2}}\mathrm{d}x,\quad \mathrm{d}s=\sqrt{1+(y')^2}\,\mathrm{d}x=\frac{1}{\sqrt{2x-x^2}}\mathrm{d}x,$$

故切向量的方向余弦为

$$\cos\alpha=\frac{\mathrm{d}x}{\mathrm{d}s}=\sqrt{2x-x^2},\quad \cos\beta=\frac{\mathrm{d}y}{\mathrm{d}s}=1-x,$$

因此

$$\begin{aligned}\int_L P(x,y)\mathrm{d}x+Q(x,y)\mathrm{d}y&=\int_L[P(x,y)\cos\alpha+Q(x,y)\cos\beta]\mathrm{d}s\\&=\int_L[P(x,y)\sqrt{2x-x^2}+Q(x,y)(1-x)]\mathrm{d}s.\end{aligned}$$

10.3　格林公式及其应用

10.3.1　格林公式

本节将讨论平面区域 D 上的二重积分与区域 D 的边界曲线 L 上的第二类曲线积分之间的关系.

设 D 为平面区域，若 D 内任一条曲线所围的部分都属于 D，则称 D 为单连通区域；否则称 D 为复连通区域.直观来看，平面单连通区域就是不含有“洞”(包括“点洞”)的区域(图 10.3.1)，而复连通区域就是含有“洞”(包括“点洞”)的区域(图 10.3.2).

对平面区域 D 的边界曲线 L，规定其正向如下：

当观察者沿曲线 L 行走时，如果 D 的内部区域总在他的左侧，则称此人行走的方向为边界曲线 L 的正向；反之(即 D 的内部区域总在他的右侧)则称为 L 的负向.由此规定可知，单连通区域边界曲线的正向是逆时针方向(图 10.3.1)；复连通区域边界曲线的正向为：外边界 L 为逆时针方向，内边界 l 为顺时针方向(图 10.3.2).

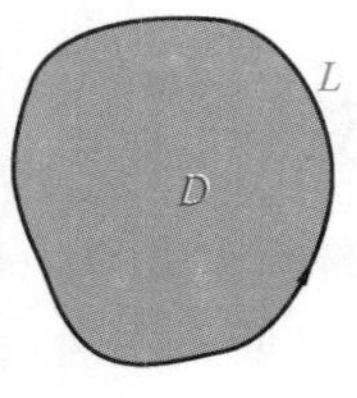

图 10.3.1

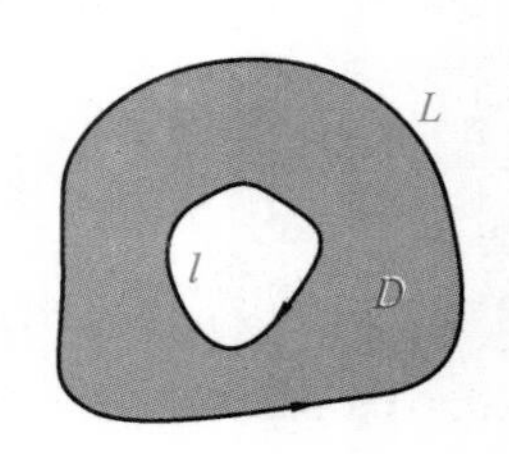

图 10.3.2

定理 10.3.1(格林公式) 设平面闭区域 D 由分段光滑的曲线 L 围成，函数 $P(x,y)$ 及 $Q(x,y)$ 在 D 上具有连续的一阶偏导数，则有

$$\iint_D\left(\frac{\partial Q}{\partial x}-\frac{\partial P}{\partial y}\right)\mathrm{d}x\,\mathrm{d}y=\oint_L P\,\mathrm{d}x+Q\,\mathrm{d}y, \tag{10.3.1}$$

其中 L 为 D 的取正向的边界曲线.

证 根据区域 D 的不同形状，分三种情形来证明：

①若 D 既是 X 形区域，又是 Y 形区域，即穿过 D 的内部且平行于坐标轴的直线与 D 的边界曲线 L 的交点至多为两个(图 10.3.3).

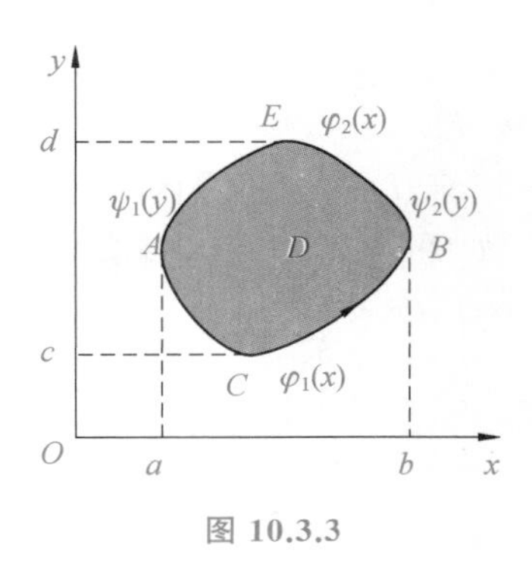

图 10.3.3

若视 D 为 X 形区域，则 D 可表示为

$D:\{(x,y)\mid\varphi_1(x)\leqslant y\leqslant\varphi_2(x),a\leqslant x\leqslant b\}$；

若视 D 为 Y 形区域，则 D 可表示为

$D:\{(x,y)\mid\psi_1(y)\leqslant x\leqslant\psi_2(y),c\leqslant y\leqslant d\}$.

由于 $\dfrac{\partial Q}{\partial x}$ 连续，所以

$$\begin{aligned}\iint_D\frac{\partial Q}{\partial x}\mathrm{d}x\,\mathrm{d}y&=\int_c^d\mathrm{d}y\int_{\psi_1(y)}^{\psi_2(y)}\frac{\partial Q}{\partial x}\mathrm{d}x\\&=\int_c^d Q[\psi_2(y),y]\mathrm{d}y-\int_c^d Q[\psi_1(y),y]\mathrm{d}y\\&=\int_{\overset{\frown}{CBE}}Q(x,y)\mathrm{d}y-\int_{\overset{\frown}{CAE}}Q(x,y)\mathrm{d}y\\&=\int_{\overset{\frown}{CBE}}Q(x,y)\mathrm{d}y+\int_{\overset{\frown}{EAC}}Q(x,y)\mathrm{d}y\\&=\oint_L Q(x,y)\mathrm{d}y,\end{aligned}$$

即

$$\iint_D\frac{\partial Q}{\partial x}\mathrm{d}x\,\mathrm{d}y=\oint_L Q(x,y)\mathrm{d}y.$$

同理可得

$$-\iint_D\frac{\partial P}{\partial y}\mathrm{d}x\,\mathrm{d}y=\oint_L P(x,y)\mathrm{d}y.$$

将上述两式相加即有

$$\iint_D\left(\frac{\partial Q}{\partial x}-\frac{\partial P}{\partial y}\right)\mathrm{d}x\,\mathrm{d}y=\oint_L P\,\mathrm{d}x+Q\,\mathrm{d}y.$$

②若 D 为一般单连通区域，则可通过加辅助线将其分割为有限个既是 X 形区域，又是 Y 形区域的小区域，然后逐块按照第①种情形得到它们的格林公式，并相加即可.

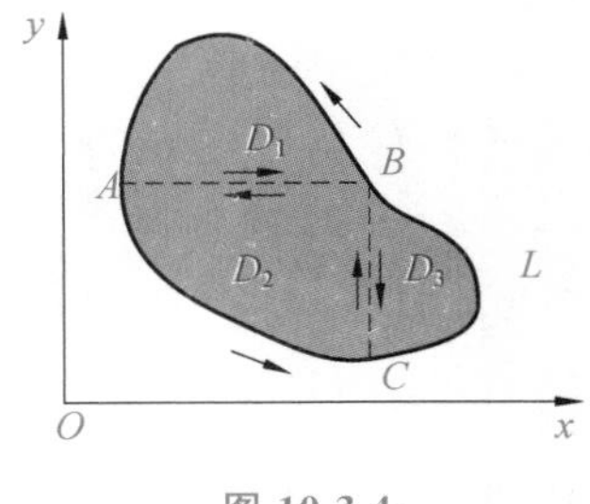

图 10.3.4

例如，如图 10.3.4 所示，添加辅助线 AB，BC 将 D 分为三部分 D_1，D_2，D_3，则

$$\iint_D \left(\frac{\partial Q}{\partial x}-\frac{\partial P}{\partial y}\right)\mathrm{d}x\,\mathrm{d}y=\iint_{D_1}\left(\frac{\partial Q}{\partial x}-\frac{\partial P}{\partial y}\right)\mathrm{d}x\,\mathrm{d}y+\iint_{D_2}\left(\frac{\partial Q}{\partial x}-\frac{\partial P}{\partial y}\right)\mathrm{d}x\,\mathrm{d}y+\iint_{D_3}\left(\frac{\partial Q}{\partial x}-\frac{\partial P}{\partial y}\right)\mathrm{d}x\,\mathrm{d}y$$

$$=\oint_{\partial D_1}P\,\mathrm{d}x+Q\,\mathrm{d}y+\oint_{\partial D_2}P\,\mathrm{d}x+Q\,\mathrm{d}y+\oint_{\partial D_3}P\,\mathrm{d}x+Q\,\mathrm{d}y$$

$$=\left(\int_{\widehat{BA}}+\int_{AB}+\int_{\widehat{AC}}+\int_{CB}+\int_{BA}+\int_{\widehat{CB}}+\int_{BC}\right)P\,\mathrm{d}x+Q\,\mathrm{d}y$$

$$=\oint_L P\,\mathrm{d}x+Q\,\mathrm{d}y.$$

其中 ∂D_i 表示 $D_i(i=1,2,3)$ 的正向边界.

③若 D 为复连通区域,则可通过添加辅助线段将其转化为第①种情形.

如图 10.3.5 所示,添加辅助线段 AB,EF,若 L_1,L_2,L_3 对 D 均为正方向,则

$$\iint_D\left(\frac{\partial Q}{\partial x}-\frac{\partial P}{\partial y}\right)\mathrm{d}x\,\mathrm{d}y=\left(\int_{AB}+\int_{L_2}+\int_{BA}+\int_{\widehat{ACE}}+\int_{EF}+\int_{L_3}+\int_{FE}+\int_{\widehat{EGA}}\right)P\,\mathrm{d}x+Q\,\mathrm{d}y$$

$$=\left(\int_{L_2}+\int_{L_3}+\int_{\widehat{ACE}}+\int_{\widehat{EGA}}\right)P\,\mathrm{d}x+Q\,\mathrm{d}y$$

$$=\left(\int_{L_2}+\int_{L_3}+\int_{L_1}\right)P\,\mathrm{d}x+Q\,\mathrm{d}y$$

$$=\oint_L P\,\mathrm{d}x+Q\,\mathrm{d}y.$$

证毕.

注 ①为了便于记忆,式(10.3.1)也可记为 $\iint_D\begin{vmatrix}\dfrac{\partial}{\partial x} & \dfrac{\partial}{\partial y}\\ P & Q\end{vmatrix}\mathrm{d}x\,\mathrm{d}y=\oint_L P\,\mathrm{d}x+Q\,\mathrm{d}y$.

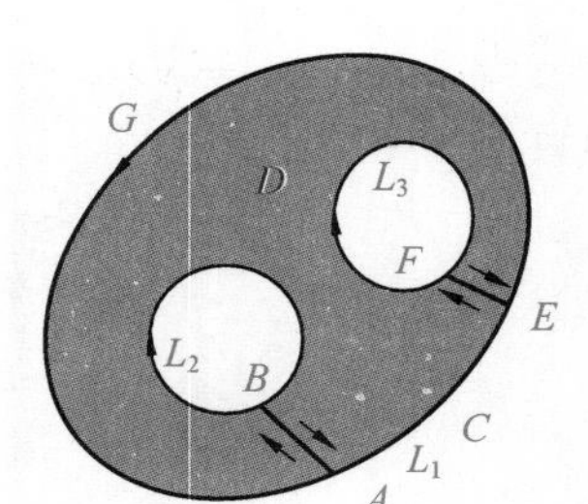

图 10.3.5

②无论区域 D 是单连通区域还是复连通区域,定理 10.3.1 均成立.

③若曲线 L 不是封闭的,则可以通过补充辅助线变为封闭的,且在封闭曲线上满足格林公式的条件,然后再减去补充线段上的曲线积分.

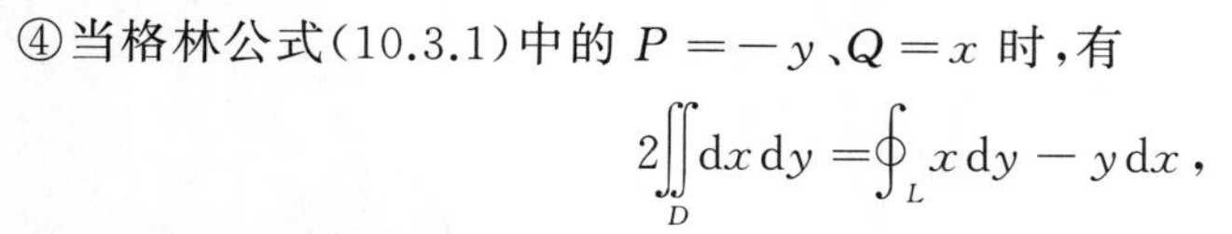

④当格林公式(10.3.1)中的 $P=-y$、$Q=x$ 时,有

$$2\iint_D\mathrm{d}x\,\mathrm{d}y=\oint_L x\,\mathrm{d}y-y\,\mathrm{d}x,$$

因此闭区域 D 的面积为

$$A=\frac{1}{2}\oint_L x\,\mathrm{d}y-y\,\mathrm{d}x.$$

例 10.3.1 计算 $\oint_L(1+y^2)\mathrm{d}x+xy\,\mathrm{d}y$,其中 L 是由 $y=\sin x$ 及 $y=2\sin x\,(0\leqslant x\leqslant\pi)$ 所围成的正向闭曲线,如图 10.3.6 所示.

解 设由曲线 $y=\sin x$ 及 $y=2\sin x\,(0\leqslant x\leqslant\pi)$ 所围成的区域为 D,由格林公式得

$$\oint_L (1+y^2)\mathrm{d}x + xy\mathrm{d}y = \iint_D (y-2y)\mathrm{d}x\mathrm{d}y$$
$$= -\iint_D y\mathrm{d}x\mathrm{d}y$$
$$= -\int_0^{\pi}\mathrm{d}x\int_{\sin x}^{2\sin x} y\mathrm{d}y$$
$$= -\frac{3\pi}{4}.$$

例 10.3.2　计算曲线积分 $\int_L (x^2-y)\mathrm{d}x+(y^2+x)\mathrm{d}y$，其中 L 为逆时针方向的上半圆周 $y=\sqrt{a^2-x^2}$ 从 $(a,0)$ 到 $(-a,0)$ 的一段.

解　如图 10.3.7 所示，补充 $L_0: y=0, x: -a\to a$，设 L 与 L_0 所围成的区域为 D，则由格林公式得

$$\oint_{L+L_0} (x^2-y)\mathrm{d}x+(y^2+x)\mathrm{d}y = 2\iint_D \mathrm{d}x\mathrm{d}y = \pi a^2,$$

又因为

$$\oint_{L_0} (x^2-y)\mathrm{d}x+(y^2+x)\mathrm{d}y = \int_{-a}^{a} x^2\mathrm{d}x = \frac{2a^3}{3},$$

所以

$$\oint_L (x^2-y)\mathrm{d}x+(y^2+x)\mathrm{d}y = \left(\oint_{L+L_0} - \int_{L_0}\right)(x^2-y)\mathrm{d}x+(y^2+x)\mathrm{d}y$$
$$= \pi a^2 - \frac{2a^3}{3}.$$

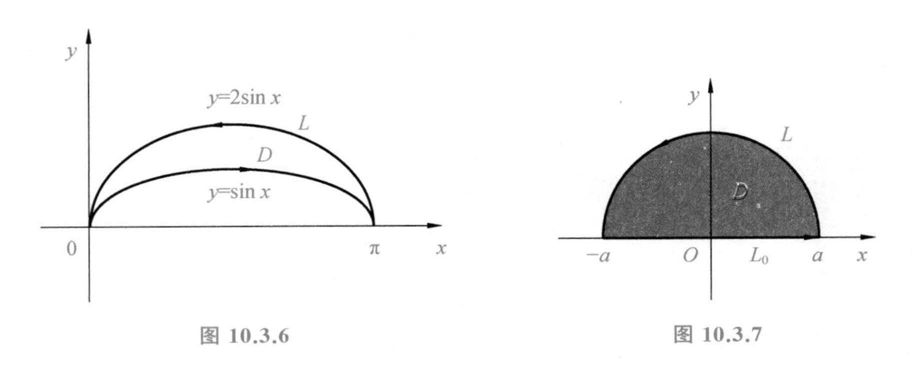

图 10.3.6　　　　图 10.3.7

例 10.3.3　计算 $I=\oint_L \frac{x\mathrm{d}y-y\mathrm{d}x}{x^2+y^2}$，其中 L 为一条无重点、分段光滑且不经过原点的连续封闭曲线，方向为逆时针方向.

解　由于 $P=-\frac{y}{x^2+y^2}, Q=\frac{x}{x^2+y^2}$，且当 $x^2+y^2\neq 0$ 时，$\frac{\partial Q}{\partial x}=\frac{\partial P}{\partial y}=\frac{y^2-x^2}{y^2+x^2}$.

记 L 所围成的闭区域为 D.

①如图 10.3.8 所示，当 $(0,0)\notin D$ 时，由格林公式有

$$I=\iint\limits_D\left(\frac{\partial Q}{\partial x}-\frac{\partial P}{\partial y}\right)\mathrm{d}x\,\mathrm{d}y=0;$$

②如图 10.3.9 所示，当 $(0,0)\in D$ 时，因为在 L 所围成的闭区域 D 中，$\frac{\partial Q}{\partial x}$ 和 $\frac{\partial P}{\partial y}$ 在点(0,0)处不连续，故不能直接应用格林公式.

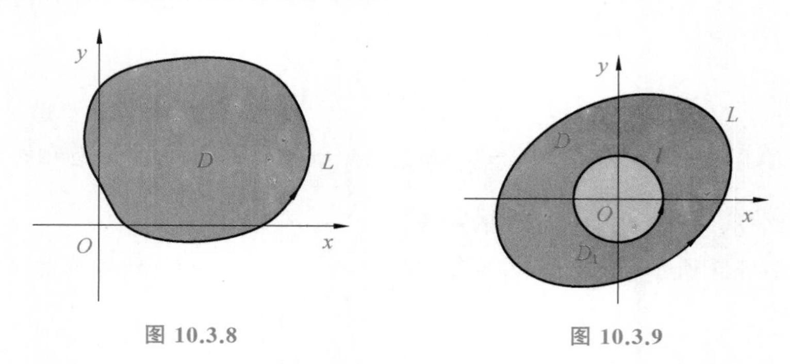

图 10.3.8　　图 10.3.9

在 D 内作圆周 $l: x^2+y^2=r^2$，取逆时针方向，设 L 与 l^- 所围成的区域为 D_1，在区域 D_1 中应用格林公式有

$$\oint_L\frac{x\,\mathrm{d}y-y\,\mathrm{d}x}{x^2+y^2}-\oint_l\frac{x\,\mathrm{d}y-y\,\mathrm{d}x}{x^2+y^2}=\oint_{L+l^-}\frac{x\,\mathrm{d}y-y\,\mathrm{d}x}{x^2+y^2}=\iint\limits_{D_1}0\,\mathrm{d}x\,\mathrm{d}y=0.$$

因此

$$\oint_L\frac{x\,\mathrm{d}y-y\,\mathrm{d}x}{x^2+y^2}=\oint_l\frac{x\,\mathrm{d}y-y\,\mathrm{d}x}{x^2+y^2}=\int_0^{2\pi}\frac{r^2\cos^2\theta+r^2\sin^2\theta}{r^2}\mathrm{d}\theta=2\pi.$$

例 10.3.4　求椭圆区域 $D:\frac{x^2}{a^2}+\frac{y^2}{b^2}\leqslant 1$ 的面积 A.

解　椭圆区域 D 的边界曲线 L 为 $x=a\cos\theta, y=b\sin\theta, \theta: 0\to 2\pi$，则

$$\begin{aligned}A&=\frac{1}{2}\oint_L x\,\mathrm{d}y-y\,\mathrm{d}x\\&=\frac{1}{2}\int_0^{2\pi}[a\cos\theta(b\sin\theta)-b\sin\theta(-a\sin\theta)]\mathrm{d}\theta\\&=\frac{1}{2}ab\int_0^{2\pi}\mathrm{d}\theta=\pi ab.\end{aligned}$$

10.3.2　平面上的曲线积分与路径无关的条件

定义 10.3.1　设 D 为一平面区域，函数 $P(x,y)$ 及 $Q(x,y)$ 在 D 内具有一阶连续的偏导数.若对 D 内任意两点 A 和 B 以及 D 内从点 A 到点 B 的任意两条曲线 L_1 和 L_2(图 10.3.10)，等式

$$\int_{L_1}P\,\mathrm{d}x+Q\,\mathrm{d}y=\int_{L_2}P\,\mathrm{d}x+Q\,\mathrm{d}y$$

恒成立，则称曲线积分 $\int_L P\,\mathrm{d}x+Q\,\mathrm{d}y$ 在 D 内与路径无关，否则便说与路径有关.

在 10.2 节计算第二类曲线积分的例题中，我们发现当积分曲线的起点和终点相同时，有些积分与路径有关，有些积分与路径无关，判别的方法可以归纳为以下定理.

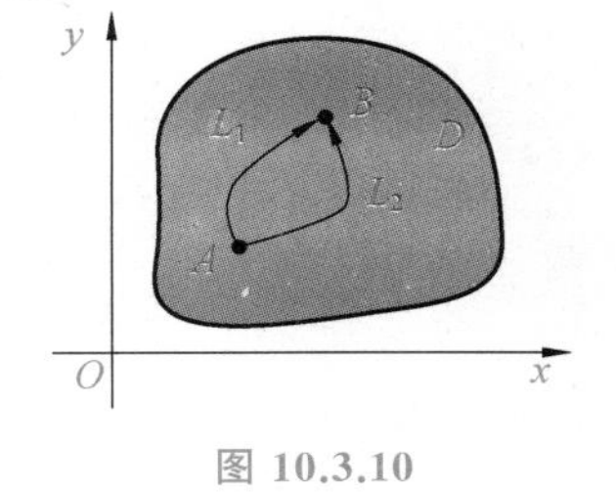

图 10.3.10

定理 10.3.2 设 D 是平面上的单连通区域，函数 $P(x,y)$，$Q(x,y)$ 在 D 内具有一阶连续的偏导数，则以下四个命题等价：

(1)沿 D 中任意光滑(或分段光滑)闭曲线 L，有

$$\oint_L P\mathrm{d}x+Q\mathrm{d}y=0.$$

(2)曲线积分 $\int_L P\mathrm{d}x+Q\mathrm{d}y$ 与路径无关，只与起点和终点有关.

(3)在 D 内存在可微函数 $u(x,y)$，使得 $\mathrm{d}u=P\mathrm{d}x+Q\mathrm{d}y$.

(4)在 D 内每一点都有 $\dfrac{\partial P}{\partial y}=\dfrac{\partial Q}{\partial x}$.

证 (1)⇒(2)：如图 10.3.11 所示，设 L_1，L_2 为 D 内任意两条由 A 到 B 的有向分段光滑曲线，则由命题(1)得

$$\begin{aligned}\int_{L_1}P\mathrm{d}x+Q\mathrm{d}y-\int_{L_2}P\mathrm{d}x+Q\mathrm{d}y&=\int_{L_1}P\mathrm{d}x+Q\mathrm{d}y+\int_{L_2^-}P\mathrm{d}x+Q\mathrm{d}y\\&=\oint_{L_1+L_2^-}P\mathrm{d}x+Q\mathrm{d}y\\&=0,\end{aligned}$$

于是

$$\int_{L_1}P\mathrm{d}x+Q\mathrm{d}y=\int_{L_2}P\mathrm{d}x+Q\mathrm{d}y,$$

因此曲线积分与路径无关，即命题(2)成立.

(2)⇒(3)：在 D 内取定点 $A(x_0,y_0)$ 和任意一点 $B(x,y)$，作函数

$$u(x,y)=\int_{(x_0,y_0)}^{(x,y)}P\mathrm{d}x+Q\mathrm{d}y,$$

这里积分沿从 $A(x_0,y_0)$ 到 $B(x,y)$ 的任意路径，因为命题(2)成立，曲线积分与路径无关，所以 $u(x,y)$ 是一个函数.这时取如图 10.3.12 所示的路径，则

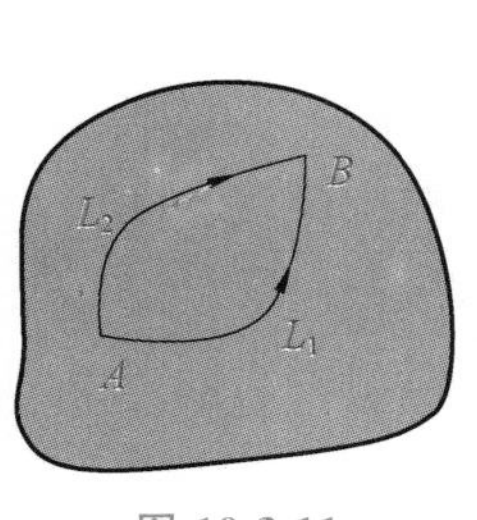

图 10.3.11

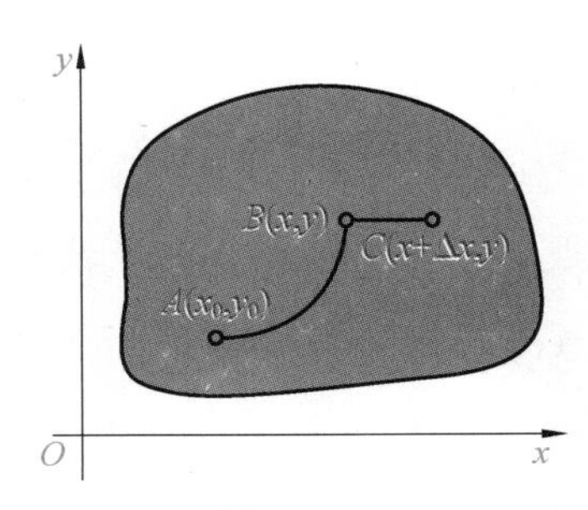

图 10.3.12

$$\frac{\Delta u}{\Delta x}=\frac{u(x+\Delta x,y)-u(x,y)}{\Delta x}$$

$$=\frac{\int_{(x_0,y_0)}^{(x+\Delta x,y)}P\,\mathrm{d}x+Q\,\mathrm{d}y-\int_{(x_0,y_0)}^{(x,y)}P\,\mathrm{d}x+Q\,\mathrm{d}y}{\Delta x}$$

$$=\frac{\int_{(x,y)}^{(x+\Delta x,y)}P\,\mathrm{d}x+Q\,\mathrm{d}y}{\Delta x}=\frac{\int_{(x,y)}^{(x+\Delta x,y)}P\,\mathrm{d}x}{\Delta x}=\frac{P(\xi,y)\Delta x}{\Delta x}=P(\xi,y),$$

其中 ξ 介于 x 与 $x+\Delta x$ 之间，这里利用了积分中值定理.因此

$$\frac{\partial u}{\partial x}=\lim_{\Delta x\to 0}\frac{\Delta u}{\Delta x}=\lim_{\Delta x\to 0}P(\xi,y)=\lim_{\xi\to x}P(\xi,y)=P(x,y).$$

同理可得 $\frac{\partial u}{\partial y}=Q(x,y)$. 又因为 $\frac{\partial u}{\partial x}=P(x,y)$，$\frac{\partial u}{\partial y}=Q(x,y)$ 在 D 内连续，故 $u(x,y)$ 可微，且 $\mathrm{d}u=P\,\mathrm{d}x+Q\,\mathrm{d}y$.

(3) ⇒ (4)：由于在 D 内存在可微函数 $u(x,y)$，使得 $\mathrm{d}u=P\,\mathrm{d}x+Q\,\mathrm{d}y$，故

$$\frac{\partial u}{\partial x}=P(x,y),\quad \frac{\partial u}{\partial y}=Q(x,y),$$

因此

$$\frac{\partial P}{\partial y}=\frac{\partial^2 u}{\partial x\partial y},\quad \frac{\partial Q}{\partial x}=\frac{\partial^2 u}{\partial y\partial x}.$$

又已知函数 $\frac{\partial P}{\partial y}$，$\frac{\partial Q}{\partial x}$ 在 D 内连续，所以 $\frac{\partial^2 u}{\partial x\partial y}=\frac{\partial^2 u}{\partial y\partial x}$，从而在 D 内每一点都有

$$\frac{\partial P}{\partial y}=\frac{\partial Q}{\partial x}.$$

(4) ⇒ (1)：如图 10.3.13 所示，设 L 为 D 内任意一条分段光滑闭曲线，记其所围成的区域为 D'，由命题(4)可知在 D' 上 $\frac{\partial P}{\partial y}=\frac{\partial Q}{\partial x}$，利用格林公式，得

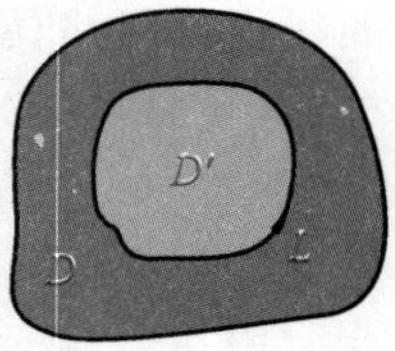

$$\oint_L P\,\mathrm{d}x+Q\,\mathrm{d}y=\left(\frac{\partial Q}{\partial x}-\frac{\partial P}{\partial y}\right)\mathrm{d}x\,\mathrm{d}y=0,$$

即命题(1)成立.

图 10.3.13

证毕.

注　①根据定理 10.3.2，如果在区域 D 内 $\frac{\partial P}{\partial y}=\frac{\partial Q}{\partial x}$，则在计算曲线积分时可选择方便的积分路径.

②在求曲线积分时，可利用格林公式来简化计算.若积分路径不是闭曲线，则可添加辅助线.

③求 $\mathrm{d}u=P\,\mathrm{d}x+Q\,\mathrm{d}y$ 在区域 D 内的原函数的方法：取定点 $(x_0,y_0)\in D$ 及动点 $(x,y)\in D$，如图 10.3.14 所示，若选取折线段

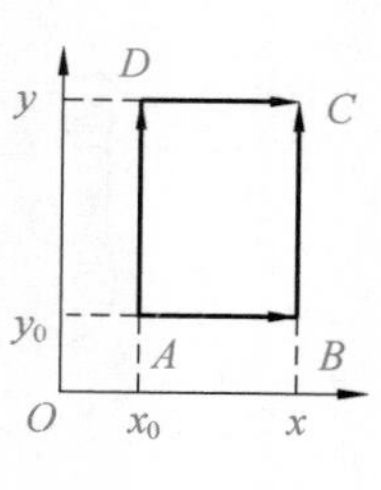

图 10.3.14

$\overline{AB}+\overline{BC}$ 为积分路径，则原函数

$$u(x,y)=\int_{(x_0,y_0)}^{(x,y)} P\mathrm{d}x+Q\mathrm{d}y=\int_{x_0}^{x} P(x,y_0)\mathrm{d}x+\int_{y_0}^{y} Q(x,y)\mathrm{d}y.$$

若选取有向折线段 $\overline{AD}+\overline{DC}$ 为积分路径，则原函数为

$$u(x,y)=\int_{(x_0,y_0)}^{(x,y)} P\mathrm{d}x+Q\mathrm{d}y=\int_{y_0}^{y} Q(x_0,y)\mathrm{d}y+\int_{x_0}^{x} P(x,y)\mathrm{d}x.$$

例 10.3.5　计算 $\int_L (x^2-y)\mathrm{d}x-(x+\sin^2 y)\mathrm{d}y$，其中 L 为上半圆周 $y=\sqrt{2x-x^2}$ 上从点(0,0)到点 (2,0) 的一段弧.

解　设 $P=x^2-y, Q=-(x+\sin^2 y)$，故 $\dfrac{\partial Q}{\partial x}=-1=\dfrac{\partial P}{\partial y}$，因此积分与路径无关.

如图 10.3.15 所示，选择积分路径为直线段 $L_0: y=0, x: 0\to 2$，则

$$\int_L (x^2-y)\mathrm{d}x-(x+\sin^2 y)\mathrm{d}y=\int_{L_0} (x^2-y)\mathrm{d}x-(x+\sin^2 y)\mathrm{d}y$$
$$=\int_0^2 x^2\mathrm{d}x=\frac{8}{3}.$$

例 10.3.6　验证：$\dfrac{x\mathrm{d}y-y\mathrm{d}x}{x^2+y^2}$ 在右半平面内($x>0$)是某个二元函数的全微分，并求此函数.

解　设 $P=\dfrac{-y}{x^2+y^2}, Q=\dfrac{x}{x^2+y^2}$，则有

$$\frac{\partial P}{\partial y}=\frac{y^2-x^2}{(x^2+y^2)^2}=\frac{\partial Q}{\partial x}$$

在右半平面内恒成立，从而在右半平面内 $\dfrac{x\mathrm{d}y-y\mathrm{d}x}{x^2+y^2}$ 是某个二元函数 $u(x,y)$ 的全微分.

如图 10.3.16 所示，取积分路径为有向折线段 $\overline{AB}+\overline{BC}$，有

$$u(x,y)=\int_{(1,0)}^{(x,y)} \frac{x\mathrm{d}y-y\mathrm{d}x}{x^2+y^2}=\int_{AB} \frac{x\mathrm{d}y-y\mathrm{d}x}{x^2+y^2}+\int_{BC} \frac{x\mathrm{d}y-y\mathrm{d}x}{x^2+y^2}$$
$$=0+\int_0^y \frac{x\mathrm{d}y}{x^2+y^2}=\arctan\frac{y}{x}.$$

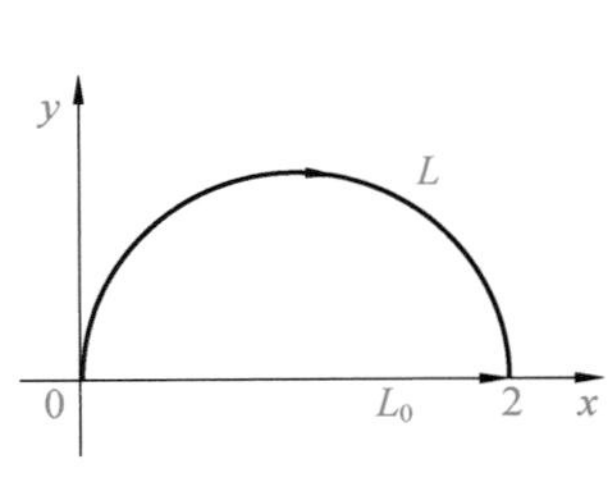

图 10.3.15

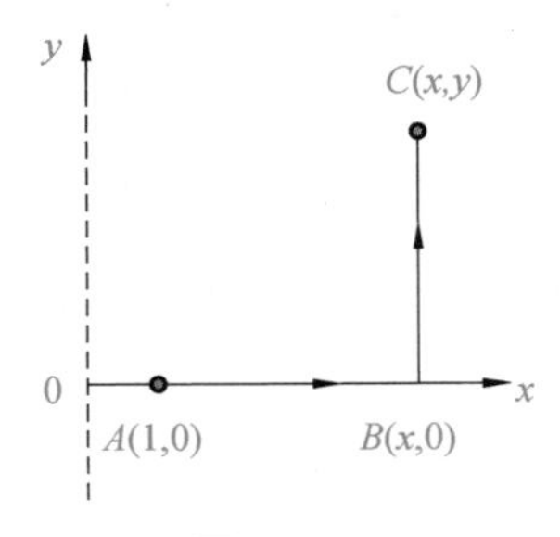

图 10.3.16

10.4 对面积的曲面积分

10.4.1 对面积的曲面积分的概念与性质

先给出引例如下.

例 10.4.1 设空间中的光滑曲面 Σ，其面密度（单位面积的质量）为连续函数 $\rho(x,y,z)$，现在要计算曲面 Σ 的质量 M.

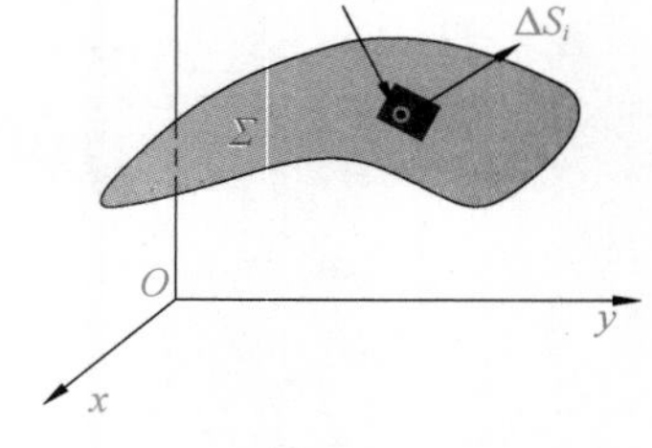

图 10.4.1

解 本问题本质上与前面计算曲线形构件质量的思想类似，当密度为均匀的，即 $\rho(x,y,z)\equiv C$ 时，曲面的质量 $M=CS$，其中 S 为曲面的面积；当密度非均匀时，可以采用“分割、近似、求和、取极限”的方法计算（图 10.4.1）：

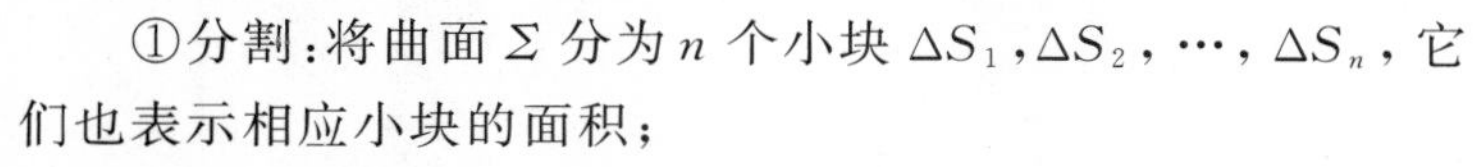

①分割：将曲面 Σ 分为 n 个小块 $\Delta S_1,\Delta S_2,\cdots,\Delta S_n$，它们也表示相应小块的面积；

②近似：在第 i 个小块 ΔS_i 上任取一点 (ξ_i,η_i,ζ_i)，用该点处的面密度代替此小块上其他各点处的面密度，则小块的质量为

$$\Delta M_i\approx\rho(\xi_i,\eta_i,\zeta_i)\cdot\Delta S_i.$$

③求和：整个物体的质量为

$$M=\sum_{i=1}^{n}\Delta M_i\approx\sum_{i=1}^{n}\rho(\xi_i,\eta_i,\zeta_i)\cdot\Delta S_i.$$

④取极限：用 λ 表示这 n 个小块的最大直径（曲面上任意两点距离的最大者），取上述和式当 $\lambda\to 0$ 时的极限，便得到整个物体质量的精确值为

$$M=\lim_{\lambda\to 0}\sum_{i=1}^{n}\rho(\xi_i,\eta_i,\zeta_i)\cdot\Delta S_i.$$

由此导出对面积的曲面积分的定义.

定义 10.4.1 设曲面 Σ 是光滑的（指曲面上各点处都有切平面，且当点在曲面上移动时，切平面的法向量也连续移动），函数 $f(x,y,z)$ 在 Σ 上有界.用一个光滑的曲线网把 Σ 任意分成 n 个小块 ΔS_i（ΔS_i 也表示第 i 个小块的面积），在 ΔS_i 上任取一点 (ξ_i,η_i,ζ_i)，作和 $\sum\limits_{i=1}^{n}f(\xi_i,\eta_i,\zeta_i)\cdot\Delta S_i$，如果当各小块曲面的直径的最大值 $\lambda\to 0$ 时，此和式的极限存在，且与 Σ 的分割方法和点 (ξ_i,η_i,ζ_i) 的取法无关，则称此极限为函数 $f(x,y,z)$ 在曲面 Σ 上对面积的曲面积分或第一类曲面积分，记为 $\iint\limits_{\Sigma}f(x,y,z)\mathrm{d}S$，即

$$\iint\limits_{\Sigma}f(x,y,z)\mathrm{d}S=\lim_{\lambda\to 0}\sum_{i=1}^{n}f(\xi_i,\eta_i,\zeta_i)\cdot\Delta S_i,$$

其中，$f(x,y,z)$ 称为被积函数，Σ 称为积分曲面，$\mathrm{d}S$ 称为面积元素.当 Σ 为封闭曲面时，积分记为 $\oiint\limits_{\Sigma}f(x,y,z)\mathrm{d}S$.当 $f(x,y,z)$ 在光滑曲面 Σ 上连续时，对面积的曲面积分存在.

由此,引例 10.4.1 中曲面 Σ 的质量可以表示为

$$M=\iint\limits_{\Sigma}\rho(x,y,z)\mathrm{d}S.$$

曲面 Σ 的面积可以表示为

$$S=\iint\limits_{\Sigma}\mathrm{d}S.$$

对面积的曲面积分与对弧长的曲线积分性质类似.

性质 10.4.1(线性性质) 设 α,β 为任意实数,有

$$\iint\limits_{\Sigma}[\alpha f(x,y,z)+\beta g(x,y,z)]\mathrm{d}S=\alpha\iint\limits_{\Sigma}f(x,y,z)\mathrm{d}S+\beta\iint\limits_{\Sigma}g(x,y,z)\mathrm{d}S.$$

性质 10.4.2(积分区域可加性) 设 Σ 是由分片光滑曲面 Σ_1 与 Σ_2 组成,则

$$\iint\limits_{\Sigma}f(x,y,z)\mathrm{d}S=\iint\limits_{\Sigma_1}f(x,y,z)\mathrm{d}S+\iint\limits_{\Sigma_2}f(x,y,z)\mathrm{d}S.$$

性质 10.4.3(单调性) 设 $f(x,y,z)\leqslant g(x,y,z)$, 则

$$\iint\limits_{\Sigma}f(x,y,z)\mathrm{d}S\leqslant\iint\limits_{\Sigma}g(x,y,z)\mathrm{d}S.$$

性质 10.4.4(积分中值定理) 设 $f(x,y,z)$ 在 Σ 上连续, S 表示曲面 Σ 的面积,则 $\exists(\xi,\eta,\zeta)\in\Sigma$, 使得

$$\iint\limits_{\Sigma}f(x,y,z)\mathrm{d}S=f(\xi,\eta,\zeta)S.$$

10.4.2 对面积的曲面积分的计算

由对面积的曲面积分与对弧长的曲线积分的定义可以看出,只要将对弧长的曲线积分的计算方法稍作处理,就可以迁移到对面积的曲面积分上来,这里给出如下对面积的曲面积分的计算方法.

定理 10.4.1 设函数 $f(x,y,z)$ 在 Σ 上连续,曲面 Σ 的方程为 $z=z(x,y)$, $(x,y)\in D_{xy}$, D_{xy} 是 Σ 在 xOy 面上的投影区域,且函数 $z(x,y)$ 在 D_{xy} 上具有连续的偏导数,则

$$\iint\limits_{\Sigma}f(x,y,z)\mathrm{d}S=\iint\limits_{D_{xy}}f[x,y,z(x,y)]\sqrt{1+z'^2_x(x,y)+z'^2_y(x,y)}\,\mathrm{d}\sigma.$$

证 如图 10.4.2 所示,设 S 上第 i 小块曲面 ΔS_i(其面积也记作 ΔS_i)在 xOy 面上的投影区域为 $(\Delta\sigma_i)_{xy}$(其面积也记作 $(\Delta\sigma_i)_{xy}$),则

$$\Delta S_i=\iint\limits_{(\Delta\sigma_i)_{xy}}\sqrt{1+z'^2_x(x,y)+z'^2_y(x,y)}\,\mathrm{d}\sigma,$$

利用二重积分的中值定理,上式又可写为

$$\Delta S_i=\sqrt{1+z'^2_x(\xi'_i,\eta'_i)+z'^2_y(\xi'_i,\eta'_i)}\,(\Delta\sigma_i)_{xy},$$

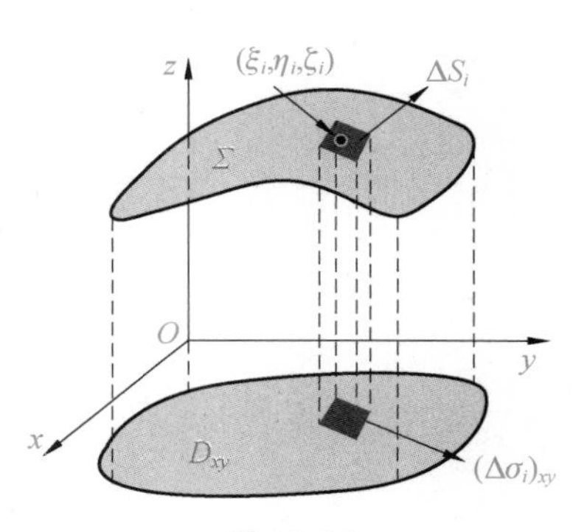

图 10.4.2

其中 (ξ'_i,η'_i) 为小闭区域 $(\Delta\sigma_i)_{xy}$ 上的一点.又因 (ξ_i,η_i,ζ_i) 在曲面 S 上,从而 $\zeta_i=z(\xi_i,\eta_i)$, 这里 $(\xi_i,\eta_i,0)$ 也是小

闭区域 $(\Delta\sigma_i)_{xy}$ 上的点.由于

$$\iint_S f(x,y,z)\mathrm{d}S=\lim_{\lambda\to 0}\sum_{i=1}^{n} f(\xi_i,\eta_i,\zeta_i)\cdot\Delta S_i,$$

而

$$\sum_{i=1}^{n} f(\xi_i,\eta_i,\zeta_i)\cdot\Delta S_i=\sum_{i=1}^{n} f[\xi_i,\eta_i,z(\xi_i,\eta_i)]\cdot\sqrt{1+z'^2_x(\xi_i',\eta_i')+z'^2_y(\xi_i',\eta_i')}\cdot(\Delta\sigma_i)_{xy},$$

又因为函数 $f[x,y,z(x,y)]$ 及 $\sqrt{1+z'^2_x(x,y)+z'^2_y(x,y)}$ 都在闭区域 $(\Delta\sigma_i)_{xy}$ 上连续，从而一致连续，可将 (ξ_i',η_i') 换为 (ξ_i,η_i)，从而有

$$\begin{aligned}\iint_S f(x,y,z)\mathrm{d}S&=\lim_{\lambda\to 0}\sum_{i=1}^{n} f[\xi_i,\eta_i,z(\xi_i,\eta_i)]\sqrt{1+z'^2_x(\xi_i,\eta_i)+z'^2_y(\xi_i,\eta_i)}(\Delta\sigma_i)_{xy}\\&=\iint_{D_{xy}} f[x,y,z(x,y)]\sqrt{1+z'^2_x(x,y)+z'^2_y(x,y)}\,\mathrm{d}\sigma.\end{aligned}$$

证毕.

注 从定理 10.4.1 中可以总结出对面积的曲面积分的计算步骤：一投，二代，三变换. "一投"，即将 Σ 投影到 xOy 面上，并找出投影区域 D_{xy}；"二代"，即把被积函数中的 z 换为 $z(x,y)$；"三变换"，即把曲面面积元素 $\mathrm{d}S$ 换为 $\sqrt{1+z'^2_x+z'^2_y}\,\mathrm{d}\sigma$. 经过这三步就把对面积的曲面积分的计算转化为二重积分的计算.

同理，当曲面 Σ 的方程为 $x=x(y,z)$ 时，有

$$\iint_\Sigma f(x,y,z)\mathrm{d}S=\iint_{D_{yz}} f[x(y,z),y,z]\sqrt{1+x'^2_y+x'^2_z}\,\mathrm{d}\sigma.$$

当曲面 Σ 的方程为 $y=y(x,z)$ 时，有

$$\iint_\Sigma f(x,y,z)\mathrm{d}S=\iint_{D_{xz}} f[x,y(x,z),z]\sqrt{1+y'^2_x+y'^2_z}\,\mathrm{d}\sigma.$$

例 10.4.2 计算曲面积分 $\oiint_\Sigma z^2\mathrm{d}S$，其中 Σ 是区域 $\{(x,y,z)\mid\sqrt{x^2+y^2}\leqslant z\leqslant 1\}$ 的边界面.

解 如图 10.4.3 所示，设 $\Sigma_1: z=\sqrt{x^2+y^2}$，$\Sigma_1$ 在 xOy 面上的投影区域为

$$D_{xy}=\{(x,y)\mid x^2+y^2\leqslant 1\},$$

于是

$$\mathrm{d}S=\sqrt{1+z_x'^2+z_y'^2}\,\mathrm{d}x\mathrm{d}y=\sqrt{1+\frac{x^2}{x^2+y^2}+\frac{y^2}{x^2+y^2}}\,\mathrm{d}x\mathrm{d}y=\sqrt{2}\,\mathrm{d}x\mathrm{d}y;$$

$\Sigma_2: z=1$，Σ_2 在 xOy 面上的投影区域为 $D_{xy}=\{(x,y)\mid x^2+y^2\leqslant 1\}$，于是

$$\mathrm{d}S=\sqrt{1+z_x'^2+z_y'^2}\,\mathrm{d}x\mathrm{d}y=\mathrm{d}x\mathrm{d}y.$$

故

$$\begin{aligned}\oiint_\Sigma z^2\mathrm{d}S&=\iint_{\Sigma_1} z^2\mathrm{d}S+\iint_{\Sigma_2} z^2\mathrm{d}S=\iint_{D_{xy}}(x^2+y^2)\sqrt{2}\,\mathrm{d}x\mathrm{d}y+\iint_{D_{xy}}\mathrm{d}x\mathrm{d}y\\&=\sqrt{2}\int_0^{2\pi}\mathrm{d}\theta\int_0^1 r^3\mathrm{d}r+\int_0^{2\pi}\mathrm{d}\theta\int_0^1 r\,\mathrm{d}r=\frac{(\sqrt{2}+2)\pi}{2}.\end{aligned}$$

例 10.4.3　计算曲面积分 $\iint\limits_{\Sigma}(x^2y+z)\mathrm{d}S$，其中 Σ 是上半球面 $z=\sqrt{4-x^2-y^2}$.

解　如图 10.4.4 所示，因为 x^2y 关于 y 是奇函数，Σ 关于 xOz 面对称，故 $\iint\limits_{\Sigma}x^2y\mathrm{d}S=0$，因此

$$\iint\limits_{\Sigma}(x^2y+z)\mathrm{d}S=\iint\limits_{\Sigma}z\mathrm{d}S.$$

Σ 在 xOy 面上的投影区域为 $D_{xy}=\{(x,y)\mid x^2+y^2\leqslant 4\}$，且

$$\mathrm{d}S=\sqrt{1+z_x'^2+z_y'^2}\,\mathrm{d}x\mathrm{d}y=\frac{2}{\sqrt{4-x^2-y^2}}\mathrm{d}x\mathrm{d}y,$$

则

$$\iint\limits_{\Sigma}(x^2y+z)\mathrm{d}S=\iint\limits_{D_{xy}}\sqrt{4-x^2-y^2}\cdot\frac{2}{\sqrt{4-x^2-y^2}}\mathrm{d}x\mathrm{d}y=2\iint\limits_{D_{xy}}\mathrm{d}x\mathrm{d}y=8\pi.$$

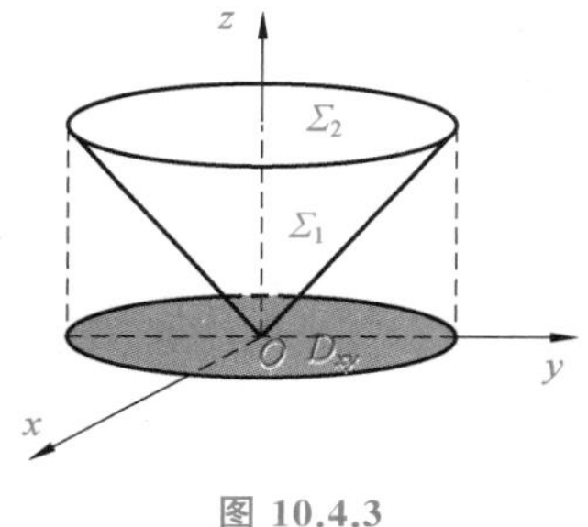

图 10.4.3

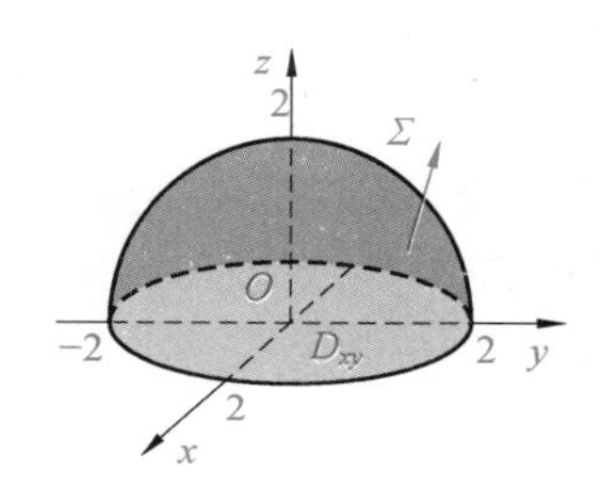

图 10.4.4

例 10.4.4　求圆锥面 $z=\sqrt{x^2+y^2}$，$z\leqslant 1$ 的面积.

解　圆锥面在 xOy 面上的投影区域为 $D=\{(x,y)\mid x^2+y^2\leqslant 1\}$，因此面积为

$$\begin{aligned}S&=\iint\limits_{D}\sqrt{1+z_x'^2+z_y'^2}\,\mathrm{d}x\mathrm{d}y\\&=\iint\limits_{x^2+y^2\leqslant 1}\sqrt{1+\frac{x^2}{x^2+y^2}+\frac{y^2}{x^2+y^2}}\,\mathrm{d}x\mathrm{d}y\\&=\sqrt{2}\iint\limits_{x^2+y^2\leqslant 1}\mathrm{d}x\mathrm{d}y=\sqrt{2}\pi.\end{aligned}$$

10.5　对坐标的曲面积分

10.5.1　对坐标的曲面积分的概念与性质

已经知道对坐标的曲线积分是对有向曲线的积分，类似地，本节所要讨论的对坐标的曲面积分是对有向曲面定义的.为了给曲面确定方向，首先要阐明曲面的侧的概念.

1.有向曲面

曲面分为双侧曲面和单侧曲面，一般曲面都是双侧的.假设点 P 是光滑曲面 Σ 上的任意一点，在点 P 处有一个指定了方向的法向量，让此法向量在曲面 Σ 上任意连续移动（不越过边界），若返回点 P 后，法向量方向不变，则称曲面 Σ 为双侧曲面；若返回 P 点后，法向量的方向相反，则称曲面 Σ 为单侧曲面，莫比乌斯带是典型的单侧曲面（图 10.5.1）. 以后总假设所考虑的曲面是双侧且光滑的.

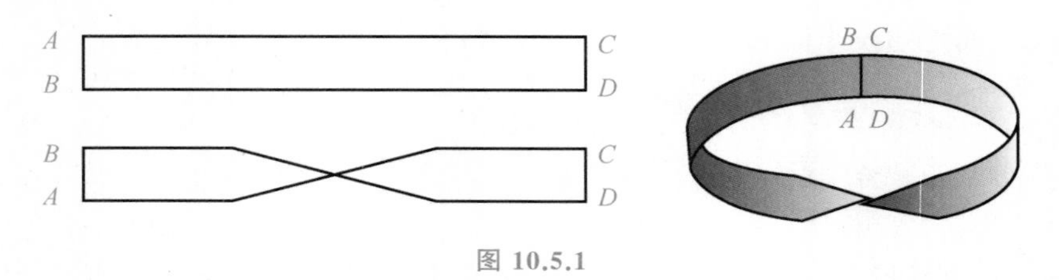

图 10.5.1

用曲面上法向量的指向来表示曲面的侧，并将曲面的法向量与坐标轴正向的夹角为锐角的一侧规定为正侧，则另一侧为负侧.因此，对于曲面 Σ，若其方程为 $z=z(x,y),(x,y)\in D_{xy}$，则其上侧为正，下侧为负.同理可以规定，右侧为正，左侧为负；前侧为正，后侧为负.特别地，当 Σ 为封闭曲面时，规定其外侧为正，内侧为负. 将取定了侧的曲面称为有向曲面.

设 Σ 是有向曲面，在 Σ 上取一小块曲面 ΔS，$(\Delta\sigma)_{xy}$ 为 ΔS 在 xOy 面上投影区域的面积. 假定 ΔS 上任一点的法向量与 z 轴夹角 γ 的余弦 $\cos\gamma$ 同号（即 $\cos\gamma$ 都是正的或都是负的），则规定 ΔS 在 xOy 面上的投影 $(\Delta S)_{xy}$ 为

$$(\Delta S)_{xy}=\begin{cases}(\Delta\sigma)_{xy}, & \cos\gamma>0,\\ -(\Delta\sigma)_{xy}, & \cos\gamma<0,\\ 0, & \cos\gamma\equiv 0,\end{cases}$$

其中，$\cos\gamma\equiv 0$ 即为 $(\Delta\sigma)_{xy}=0$ 的情形. $(\Delta S)_{xy}$ 实质就是将投影区域的面积附以一定的符号. 类似地可以定义 ΔS 在 yOz 面和 zOx 面上的投影分别为

$$(\Delta S)_{yz}=\begin{cases}(\Delta\sigma)_{yz}, & \cos\alpha>0,\\ -(\Delta\sigma)_{yz}, & \cos\alpha<0,\\ 0, & \cos\alpha\equiv 0,\end{cases}\quad (\Delta S)_{zx}=\begin{cases}(\Delta\sigma)_{xz}, & \cos\beta>0,\\ -(\Delta\sigma)_{xz}, & \cos\beta<0,\\ 0, & \cos\beta\equiv 0,\end{cases}$$

其中 α,β 分别为法向量与 x 轴、y 轴正向的夹角.

2.引　例

例 10.5.1　设不可压缩流体（假设密度为 1）的流速与时间无关，而只与点的位置有关，且在点 (x,y,z) 处的流速为

$$\vec{v}(x,y,z)=P(x,y,z)\vec{i}+Q(x,y,z)\vec{j}+R(x,y,z)\vec{k},$$

Σ 为一双侧有向曲面，函数 $P(x,y,z)$、$Q(x,y,z)$、$R(x,y,z)$ 都在 Σ 上连续. 现在求单位时间内流向 Σ 指定侧的流体的质量，即流量 Φ.

解　显然，当流体的流速为常向量 $\vec{v}$，且曲面 Σ 为一平面时（其面积记为 A ），设平面 Σ 的单位法向量为 $\vec{n}$，则在单位时间内流过该闭区域的流体组成一底面积为 A、斜高为

$|\vec{v}|$ 的斜柱体(图 10.5.2).

当 $(\widehat{\vec{n},\vec{v}})=\theta<\dfrac{\pi}{2}$ 时,该斜柱体体积为

$$A|\vec{v}|\cdot\cos\theta=A\vec{v}\cdot\vec{n},$$

这就是通过闭区域 Σ 流向 $\vec{n}$ 所指一侧的流量 Φ;

当 $(\widehat{\vec{n},\vec{v}})=\theta=\dfrac{\pi}{2}$ 时,显然 $\Phi=A\vec{v}\cdot\vec{n}=0$;

当 $(\widehat{\vec{n},\vec{v}})=\theta>\dfrac{\pi}{2}$ 时,$A\vec{v}\cdot\vec{n}<0$,此时流体实际上流向 $-\vec{n}$ 所指一侧,且流向 $-\vec{n}$ 所指一侧的流量为 $-A\vec{v}\cdot\vec{n}$.

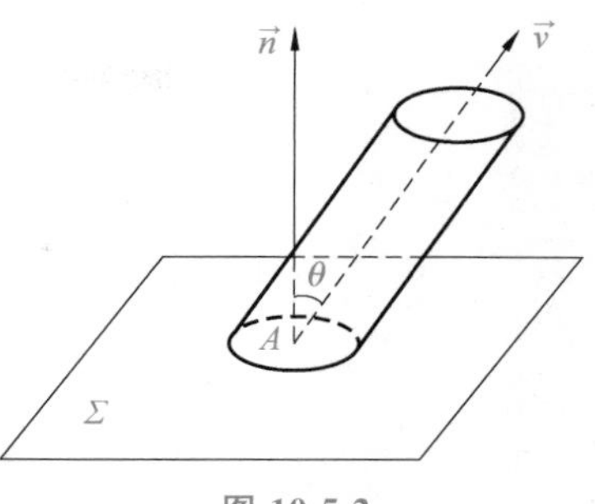

图 10.5.2

因此,无论 $(\widehat{\vec{n},\vec{v}})$ 为何值,流体通过闭区域 Σ 流向 $\vec{n}$ 所指一侧的流量 Φ 均为 $A\vec{v}\cdot\vec{n}$.

如果曲面 Σ 不是平面,流速 $\vec{v}$ 不是常向量(即随 (x,y,z) 而变化),则采用"分割、近似、求和、取极限"的思想计算:

①分割:将 Σ 划分为 n 个小块 $\Delta S_i(i=1,2,\cdots,n)$(ΔS_i 也表示第 i 个小块的面积);

②近似:在 Σ 是光滑的和 $\vec{v}$ 是连续的前提下,只要 ΔS_i 的直径很小,就可用 ΔS_i 上任一点 (ξ_i,η_i,ζ_i) 处的流速

$$\vec{v}_i(\xi_i,\eta_i,\zeta_i)=P(\xi_i,\eta_i,\zeta_i)\vec{i}+Q(\xi_i,\eta_i,\zeta_i)\vec{j}+R(\xi_i,\eta_i,\zeta_i)\vec{k}$$

代替 ΔS_i 上其他各点处的流速,并以该点处曲面 Σ 的单位法向量

$$\vec{n}_i(\xi_i,\eta_i,\zeta_i)=\cos\alpha_i\vec{i}+\cos\beta_i\vec{j}+\cos\gamma_i\vec{k}$$

代替 ΔS_i 上其他各点处的单位法向量(图 10.5.3),从而流体流向 ΔS_i 指定侧的流量的近似值为

$$\Delta\Phi_i\approx\vec{v}_i\cdot\vec{n}_i\Delta S_i\quad(i=1,2,\cdots,n);$$

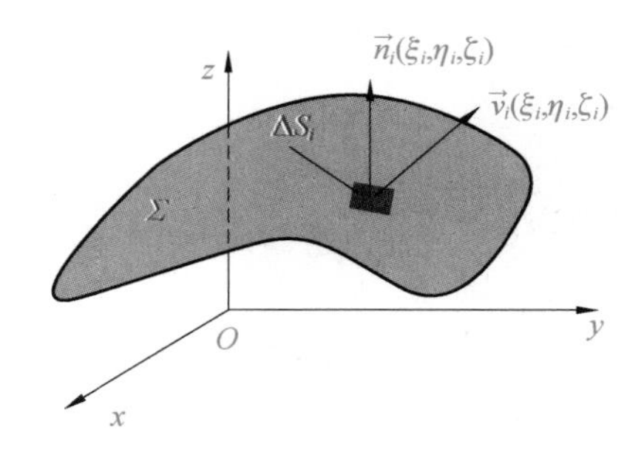

图 10.5.3

③求和:流体流向 Σ 指定侧的流量为

$$\Phi=\sum_{i=1}^{n}\Delta\Phi_i\approx\sum_{i=1}^{n}\vec{v}_i\cdot\vec{n}_i\Delta S_i$$
$$=\sum_{i=1}^{n}[P(\xi_i,\eta_i,\zeta_i)\cos\alpha_i+Q(\xi_i,\eta_i,\zeta_i)\cos\beta_i+R(\xi_i,\eta_i,\zeta_i)\cos\gamma_i]\Delta S_i,$$

而

$$\cos\alpha_i\cdot\Delta S_i\approx(\Delta S_i)_{yz},\quad \cos\beta_i\cdot\Delta S_i\approx(\Delta S_i)_{zx},\quad \cos\gamma_i\cdot\Delta S_i\approx(\Delta S_i)_{xy},$$

因此上面的流量式可以写成

$$\Phi\approx\sum_{i=1}^{n}[P(\xi_i,\eta_i,\zeta_i)(\Delta S_i)_{yz}+Q(\xi_i,\eta_i,\zeta_i)(\Delta S_i)_{xz}+R(\xi_i,\eta_i,\zeta_i)(\Delta S_i)_{xy}];$$

④取极限：令各小块曲面的最大直径 $\lambda\to 0$，取上述和式的极限便得流量 Φ 的精确值

$$\Phi=\lim_{\lambda\to 0}\sum_{i=1}^{n}[P(\xi_i,\eta_i,\zeta_i)(\Delta S_i)_{yz}+Q(\xi_i,\eta_i,\zeta_i)(\Delta S_i)_{xz}+R(\xi_i,\eta_i,\zeta_i)(\Delta S_i)_{xy}].$$

上面这种与曲面的侧有关的和式极限就是本节要介绍的第二类曲面积分.

定义 10.5.1 设 Σ 为光滑的有向曲面，函数 $R(x,y,z)$ 在 Σ 上有界，把 Σ 任意分成 n 块小曲面 ΔS_i（其面积也记作 ΔS_i），ΔS_i 在 xOy 面上的投影为 $(\Delta S)_{xy}$，(ξ_i,η_i,ζ_i) 为 ΔS_i 上的任意一点，λ 为各小块曲面的最大直径，若 $\lim\limits_{\lambda\to 0}\sum\limits_{i=1}^{n}R(\xi_i,\eta_i,\zeta_i)(\Delta S_i)_{xy}$ 存在，则称此极限为函数 $R(x,y,z)$ 在有向曲面 Σ 上对坐标 x,y 的曲面积分，记作 $\iint\limits_{\Sigma}R(x,y,z)\mathrm{d}x\mathrm{d}y$，即

$$\iint_{\Sigma}R(x,y,z)\mathrm{d}x\mathrm{d}y=\lim_{\lambda\to 0}\sum_{i=1}^{n}R(\xi_i,\eta_i,\zeta_i)(\Delta S_i)_{xy},$$

其中 $R(x,y,z)$ 称为被积函数，Σ 称为积分曲面.

类似地，可以定义函数 $P(x,y,z)$ 在曲面 Σ 上的对坐标 y,z 的曲面积分为

$$\iint_{\Sigma}P(x,y,z)\mathrm{d}y\mathrm{d}z=\lim_{\lambda\to 0}\sum_{i=1}^{n}P(\xi_i,\eta_i,\zeta_i)(\Delta S_i)_{xz};$$

函数 $Q(x,y,z)$ 在曲面 Σ 上的对坐标 x,z 的曲面积分为

$$\iint_{\Sigma}Q(x,y,z)\mathrm{d}x\mathrm{d}z=\lim_{\lambda\to 0}\sum_{i=1}^{n}Q(\xi_i,\eta_i,\zeta_i)(\Delta S_i)_{xz}.$$

以上三个曲面积分也称为第二类曲面积分.

在应用中出现较多的是合并形式

$$\iint_{\Sigma}P\mathrm{d}y\mathrm{d}z+\iint_{\Sigma}Q\mathrm{d}z\mathrm{d}x+\iint_{\Sigma}R\mathrm{d}x\mathrm{d}y,$$

为简便起见，常写成

$$\iint_{\Sigma}P\mathrm{d}y\mathrm{d}z+Q\mathrm{d}z\mathrm{d}x+R\mathrm{d}x\mathrm{d}y.$$

若令 $\mathrm{d}S=\vec{n}\mathrm{d}S=(\mathrm{d}y\mathrm{d}z,\mathrm{d}z\mathrm{d}x,\mathrm{d}x\mathrm{d}y)$，$\vec{A}=(P(x,y,z),Q(x,y,z),R(x,y,z))$，则对坐标的曲面积分也常写成向量形式

$$\iint_{\Sigma}P\mathrm{d}y\mathrm{d}z+Q\mathrm{d}z\mathrm{d}x+R\mathrm{d}x\mathrm{d}y=\iint_{\Sigma}\vec{A}\cdot\vec{n}\mathrm{d}S=\iint_{\Sigma}\vec{A}\cdot\mathrm{d}S.$$

引例中流向 Σ 指定侧的流量 Φ 可表示为 $\Phi=\iint\limits_{\Sigma}P\mathrm{d}y\mathrm{d}z+Q\mathrm{d}z\mathrm{d}x+R\mathrm{d}x\mathrm{d}y$.

注 ①当 $P(x,y,z)$、$Q(x,y,z)$、$R(x,y,z)$ 在光滑有向曲面 Σ 上连续时，对坐标的曲面积分是存在的.

②虽然二重积分 $\iint\limits_{D} f(x,y)\mathrm{d}x\mathrm{d}y$ 与曲面积分 $\iint\limits_{\Sigma} R(x,y,z)\mathrm{d}x\mathrm{d}y$ 的记号相似，但其中的 $\mathrm{d}x\mathrm{d}y$ 的意义不同，二重积分中的 $\mathrm{d}x\mathrm{d}y$ 为区域 D 中的面积，恒为正；而曲面积分中的 $\mathrm{d}x\mathrm{d}y$ 为 Σ 中的面积元素在 xOy 上的有向投影，有正有负.

对坐标的曲面积分与对坐标的曲线积分具有相似的性质.

性质 10.5.1(方向性) 设 Σ 为有向曲面，Σ^- 表示与 Σ 相反一侧的有向曲面，则

$$\iint\limits_{\Sigma^-} P\mathrm{d}y\mathrm{d}z + Q\mathrm{d}z\mathrm{d}x + R\mathrm{d}x\mathrm{d}y = -\iint\limits_{\Sigma} P\mathrm{d}y\mathrm{d}z + Q\mathrm{d}z\mathrm{d}x + R\mathrm{d}x\mathrm{d}y.$$

性质 10.5.2(线性性质) 对任意实数 α,β 有

$$\iint\limits_{\Sigma}(\alpha P_1 + \beta P_2)\mathrm{d}y\mathrm{d}z + (\alpha Q_1 + \beta Q_2)\mathrm{d}z\mathrm{d}x + (\alpha R_1 + \beta R_2)\mathrm{d}x\mathrm{d}y$$
$$= \alpha\iint\limits_{\Sigma} P_1\mathrm{d}y\mathrm{d}z + Q_1\mathrm{d}z\mathrm{d}x + R_1\mathrm{d}x\mathrm{d}y + \beta\iint\limits_{\Sigma} P_2\mathrm{d}y\mathrm{d}z + Q_2\mathrm{d}z\mathrm{d}x + R_2\mathrm{d}x\mathrm{d}y.$$

性质 10.5.3(积分曲面可加性) 设有向曲面 Σ 分成了两片 Σ_1 和 Σ_2，则

$$\iint\limits_{\Sigma} P\mathrm{d}y\mathrm{d}z + Q\mathrm{d}z\mathrm{d}x + R\mathrm{d}x\mathrm{d}y = \iint\limits_{\Sigma_1} P\mathrm{d}y\mathrm{d}z + Q\mathrm{d}z\mathrm{d}x + R\mathrm{d}x\mathrm{d}y + \iint\limits_{\Sigma_2} P\mathrm{d}y\mathrm{d}z + Q\mathrm{d}z\mathrm{d}x + R\mathrm{d}x\mathrm{d}y.$$

10.5.2 对坐标的曲面积分的计算

定理 10.5.1 设有向光滑曲面 Σ 的方程为

$$z = z(x,y),\quad (x,y) \in D_{xy},$$

D_{xy} 为 Σ 在 xOy 面上的投影区域，函数 $R(x,y,z)$ 在 Σ 上连续，则

$$\iint\limits_{\Sigma} R(x,y,z)\mathrm{d}x\mathrm{d}y = \pm\iint\limits_{D_{xy}} R[x,y,z(x,y)]\mathrm{d}x\mathrm{d}y,$$

当曲面方向为上侧时，右端取"+"号；当曲面方向为下侧时，右端取"−"号.

证 由于 $\iint\limits_{\Sigma} R(x,y,z)\mathrm{d}x\mathrm{d}y = \lim\limits_{\lambda\to 0}\sum\limits_{i=1}^{n} R(\xi_i,\eta_i,\zeta_i)(\Delta S_i)_{xy}$，这里 λ 是各小块曲面的最大直径，即 $\lambda = \max\limits_{1\leqslant i\leqslant n}\{\Delta S_i \text{ 的直径}\}$.

当曲面方向为上侧时，有

$$\cos\gamma > 0,\quad (\Delta S_i)_{xy} = (\Delta\sigma_i)_{xy},$$

又因 (ξ_i,η_i,ζ_i) 在曲面上，从而 $\zeta_i = z(\xi_i,\eta_i)$，于是有

$$\sum_{i=1}^{n} R(\xi_i,\eta_i,\zeta_i)(\Delta S_i)_{xy} = \sum_{i=1}^{n} R[\xi_i,\eta_i,z(\xi_i,\eta_i)](\Delta\sigma_i)_{xy}.$$

令 $\lambda \to 0$，取上式两端的极限，则有

$$\iint\limits_{\Sigma} R(x,y,z)\mathrm{d}x\mathrm{d}y = \iint\limits_{D_{xy}} R[x,y,z(x,y)]\mathrm{d}x\mathrm{d}y.$$

当曲面方向为下侧时，由于 $\cos\gamma < 0$，$(\Delta S_i)_{xy} = -(\Delta\sigma_i)_{xy}$，同理可得

$$\iint\limits_{\Sigma} R(x,y,z)\mathrm{d}x\mathrm{d}y = -\iint\limits_{D_{xy}} R[x,y,z(x,y)]\mathrm{d}x\mathrm{d}y.$$

证毕.

注 ①从定理10.5.1可以看出,计算第二类曲面积分 $\iint\limits_{\Sigma} R(x,y,z)\mathrm{d}x\mathrm{d}y$ 只需按照"一投,二代,三定号"的步骤进行:"一投",即将积分曲面 Σ 投向指定的 xOy 坐标面,投影区域为 D_{xy};"二代",即将 Σ 的方程 $z=z(x,y)$ 代入被积函数 $R(x,y,z)$ 中,将被积函数变为 $R[x,y,z(x,y)]$;"三定号",即依据 Σ 所取的侧,确定二重积分前面所要取的"+"或"−",其中"+"号对应于 Σ 的上侧,"−"号对应于 Σ 的下侧,最后计算在投影区域 D_{xy} 上的二重积分即可.

②若积分曲面与某坐标面垂直,则关于该坐标面的曲面积分为零.

类似地,若曲面 Σ 的方程为 $x=x(y,z)$,$(y,z)\in D_{yz}$,则有

$$\iint\limits_{\Sigma} P(x,y,z)\mathrm{d}y\mathrm{d}z=\pm\iint\limits_{D_{yz}} p[x(y,z),y,z]\mathrm{d}y\mathrm{d}z,$$

其中,曲面取前侧时对应"+"号,曲面取后侧时对应"−"号.

若曲面 Σ 的方程为 $y=y(x,z)$,$(x,z)\in D_{xz}$,则有

$$\iint\limits_{\Sigma} Q(x,y,z)\mathrm{d}x\mathrm{d}z=\pm\iint\limits_{D_{xz}} Q[x,y(x,z),z]\mathrm{d}x\mathrm{d}z,$$

其中,曲面取右侧时对应"+"号,曲面取左侧时对应"−"号.

例 10.5.2 计算 $\iint\limits_{\Sigma}(x^2+y^2+z)\mathrm{d}x\mathrm{d}y$,其中

$$\Sigma: x^2+y^2+z^2=1 \quad (z\geqslant 0),$$

取上侧.

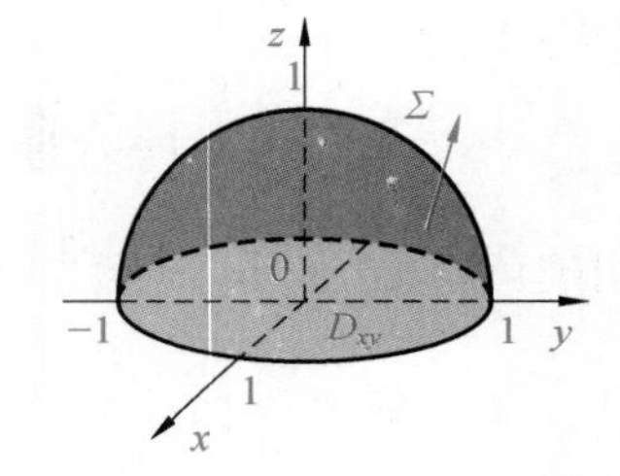

图 10.5.4

解 如图10.5.4所示,积分曲面可表示为

$$\Sigma: z=\sqrt{1-x^2-y^2} \quad (x,y)\in D_{xy},$$

其中 $D_{xy}=\{(x,y)\mid x^2+y^2\leqslant 1\}$,取上侧,因此

$$\iint\limits_{\Sigma}(x^2+y^2+z)\mathrm{d}x\mathrm{d}y=\iint\limits_{D_{xy}}(x^2+y^2+\sqrt{1-x^2-y^2})\mathrm{d}x\mathrm{d}y$$

$$=\int_0^{2\pi}\mathrm{d}\theta\int_0^1(\rho^2+\sqrt{1-\rho^2})\rho\mathrm{d}\rho=\frac{7\pi}{6}.$$

例 10.5.3 计算 $\oiint\limits_{\Sigma} xz\mathrm{d}x\mathrm{d}y+xy\mathrm{d}y\mathrm{d}z+yz\mathrm{d}z\mathrm{d}x$,其中 Σ 是由平面 $x=0$,$y=0$,$z=0$,$x+y+z=1$ 所围成的空间区域的整个边界的外侧.

解 如图10.5.5所示,将 Σ 分为四个部分,分别为:$\Sigma_1: x=0$,取后侧;$\Sigma_2: y=0$,取左侧;$\Sigma_3: z=0$,取下侧;$\Sigma_4: x+y+z=1$,取上侧,则

$$\oiint\limits_{\Sigma} xz\mathrm{d}x\mathrm{d}y+xy\mathrm{d}y\mathrm{d}z+yz\mathrm{d}z\mathrm{d}x=\left(\iint\limits_{\Sigma_1}+\iint\limits_{\Sigma_2}+\iint\limits_{\Sigma_3}+\iint\limits_{\Sigma_4}\right)xz\mathrm{d}x\mathrm{d}y+xy\mathrm{d}y\mathrm{d}z+yz\mathrm{d}x\mathrm{d}z.$$

在 Σ_1 上,因为 Σ_1 垂直于 xOy 坐标面和 xOz 坐标面,故 $\iint\limits_{\Sigma_1} xz\mathrm{d}x\mathrm{d}y+yz\mathrm{d}z\mathrm{d}x=0$;又因为 Σ_1 的方程为 $x=0$,故 $\iint\limits_{\Sigma_1} xy\mathrm{d}y\mathrm{d}z=0$,因此

$$\iint_{\Sigma_1} xz\,\mathrm{d}x\,\mathrm{d}y + xy\,\mathrm{d}y\,\mathrm{d}z + yz\,\mathrm{d}x\,\mathrm{d}z = 0.$$

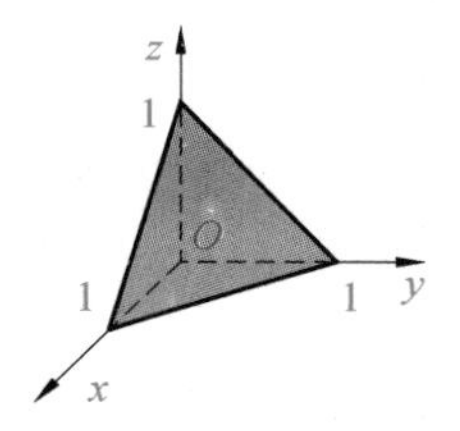

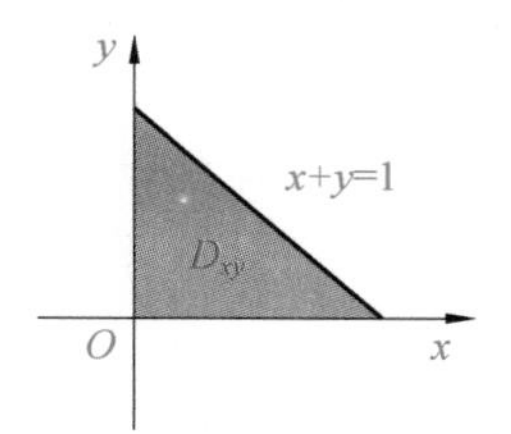

图 10.5.5

同理，在 Σ_2 和 Σ_3 上，有

$$\iint_{\Sigma_2} xz\,\mathrm{d}x\,\mathrm{d}y + xy\,\mathrm{d}y\,\mathrm{d}z + yz\,\mathrm{d}x\,\mathrm{d}z = 0,$$

$$\iint_{\Sigma_3} xz\,\mathrm{d}x\,\mathrm{d}y + xy\,\mathrm{d}y\,\mathrm{d}z + yz\,\mathrm{d}x\,\mathrm{d}z = 0.$$

而在 Σ_4 上，有

$$\iint_{\Sigma_4} xz\,\mathrm{d}x\,\mathrm{d}y = \iint_{D_{xy}} x(1-x-y)\,\mathrm{d}x\,\mathrm{d}y = \int_0^1 \mathrm{d}x \int_0^{1-x} x(1-x-y)\,\mathrm{d}y = \frac{1}{24},$$

同理可得

$$\iint_{\Sigma_4} xy\,\mathrm{d}y\,\mathrm{d}z = \frac{1}{24}, \quad \iint_{\Sigma_4} yz\,\mathrm{d}z\,\mathrm{d}x = \frac{1}{24},$$

故

$$\iint_{\Sigma_4} xz\,\mathrm{d}x\,\mathrm{d}y + xy\,\mathrm{d}y\,\mathrm{d}z + yz\,\mathrm{d}x\,\mathrm{d}z = \frac{1}{8}.$$

因此

$$\oint\!\!\!\oint_{\Sigma} xz\,\mathrm{d}x\,\mathrm{d}y + xy\,\mathrm{d}y\,\mathrm{d}z + yz\,\mathrm{d}z\,\mathrm{d}x = 0+0+0+\frac{1}{8} = \frac{1}{8}.$$

10.5.3 两类曲面积分的关系

设有向曲面 $\Sigma: z=z(x,y)$ 在 xOy 面上的投影区域为 D_{xy}，函数 $z=z(x,y)$ 在 D_{xy} 上具有一阶连续的偏导数，$R(x,y,z)$ 在 Σ 上连续，则由对坐标的曲面积分的计算公式有

$$\iint_{\Sigma} R(x,y,z)\,\mathrm{d}x\,\mathrm{d}y = \pm \iint_{D_{xy}} R[x,y,z(x,y)]\,\mathrm{d}x\,\mathrm{d}y,$$

其中“+”号对应曲面的上侧（$\cos\gamma > 0$），“−”号对应曲面的下侧（$\cos\gamma < 0$）.

又因为

$$\cos\alpha = \frac{\mp z_x}{\sqrt{1+z_x^2+z_y^2}}, \quad \cos\beta = \frac{\mp z_y}{\sqrt{1+z_x^2+z_y^2}}, \quad \cos\gamma = \frac{\pm 1}{\sqrt{1+z_x^2+z_y^2}},$$

而

$$\iint_{\Sigma} R(x,y,z)\cos\gamma \mathrm{d}S = \iint_{D_{xy}} R[x,y,z(z,y)]\cos\gamma\sqrt{1+z_y^2+z_x^2}\,\mathrm{d}x\mathrm{d}y$$
$$= \pm\iint_{D_{xy}} R[x,y,z(x,y)]\mathrm{d}x\mathrm{d}y,$$

所以

$$\iint_{\Sigma} R(x,y,z)\mathrm{d}x\mathrm{d}y = \iint_{\Sigma} R(x,y,z)\cos\gamma\mathrm{d}S.$$

类似地，有

$$\iint_{\Sigma} P(x,y,z)\mathrm{d}y\mathrm{d}z = \iint_{\Sigma} P(x,y,z)\cos\alpha\mathrm{d}S,$$
$$\iint_{\Sigma} Q(x,y,z)\mathrm{d}x\mathrm{d}z = \iint_{\Sigma} Q(x,y,z)\cos\beta\mathrm{d}S.$$

合并以上三式，得两类曲面积分之间的联系为

$$\iint_{\Sigma} P\mathrm{d}y\mathrm{d}z + Q\mathrm{d}z\mathrm{d}x + R\mathrm{d}x\mathrm{d}y = \iint_{\Sigma}[P\cos\alpha + Q\cos\beta + R\cos\gamma]\mathrm{d}S,$$

其中，$\cos\alpha$，$\cos\beta$，$\cos\gamma$ 是有向曲面 Σ 在点 (x,y,z) 处的法向量的方向余弦.

例 10.5.4 将对坐标的曲面积分 $\iint\limits_{\Sigma} P\mathrm{d}y\mathrm{d}z + Q\mathrm{d}z\mathrm{d}x + R\mathrm{d}x\mathrm{d}y$ 转化为对面积的曲面积分，其中 Σ 是平面 $2x+3y+2\sqrt{3}z=1$ 在第一卦限部分的下侧.

解 Σ 的法向量为 $(2,3,2\sqrt{3})$，故 Σ 的法向量的方向余弦分别为

$$\cos\alpha = -\frac{2}{5},\quad \cos\beta = -\frac{3}{5},\quad \cos\gamma = -\frac{2\sqrt{3}}{5},$$

因此

$$\iint_{\Sigma} P\mathrm{d}y\mathrm{d}z + Q\mathrm{d}z\mathrm{d}x + R\mathrm{d}x\mathrm{d}y = \iint_{\Sigma}\left(-\frac{2}{5}P - \frac{3}{5}Q - \frac{2\sqrt{3}}{5}R\right)\mathrm{d}S.$$

10.6 高斯公式

高斯公式是牛顿-莱布尼兹公式在三重积分情形的推广，它阐述了空间闭区域上的三重积分与其边界曲面上的曲面积分之间的关系，该关系可陈述如下.

定理 10.6.1 设空间闭区域 Ω 由分片光滑的闭曲面 Σ 围成，Σ 的方向取外侧，函数 $P(x,y,z)$，$Q(x,y,z)$，$R(x,y,z)$ 在 Ω 上连续，且具有一阶连续的偏导数，则

$$\iiint_{\Omega}\left(\frac{\partial P}{\partial x} + \frac{\partial Q}{\partial y} + \frac{\partial R}{\partial z}\right)\mathrm{d}v = \oiint_{\Sigma} P\mathrm{d}y\mathrm{d}z + Q\mathrm{d}z\mathrm{d}x + R\mathrm{d}x\mathrm{d}y. \tag{10.6.1}$$

公式(10.6.1)称为高斯公式.

证 如图 10.6.1 所示，设 $\Omega=\{(x,y,z)\mid z_1(x,y)\leqslant z\leqslant z_2(x,y),(x,y)\in D_{xy}\}$，其中 D_{xy} 是 Ω 在 xOy 面上的投影区域.设 Σ 由 Σ_1、Σ_2 和 Σ_3 三部分组成，$\Sigma_1: z=z_1(x,y)$ 取下侧，$\Sigma_2: z=z_2(x,y)$ 取上侧，且 $z_1(x,y)\leqslant z_2(x,y)$，$\Sigma_3$ 是以 D_{xy} 的边界曲线为准线、母线平行于 z 轴的柱面的一部分，取外侧.

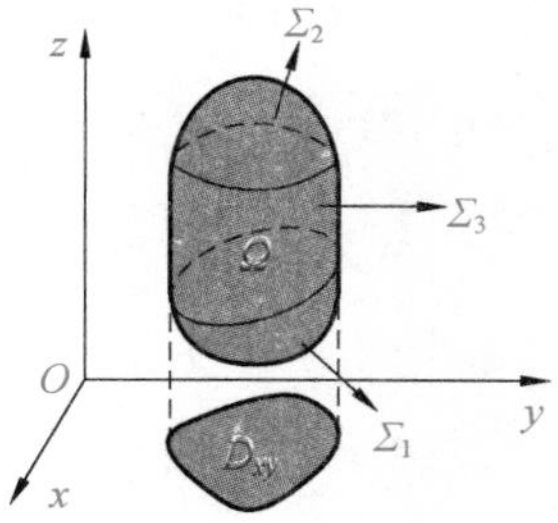

图 10.6.1

由三重积分的计算方法知

$$\iiint_{\Omega}\frac{\partial R}{\partial z}\mathrm{d}v=\iint_{D_{xy}}\mathrm{d}x\mathrm{d}y\int_{z_1(x,y)}^{z_2(x,y)}\frac{\partial R}{\partial z}\mathrm{d}z$$

$$=\iint_{D_{xy}}\{R[x,y,z_2(x,y)]-R[x,y,z_1(x,y)]\}\mathrm{d}x\mathrm{d}y.$$

由曲面积分的计算方法有

$$\iint_{\Sigma_1}R(x,y,z)\mathrm{d}x\mathrm{d}y=-\iint_{D_{xy}}R[x,y,z_1(x,y)]\mathrm{d}x\mathrm{d}y,$$

$$\iint_{\Sigma_2}R(x,y,z)\mathrm{d}x\mathrm{d}y=\iint_{D_{xy}}R[x,y,z_2(x,y)]\mathrm{d}x\mathrm{d}y,$$

由于 Σ_3 在 xOy 面上的投影为零，所以

$$\iint_{\Sigma_3}R(x,y,z)\mathrm{d}x\mathrm{d}y=0.$$

以上三式相加，得

$$\iint_{\Sigma}R(x,y,z)\mathrm{d}x\mathrm{d}y=\iint_{D_{xy}}\{R[x,y,z_2(x,y)]-R[x,y,z_1(x,y)]\}\mathrm{d}x\mathrm{d}y,$$

所以

$$\iiint_{\Omega}\frac{\partial R}{\partial x}\mathrm{d}v=\iint_{\Sigma}R(x,y,z)\mathrm{d}x\mathrm{d}y. \tag{10.6.2}$$

同理可得

$$\iiint_{\Omega}\frac{\partial P}{\partial x}\mathrm{d}v=\iint_{\Sigma}P(x,y,z)\mathrm{d}y\mathrm{d}z, \tag{10.6.3}$$

$$\iiint_{\Omega}\frac{\partial Q}{\partial y}\mathrm{d}v=\iint_{\Sigma}Q(x,y,z)\mathrm{d}z\mathrm{d}x. \tag{10.6.4}$$

将式(10.6.2)～式(10.6.4)相加，即得高斯公式.

证毕.

注 ①若 Ω 不满足定理中的条件，则可引进辅助曲面，将 Ω 分为几个有限闭区域，使每个小区域都满足所给条件，并注意到沿辅助曲面两侧的曲面积分的绝对值相等，符号相反，相加时正好抵消. 因此，高斯公式同样适用这样的闭区域.

②若 Ω 不是封闭曲面，则可以通过添加辅助面来计算.

③在高斯公式中，若 $P=x,Q=y,R=z$，则

$$\oiint_{\Sigma}x\mathrm{d}y\mathrm{d}z+y\mathrm{d}z\mathrm{d}x+z\mathrm{d}x\mathrm{d}y=\iiint_{\Omega}(1+1+1)\mathrm{d}x\mathrm{d}y\mathrm{d}z=3\iiint_{\Omega}\mathrm{d}x\mathrm{d}y\mathrm{d}z=3V_{\Omega},$$

于是得到应用第二类曲面积分计算空间区域 Ω 的体积的公式

$$V_{\Omega}=\frac{1}{3}\oiint_{\Sigma}x\mathrm{d}y\mathrm{d}z+y\mathrm{d}z\mathrm{d}x+z\mathrm{d}x\mathrm{d}y,$$

其中 Σ 的方向取外侧.

例 10.6.1 计算 $I=\oiint\limits_{\Sigma}x(y-z)\mathrm{d}y\mathrm{d}z+(z-x)\mathrm{d}z\mathrm{d}x+(x-y)\mathrm{d}x\mathrm{d}y$，其中，$\Sigma$ 是 $z^2=x^2+y^2$ 与 $z=h>0$ 所围成表面的外侧.

解　令 $P=x(y-z),Q=z-x,R=x-y$，则 $\dfrac{\partial P}{\partial x}+\dfrac{\partial Q}{\partial y}+\dfrac{\partial R}{\partial z}=y-z$，由高斯公式得

$$I=\iiint\limits_{\Omega}(y-z)\mathrm{d}v=\int_0^{2\pi}\mathrm{d}\theta\int_0^h r\mathrm{d}r\int_{\sqrt{r^2}}^h(r\sin\theta-z)\mathrm{d}z=-\frac{\pi h^4}{4}.$$

例 10.6.2 计算 $I=\oiint\limits_{\Sigma}\dfrac{x\cos\alpha+y\cos\beta+z\cos\gamma}{(x^2+y^2+z^2)^{\frac{3}{2}}}\mathrm{d}S$，其中 $\Sigma:x^2+y^2+z^2=a^2$，取外侧，$\cos\alpha,\cos\beta,\cos\gamma$ 是 Σ 的法向量的方向余弦.

解　因为

$$I=\frac{1}{a^3}\oiint\limits_{\Sigma}(x\cos\alpha+y\cos\beta+z\cos\gamma)\mathrm{d}S=\frac{1}{a^3}\oiint\limits_{\Sigma}x\mathrm{d}y\mathrm{d}z+y\mathrm{d}z\mathrm{d}x+z\mathrm{d}x\mathrm{d}y,$$

故，由高斯公式得

$$I=\frac{1}{a^3}\iiint\limits_{\Omega}(1+1+1)\mathrm{d}x\mathrm{d}y\mathrm{d}z=\frac{3}{a^3}\iiint\limits_{\Omega}\mathrm{d}x\mathrm{d}y\mathrm{d}z=\frac{3}{a^3}\cdot\frac{4\pi a^3}{3}=4\pi.$$

例 10.6.3 计算曲面积分 $\iint\limits_{\Sigma}x\mathrm{d}y\mathrm{d}z+y\mathrm{d}z\mathrm{d}x+(z+2)\mathrm{d}x\mathrm{d}y$，其中 Σ 为球面 $z=\sqrt{R^2-x^2-y^2}$ 的上侧.

解　补充 $\Sigma_0:z=0,(x,y)\in D_{xy},D_{xy}=\{(x,y)\mid x^2+y^2\leqslant R^2\}$ 取下侧，设 Σ 与 Σ_0 所围成的区域为 Ω，则在封闭曲面 $\Sigma+\Sigma_0$ 所围成的区域 Ω 上应用高斯公式得

$$\oiint\limits_{\Sigma+\Sigma_0}x\mathrm{d}y\mathrm{d}z+y\mathrm{d}z\mathrm{d}x+(z+2)\mathrm{d}x\mathrm{d}y=3\iiint\limits_{\Omega}\mathrm{d}v=3\times\frac{2\pi R^3}{3}=2\pi R^3.$$

又因为

$$\begin{aligned}\iint\limits_{\Sigma_0}x\mathrm{d}y\mathrm{d}z+y\mathrm{d}z\mathrm{d}x+(z+2)\mathrm{d}x\mathrm{d}y&=\iint\limits_{\Sigma_0}(z+2)\mathrm{d}x\mathrm{d}y\\&=-\iint\limits_{D_{xy}}(0+2)\mathrm{d}x\mathrm{d}y=-2\pi R^2,\end{aligned}$$

于是

$$\begin{aligned}\iint\limits_{\Sigma}x\mathrm{d}y\mathrm{d}z+y\mathrm{d}z\mathrm{d}x+(z+2)\mathrm{d}x\mathrm{d}y&=\left(\oiint\limits_{\Sigma+\Sigma_0}-\iint\limits_{\Sigma_0}\right)x\mathrm{d}y\mathrm{d}z+y\mathrm{d}z\mathrm{d}x+(z+2)\mathrm{d}x\mathrm{d}y\\&=2\pi R^3+2\pi R^2.\end{aligned}$$

习题 10

1.选择题.

(1)设 L 为双曲线 $xy=1$ 上从点 $\left(\dfrac{1}{2},2\right)$ 到点 $(1,1)$ 的一段弧，则 $\int_L y\mathrm{d}s=(\quad)$.

A. $\int_2^1 y\sqrt{1+\dfrac{1}{y^4}}\mathrm{d}y$　　　　B. $\int_1^2 y\sqrt{1+\dfrac{1}{y^4}}\mathrm{d}y$

C. $\int_{\frac{1}{2}}^{2} y\sqrt{1+\frac{1}{x^2}}\,dx$　　　　D. $\int_{\frac{1}{2}}^{2}\left(-\frac{1}{x^3}\right)dx$

(2)对于格林公式 $\oint_L P\,dx + Q\,dy = \iint_D \left(\frac{\partial Q}{\partial x} - \frac{\partial P}{\partial y}\right)dx\,dy$，下列说法正确的是(　　).

A. L 取逆时针方向，函数 P,Q 在闭区域 D 上存在一阶偏导数，且 $\frac{\partial Q}{\partial x} - \frac{\partial P}{\partial y}$

B. L 取顺时针方向，函数 P,Q 在闭区域 D 上存在一阶偏导数，且 $\frac{\partial Q}{\partial x} - \frac{\partial P}{\partial y}$

C. L 取逆时针方向，函数 P,Q 在闭区域 D 上存在一阶连续偏导数

D. L 取顺时针方向，函数 P,Q 在闭区域 D 上存在一阶连续偏导数

(3)设 $I = \iint_\Sigma (x+y)\,dy\,dz + (y+z)\,dz\,dx + (z+x)\,dx\,dy$，其中 Σ 为曲面 $z = x^2 + y^2$ $(0 \leqslant z \leqslant 1)$ 的下侧，则 $I =$(　　).

A. $\frac{\pi}{2}$　　　B. $\frac{\pi}{3}$　　　C. $\frac{\pi}{4}$　　　D. $\frac{\pi}{5}$

(4)设 L 是 D：$1 \leqslant x \leqslant 2, 2 \leqslant y \leqslant 3$ 的正向边界，则 $\oint_L x\,dy - 2y\,dx =$(　　).

A.1　　　B.2　　　C.3　　　D.4

(5)设曲面 Σ 是上半球面：$x^2 + y^2 + z^2 = R^2 (z \geqslant 0)$，曲面 Σ_1 是曲面 Σ 在第一卦限中的部分，则有(　　).

A. $\iint_\Sigma x\,dS = 4\iint_{\Sigma_1} x\,dS$　　　　B. $\iint_\Sigma y\,dS = 4\iint_{\Sigma_1} x\,dS$

C. $\iint_\Sigma z\,dS = 4\iint_{\Sigma_1} x\,dS$　　　　D. $\iint_\Sigma xyz\,dS = 4\iint_{\Sigma_1} xyz\,dS$

2.填空题.

(1)设 L 为 $x^2 + y^2 = a^2$ 在第一卦限内的部分，则 $\int_L e^{\sqrt{x^2+y^2}}\,dS =$ ________.

(2)设 L 为椭圆 $\frac{x^2}{4} + \frac{y^2}{3} = 1$，其周长为 a，则 $\oint_L (2xy + 3x^2 + 4y^2)\,dS =$ ________.

(3)设 L 为抛物线 $y = x^2$ 上从点(0,0)到点(2,4)的一段弧，则 $\int_L (x^2 - y^2)\,dx =$ ________.

(4)设 Σ 为球面 $x^2 + y^2 + z^2 = a^2 (z \geqslant 0)$，则 $\iint_\Sigma \frac{dS}{\sqrt{x^2+y^2+z^2}} =$ ________.

(5)设 Σ 为球面 $x^2 + y^2 + z^2 = 1$ 的外侧，则 $\iint_\Sigma x^2\,dy\,dz =$ ________.

3.计算下列对弧长的曲线积分：

(1) $\int_L y\,ds$，其中 L 是 $y^2 = 2x$ 上从点(0,0)到点(2,2)的弧段；

(2) $\oint_L (x+y)\,ds$，其中 L 是定点为(0,0)，(1,0)，(0,1)的三角形边界；

(3) $\oint_L e^{\sqrt{x^2+y^2}}\mathrm{d}s$，其中 L 是由曲线 $r=a$ 与射线 $\theta=0,\theta=\frac{\pi}{4}$ 所围成的边界；

(4) $\oint_L (x+y)\mathrm{d}s$，其中 L 是 $x^2+y^2=2x$；

(5) $\int_\Gamma \frac{1}{x^2+y^2+z^2}\mathrm{d}s$，其中 Γ 为空间曲线 $x=e^t\cos t, y=e^t\sin t, z=e^t(0\leqslant t\leqslant 2)$；

(6) $\int_\Gamma x^2yz\mathrm{d}s$，其中 Γ 为折线 $ABCD$，这里 A,B,C,D 依次为点 $(0,0,0),(0,0,2),(1,0,2),(1,3,2)$；

(7) $\oint_\Gamma (x^2+y^2+z^2)\mathrm{d}s$，其中 Γ 为抛物面 $2z=x^2+y^2$ 被平面 $z=1$ 所截得的圆周.

4.曲线 $x=a, y=at, z=\frac{1}{2}at^2(0\leqslant t\leqslant 1, a>0)$，设其线密度为 $\rho=\sqrt{\frac{2z}{a}}$，求这条曲线的质量.

5.设 L 为 xOy 平面上从点 $A(a,0)$ 到点 $B(b,0)$ 的一段直线，证明：

$$\int_L P(x,y)\mathrm{d}s=\int_a^b P(x,0)\mathrm{d}x.$$

6.问 $\int_L \mathrm{d}x=L$ 的弧长是否正确？为什么？

7.试导出用极坐标 $\rho=\rho(\theta)(\alpha\leqslant\theta\leqslant\beta)$ 表示的曲线 L 的线积分计算公式

$$\int_L f(x,y)\mathrm{d}s=\int_\alpha^\beta f(\rho=\rho(\theta)\cos\theta, \rho=\rho(\theta)\sin\theta)\sqrt{\rho^2(\theta)+\rho'^2(\theta)}\,\mathrm{d}\theta.$$

8.计算下列对坐标的曲线积分：

(1) $\oint_L \frac{(4x-y)\mathrm{d}x+(x+y)\mathrm{d}y}{x^2+y^2}$，$L$ 为圆周 $x^2+y^2=1$（按逆时针方向）；

(2) $\int_L xy^2\mathrm{d}x+(x+y)\mathrm{d}y$，$L$ 为抛物线 $y=x^2$ 上从点 $(0,0)$ 到点 $(1,1)$ 的一段弧；

(3) $\int_L (2a-y)\mathrm{d}x-(a-y)\mathrm{d}y$，$L$ 为摆线 $x=a(t-\sin t), y=a(1-\cos t)$ 上从点 $O(0,0)$ 到点 $B(2\pi a,0)$ 的一段弧；

(4) $\int_\Gamma x\mathrm{d}x+y\mathrm{d}y+(x+y-1)\mathrm{d}z$，$\Gamma$ 为从点 $A(1,1,1)$ 到点 $B(2,3,4)$ 的直线段 AB；

(5) $\oint_\Gamma \mathrm{d}x-\mathrm{d}y+y\mathrm{d}z$，$\Gamma$ 为有向闭折线 $ABCA$，这里 A,B,C 依次为点 $(1,0,0),(0,1,0),(0,0,1)$；

(6) $\int_\Gamma \sin x\mathrm{d}x+\cos y\mathrm{d}y+xz\mathrm{d}z$，$\Gamma: x=t^3, y=-t^3, z=t$，从点 $(1,-1,1)$ 到点 $(0,0,0)$.

9.计算下列曲线积分：

(1) $\oint_\Gamma (y^2-z^2)\mathrm{d}x+(z^2-x^2)\mathrm{d}y+(x^2-y^2)\mathrm{d}z$，$\Gamma$ 为球面 $x^2+y^2+z^2=R^2$ 在第一卦限部分的边界曲线，方向与球面在第一卦限的外法线方向构成右手法则；

(2)$\oint_L \frac{dx+dy}{|x|+|y|}$，其中 L 是以 $A(2,0)$，$B(0,2)$，$C(-2,0)$，$D(0,-2)$ 为顶点的正方形闭曲线.

10.计算 $\int_L (x+y)dx+(y-x)dy$，其中 L 为：

(1)从点(1,1)到点(4,2)的直线段；

(2)抛物线 $x=y^2$ 上从点(1,1)到点(4,2)的一段弧；

(3)先沿直线从点(1,1)到点(1,2)，再沿直线从点(1,2)到点(4,2)的折线；

(4)曲线 $x=2t^2+t+1$，$y=t^2+1$ 上从点(1,1)到点(4,2)的一段弧.

11.在力 $\vec{F}(x,y)=(x-y)\vec{i}+(x+y)\vec{j}$ 的作用下，一质点沿圆周 $x^2+y^2=1$ 从点(1,0)移动到点(0,1)，求力所做的功.

12.将对坐标的曲线积分 $\int_L P(x,y)dx+Q(x,y)dy$ 化为对弧长的曲线积分，其中 L 为沿上半圆周 $x^2+y^2=2x$ 上的点 $O(0,0)$ 到点 $B(1,1)$ 的一段弧.

13.计算下列曲线积分，并验证格林公式的正确性：

(1)$\oint_L (y-x)dx+(3x+y)dy$，L：$(x-1)^2+(y-4)^2=9$；

(2)$\oint_L (y-x)dx+(3x+y)dy$，L 是四个顶点分别为(0,0)、(2,0)、(2,2)和(0,2)的正方形区域的正向边界.

14.利用曲线积分，计算下列曲线所围成图形的面积：

(1)星形线 $x=a\cos^3 t$，$y=a\sin^3 t(0\leqslant t\leqslant 2\pi)$；

(2)双纽线 $(x^2+y^2)^2=a^2(x^2-y^2)$.

15.利用格林公式计算下列曲线积分：

(1)$\oint_L (x+y)dx-(x-y)dy$，其中 L 为椭圆 $\frac{x^2}{a^2}+\frac{y^2}{b^2}=1$ 的正向；

(2)$\oint_L xy(1+y)dx+(e^y+x^2y)dy$，其中 L 是由圆 $x^2+y^2=4$ 与 $x^2+y^2=9$ 所围成的区域在第一象限的部分，以及 x 轴和 y 轴上的直线段所组成的闭曲线，取正向.

16.验证下列曲线积分在有定义的单连通区域 D 内与路径无关，并求其值.

(1)$\int_{(1,0)}^{(2,1)} (2xy-y^4+3)dx+(x^2-4xy^3)dy$；

(2)$\int_{(1,0)}^{(6,8)} \frac{x\,dx+y\,dy}{\sqrt{x^2+y^2}}$.

17.计算下列曲线积分：

(1)$\int_L (x+y)dx+(x-y)dy$，其中 L 为从点 $(a,0)$ 沿曲线 $y=\sqrt{a^2-x^2}$ 到点 $(0,a)$ 的一段弧；

(2)$\int_L (2xy^3-y^3\cos x)dx+(1-2y\sin x+3x^2y^2)dy$，其中 L 为抛物线 $2x=\pi y^2$ 上由

点$(0,0)$到点$\left(\frac{\pi}{2},1\right)$的一段弧；

(3) $\int_L (e^x \sin y - my)dx + (e^x \cos y - m)dy$，其中 m 为正常数，L 为从点 $(a,0)$ 沿曲线 $y=\sqrt{ax-x^2}$ 到点 $(0,a)$ 的一段弧；

(4) $\int_L \frac{1+y^2 f(x,y)}{y}dx + \int_L \frac{x}{y^2}[y^2 f(x,y)]dy$，其中 $f(x)$ 在$(-\infty,+\infty)$内连续可导，L 为从点 $A\left(3,\frac{2}{3}\right)$ 到点 $B(1,2)$ 的直线段.

18.验证 $(2x\cos y + y^2\cos x)dx + (2y\sin x - x^2\sin y)dy$ 是某一函数的全微分，并求该函数.

19.若 $f(u)$ 有一阶连续导数，证明：对任意光滑闭曲线 L，有 $\oint_L f(xy)(ydx + xdy) = 0$.

20.已知平面区域 $D=\{(x,y)\,|\,0\leqslant x\leqslant \pi, 0\leqslant y\leqslant \pi\}$，$L$ 为 D 的正向边界，试证：

$$\oint_L x e^{\sin y}dy - y e^{-\sin x}dx \geqslant 2\pi^2.$$

21.当 Σ 是 xOy 面内的一个闭区域时，曲面积分 $\iint\limits_{\Sigma} f(x,y,z)dS$ 与二重积分有何关系？

22.计算下列对面积的曲面积分：

(1) $\iint\limits_{\Sigma} \frac{dS}{(1+x+y)^2}$，其中 Σ 为闭区域 $x+y+z\leqslant 1, x\geqslant 0, y\geqslant 0, z\geqslant 0$ 的边界；

(2) $\iint\limits_{\Sigma}(x+y+z)dS$，其中 Σ 为球面 $x^2+y^2+z^2=a^2$ 上 $z\geqslant h\,(0<h<a)$ 的部分；

(3) $\iint\limits_{\Sigma}|xyz|dS$，其中 Σ 为 $x^2+y^2=z^2$ 被平面 $z=1$ 所割得的部分；

(4) $\iint\limits_{\Sigma}\left(2x+\frac{4}{3}y+z\right)dS$，其中 Σ 是平面 $\frac{x}{2}+\frac{y}{3}+\frac{z}{4}=1$ 在第一卦限的部分；

(5) $\iint\limits_{\Sigma}\frac{dS}{x^2+y^2+z^2}$，其中 Σ 是介于 $z=0$ 和 $z=h$ 之间的圆柱面 $x^2+y^2=R^2$.

23.求面密度为 $\mu(x,y,z)=\sqrt{x^2+y^2}$ 的圆锥面 $z=1-\sqrt{x^2+y^2}\,(0\leqslant z\leqslant 1)$ 的质量.

24.求锥面 $z=\sqrt{x^2+y^2}$ 被柱面 $z^2=2x$ 所截下部分的面积.

25.求平面 $x+y=1$ 上被坐标面与曲面 $z=xy$ 截下的在第一卦限部分的面积.

26.问：当 Σ 是 xOy 面内的一个闭区域时，曲面积分 $\iint\limits_{\Sigma}R(x,y,z)dxdy$ 与二重积分有何关系？

27.计算下列对坐标的曲面积分：

(1) $\iint\limits_{\Sigma}x^2y^2z\,dxdy$，其中 Σ 是球面 $x^2+y^2+z^2=R^2$ 的下半部分的下侧；

(2) $\iint\limits_{\Sigma}x\,dydz + y\,dxdz + z\,dxdy$，其中 Σ 为 $x^2+y^2+z^2=a^2\,(z\geqslant 0)$ 的上侧；

(3) $\iint\limits_{\Sigma}(z^2+x)\mathrm{d}y\mathrm{d}z-z\mathrm{d}x\mathrm{d}y$，其中 Σ 是 $z=\dfrac{1}{2}(x^2+y^2)$ 介于 $z=0$ 和 $z=2$ 之间部分的下侧；

(4) $\oiint\limits_{\Sigma}(x+y)\mathrm{d}y\mathrm{d}z+(y+z)\mathrm{d}z\mathrm{d}x+(z+x)\mathrm{d}x\mathrm{d}y$，其中 Σ 是以原点为中心、边长为2的立方体表面的外侧；

(5) $\oiint\limits_{\Sigma}x(y-z)\mathrm{d}y\mathrm{d}z+(z-x)\mathrm{d}z\mathrm{d}x+(x-y)\mathrm{d}x\mathrm{d}y$，其中 Σ 由 $z^2=x^2+y^2$ 与 $z=h$ 围成 $(h>0)$，取外侧；

(6) $\oiint\limits_{\Sigma}z\mathrm{d}x\mathrm{d}y$，其中 Σ 为椭球面 $\dfrac{x^2}{a^2}+\dfrac{y^2}{b^2}+\dfrac{z^2}{c^2}=1$ 的外侧.

28.把对坐标的曲面积分 $\iint\limits_{\Sigma}P(x,y,z)\mathrm{d}y\mathrm{d}z+Q(x,y,z)\mathrm{d}z\mathrm{d}x+R(x,y,z)\mathrm{d}x\mathrm{d}y$ 化为对面积的曲面积分,其中 Σ 是抛物面 $z=8-(x^2+y^2)$ 在 xOy 面上方部分的上侧.

29.利用高斯公式计算下列曲面积分：

(1) $\oiint\limits_{\Sigma}x^2\mathrm{d}y\mathrm{d}z+y^2\mathrm{d}x\mathrm{d}z+z^2\mathrm{d}x\mathrm{d}y$，其中 Σ 为平面 $x=0,y=0,z=0,x=a,y=a,z=a$ $(a>0)$ 所围成的几何体表面的外侧；

(2) $\oiint\limits_{\Sigma}(y^2-x)\mathrm{d}y\mathrm{d}z+(z^2-y)\mathrm{d}x\mathrm{d}z+(x^2-z)\mathrm{d}x\mathrm{d}y$，其中 Σ 为曲面 $z=2-x^2-y^2$ 与平面 $z=0$ 所围成的几何体表面的外侧；

(3) $\iint\limits_{\Sigma}(x^2\cos\alpha+y^2\cos\beta+z^2\cos\gamma)\mathrm{d}S$，其中 Σ 为锥面 $z^2=x^2+y^2$ 介于 $z=0$ 和 $z=h$ $(h>0)$ 之间部分的下侧，$\cos\alpha,\cos\beta,\cos\gamma$ 是 Σ 上点 (x,y,z) 处的单位法向量的方向余弦；

(4) $\oiint\limits_{\Sigma}2zx\mathrm{d}y\mathrm{d}z+y\mathrm{d}z\mathrm{d}x-z^2\mathrm{d}x\mathrm{d}y$，其中 Σ 为曲线 $z=\sqrt{x^2+y^2}$ 与 $z=\sqrt{2-x^2-y^2}$ 所围成的几何体表面的外侧；

(5) $\iint\limits_{\Sigma}(x^3+az^2)\mathrm{d}y\mathrm{d}z+(y^3+ax^2)\mathrm{d}z\mathrm{d}x+(z^3+ay^2)\mathrm{d}x\mathrm{d}y$，其中 Σ 是上半球面 $z=\sqrt{a^2-x^2-y^2}$ 的上侧.

30.计算曲面积分

$$I=\iint\limits_{\Sigma}x(8y+1)\mathrm{d}y\mathrm{d}z+2(1-y^2)\mathrm{d}z\mathrm{d}x-4yz\mathrm{d}x\mathrm{d}y,$$

其中 Σ 是由曲线 $\begin{cases}z=\sqrt{y-1},\\x=0,1\leqslant y\leqslant 3\end{cases}$ 绕 y 轴旋转一周而成的曲面,其法向量与 y 轴正向的夹角恒大于 $\dfrac{\pi}{2}$.

第 11 章

无穷级数

无穷级数是高等数学的一个重要组成部分,是表示和研究函数以及进行数值计算的重要数学工具.本章先讨论常数项级数的一些基本概念、性质及判定其敛散性的方法,然后讲述幂级数的基本性质及如何将函数展开成幂级数.

11.1 数项级数的概念与性质

11.1.1 常数项级数的概念

人们认识事物数量方面的特征,往往有一个由近似到精确的逼近过程. 在这个认识过程中,常会遇到由有限个数量相加转到无限个数量相加的问题.

例如,我国古代重要典籍《庄子》一书中有“一尺之锤,日取其半,万世不竭”的说法.从数学的角度上看,就是

$$\frac{1}{2}+\frac{1}{4}+\frac{1}{8}+\cdots+\frac{1}{2^n}+\cdots=1,$$

其前 n 项和 $\frac{1}{2}+\frac{1}{4}+\frac{1}{8}+\cdots+\frac{1}{2^n}$ 是有限项相加,是 1 的近似值.当 n 越大时,该值就越精确.当 $n\to\infty$ 时,和式中的项数无限增多,就出现了“无穷和”的问题.“无穷和”是通过“有限项和”的极限来解决的,该极限值就是无穷项和式的精确值.

定义 11.1.1 给定数列 $\{u_n\}$,由该数列的各项所构成的表达式 $u_1+u_2+\cdots+u_n+\cdots$ 称为常数项级数,记为 $\sum\limits_{n=1}^{\infty}u_n$,其中第 n 项 u_n 称为该级数的通项或一般项.

级数前 n 项之和

$$s_n=u_1+u_2+\cdots+u_n$$

称为该级数的前 n 项部分和. 当 n 依次取 1,2,3,… 时,它们构成一个新的数列

$$s_1=u_1, s_2=u_1+u_2, \cdots, s_n=u_1+u_2+\cdots+u_n, \cdots$$

这个数列 $\{s_n\}$ 称为级数的部分和数列.

定义 11.1.2 若级数 $\sum\limits_{n=1}^{\infty}u_n$ 的部分和数列 $\{s_n\}$ 有极限 s，即

$$\lim_{n\to\infty}s_n=s,$$

则称无穷级数 $\sum\limits_{n=1}^{\infty}u_n$ 收敛. 这时极限 s 称为该级数的和,并写为

$$s=\sum_{n=1}^{\infty}u_n=u_1+u_2+\cdots+u_n+\cdots$$

若数列 $\{s_n\}$ 没有极限,则称无穷级数 $\sum\limits_{n=1}^{\infty}u_n$ 发散.

显然,当级数 $\sum\limits_{n=1}^{\infty}u_n$ 收敛时,其部分和 s_n 是级数 $\sum\limits_{n=1}^{\infty}u_n$ 的和 s 的近似值,它们之间的差值

$$r_n=s-s_n=u_{n+1}+u_{n+2}+\cdots$$

称为级数 $\sum\limits_{n=1}^{\infty}u_n$ 的余项.用近似值 s_n 代替和 s 所产生的误差为 $|r_n|$.

注意 级数 $\sum\limits_{n=1}^{\infty}u_n$ 是否收敛,关键取决于其部分和数列 $\{s_n\}$ 当 $n\to\infty$ 时的极限是否存在.因此,级数 $\sum\limits_{n=1}^{\infty}u_n$ 与数列 $\{s_n\}$ 具有相同的敛散性.

例 11.1.1 讨论几何级数(又称等比级数) $\sum\limits_{n=0}^{\infty}aq^n=a+aq+aq^2+\cdots+aq^n+\cdots$ 的敛散性,其中 $a\neq 0$.

解 ①如果 $|q|=1$，则：

- 当 $q=1$ 时，$s_n=na$，$\lim\limits_{n\to\infty}s_n=\lim\limits_{n\to\infty}na=\infty$，因此级数 $\sum\limits_{n=0}^{\infty}aq^n$ 发散；
- 当 $q=-1$ 时,级数 $\sum\limits_{n=0}^{\infty}aq^n$ 成为 $a-a+a-a+\cdots$，由于 s_n 随着 n 为奇数或偶数而等于 a 或零,所以 s_n 的极限不存在,从而此时级数 $\sum\limits_{n=0}^{\infty}aq^n$ 也发散.

②如果 $|q|\neq 1$，则部分和

$$s_n=a+aq+aq^2+\cdots+aq^{n-1}=\frac{a-aq^n}{1-q}=\frac{a}{1-q}-\frac{aq^n}{1-q}.$$

- 当 $|q|<1$ 时,因为 $\lim\limits_{n\to\infty}s_n=\dfrac{a}{1-q}$，所以此时级数 $\sum\limits_{n=0}^{\infty}aq^n$ 收敛,其和为 $\dfrac{a}{1-q}$；
- 当 $|q|>1$ 时,因为 $\lim\limits_{n\to\infty}s_n=\infty$，所以此时级数 $\sum\limits_{n=0}^{\infty}aq^n$ 发散.

综上所述,几何级数 $\sum\limits_{n=0}^{\infty}aq^n$ 当 $|q|<1$ 时收敛,其和为 $\dfrac{a}{1-q}$；当 $|q|\geqslant 1$ 时发散.

例 11.1.2 证明级数 $1+2+3+\cdots+n+\cdots$ 是发散的.

证　此级数的部分和为 $s_n=1+2+3+\cdots+n=\dfrac{n(n+1)}{2}$，显然，$\lim\limits_{n\to\infty}s_n=\infty$，因此该级数是发散的.

例 11.1.3　判别级数 $\sum\limits_{n=1}^{\infty}(\sqrt{n+1}-\sqrt{n})$ 的敛散性.

解　因为

$$\begin{aligned}s_n&=\sum_{k=1}^{n}(\sqrt{k+1}-\sqrt{k})\\&=(\sqrt{2}-1)+(\sqrt{3}-\sqrt{2})+(\sqrt{4}-\sqrt{3})+\cdots+(\sqrt{n+1}-\sqrt{n})\\&=\sqrt{n+1}-1\to\infty\quad(n\to\infty),\end{aligned}$$

所以级数 $\sum\limits_{n=1}^{\infty}(\sqrt{n+1}-\sqrt{n})$ 发散.

例 11.1.4　判别无穷级数 $\dfrac{1}{1\cdot2}+\dfrac{1}{2\cdot3}+\dfrac{1}{3\cdot4}+\cdots+\dfrac{1}{n(n+1)}+\cdots$ 的敛散性.

解　由于

$$u_n=\frac{1}{n(n+1)}=\frac{1}{n}-\frac{1}{n+1},$$

因此

$$\begin{aligned}s_n&=\frac{1}{1\cdot2}+\frac{1}{2\cdot3}+\frac{1}{3\cdot4}+\cdots+\frac{1}{n(n+1)}\\&=\left(1-\frac{1}{2}\right)+\left(\frac{1}{2}-\frac{1}{3}\right)+\cdots+\left(\frac{1}{n}-\frac{1}{n+1}\right)\\&=1-\frac{1}{n+1}.\end{aligned}$$

从而 $\lim\limits_{n\to\infty}s_n=\lim\limits_{n\to\infty}\left(1-\dfrac{1}{n+1}\right)=1$，所以该级数收敛，它的和是 1.

11.1.2　常数项级数的性质

根据无穷级数收敛、发散以及和的概念，可以得出收敛级数的几个基本性质.

性质 11.1.1　如果 $\sum\limits_{n=1}^{\infty}u_n$ 收敛，和为 s，则 $\sum\limits_{n=1}^{\infty}ku_n$ 也收敛，且其和为 ks（其中 k 为常数）.

证　设 $\sum\limits_{n=1}^{\infty}u_n$ 与 $\sum\limits_{n=1}^{\infty}ku_n$ 的部分和分别为 s_n 与 n，则

$$\begin{aligned}\lim_{n\to\infty}\sigma_n&=\lim_{n\to\infty}(ku_1+ku_2+\cdots+ku_n)\\&=k\lim_{n\to\infty}(u_1+u_2+\cdots+u_n)=k\lim_{n\to\infty}s_n=ks.\end{aligned}$$

这表明级数 $\sum\limits_{n=1}^{\infty}ku_n$ 收敛，且和为 ks.

推论 1　如果 $\sum\limits_{n=1}^{\infty}u_n$ 发散，则 $\sum\limits_{n=1}^{\infty}ku_n$ 也发散（其中 k 为非零常数）.

由此可知，级数的每一项同乘以一个不为零的常数后，其敛散性不变.

性质 11.1.2 如果 $\sum\limits_{n=1}^{\infty} u_n$ 收敛，和为 s；$\sum\limits_{n=1}^{\infty} v_n$ 收敛，和为 σ，则 $\sum\limits_{n=1}^{\infty}(u_n \pm v_n)$ 也收敛，且其和为 $s \pm \sigma$.

证 设级数 $\sum\limits_{n=1}^{\infty} u_n, \sum\limits_{n=1}^{\infty} v_n, \sum\limits_{n=1}^{\infty}(u_n \pm v_n)$ 的部分和分别为 s_n, σ_n, τ_n，则

$$\begin{aligned}\lim_{n\to\infty} \tau_n &= \lim_{n\to\infty}[(u_1 \pm v_1)+(u_2 \pm v_2)+\cdots+(u_n \pm v_n)]\\ &= \lim_{n\to\infty}[(u_1+u_2+\cdots+u_n)\pm(v_1+v_2+\cdots+v_n)]\\ &= \lim_{n\to\infty}(s_n \pm \sigma_n) = s \pm \sigma.\end{aligned}$$

这表明级数 $\sum\limits_{n=1}^{\infty}(u_n \pm v_n)$ 收敛，且其和为 $s \pm \sigma$.

性质 11.1.2 也可表述为：两个收敛级数可以逐项相加或逐项相减.

推论 2 如果 $\sum\limits_{n=1}^{\infty} u_n$ 收敛，$\sum\limits_{n=1}^{\infty} v_n$ 发散，则 $\sum\limits_{n=1}^{\infty}(u_n \pm v_n)$ 发散.

注意 如果 $\sum\limits_{n=1}^{\infty} u_n$ 发散，$\sum\limits_{n=1}^{\infty} v_n$ 发散，则 $\sum\limits_{n=1}^{\infty}(u_n \pm v_n)$ 可能发散，也可能收敛.读者可以自己举例.

性质 11.1.3 在级数 $\sum\limits_{n=1}^{\infty} u_n$ 中去掉、加上或改变有限项，不会改变级数的敛散性.

证 这里只需证明“在级数的前面部分去掉或加上有限项，不会改变级数的敛散性”，因为其他情形都可看成在级数的前面部分先去掉有限项，然后再加上有限项的结果.

设将级数

$$u_1+u_2+\cdots+u_k+u_{k+1}+\cdots+u_{k+n}+\cdots$$

的前 k 项去掉，则得级数

$$u_{k+1}+u_{k+2}+\cdots+u_{k+n}+\cdots.$$

于是新得级数的部分和为

$$\sigma_n = u_{k+1}+u_{k+2}+\cdots+u_{k+n} = s_{k+n}-s_k,$$

其中，s_{k+n} 是原级数的前 $k+n$ 项和，s_k 是常数，故当 $n\to\infty$ 时，σ_n 与 s_{k+n} 要么都有极限，要么都没有极限.

类似地，可以证明在级数的前面加上有限项，不会改变级数的敛散性.

例如，级数 $\dfrac{1}{1\cdot 2}+\dfrac{1}{2\cdot 3}+\cdots+\dfrac{1}{n(n+1)}+\cdots$ 是收敛的.

级数 $\dfrac{1}{3\cdot 4}+\dfrac{1}{4\cdot 5}+\cdots+\dfrac{1}{n(n+1)}+\cdots$ 也是收敛的.

级数 $10\ 000+\dfrac{1}{1\cdot 2}+\dfrac{1}{2\cdot 3}+\dfrac{1}{3\cdot 4}+\cdots+\dfrac{1}{n(n+1)}+\cdots$ 也是收敛的.

性质 11.1.4 如果级数 $\sum\limits_{n=1}^{\infty} u_n$ 收敛，则对该级数的项任意合并（即加上括号）后所成的级数 $(u_1+u_2+\cdots+u_{n_1})+(u_{n_1+1}+\cdots+u_{n_2})+\cdots+(u_{n_{k-1}+1}+\cdots+u_{n_k})+\cdots$ 仍收敛，且其和

不变.

证　设级数 $\sum\limits_{n=1}^{\infty}u_n$ 的前 n 项部分和为 s_n，相应于新级数的前 k 项部分和为 A_k，则

$$A_1=u_1+u_2+\cdots+u_{n_1}=s_{n_1},$$
$$A_2=(u_1+u_2+\cdots+u_{n_1})+(u_{n_1+1}+\cdots+u_{n_2})=s_{n_2},$$
$$\cdots,$$
$$A_k=(u_1+u_2+\cdots+u_{n_1})+(u_{n_1+1}+\cdots+u_{n_2})+\cdots+(u_{n_{k-1}+1}+\cdots+u_{n_k})=s_{n_k},$$
$$\cdots$$

可见，数列 $\{A_k\}$ 是数列 $\{s_n\}$ 的一个子数列.而 $\{s_n\}$ 收敛，故子数列 $\{A_k\}$ 必收敛，且有

$$\lim_{k\to\infty}A_k=\lim_{n\to\infty}s_n,$$

即加括号后所成的新级数收敛，且其和不变.

注意　如果加括号后所成的级数收敛，则不能断定去括号后原来的级数也收敛.例如，级数 $(1-1)+(1-1)+\cdots$ 收敛于零，但级数 $1-1+1-1+\cdots$ 却是发散的.

推论 3　如果加括号后所成的级数发散，则原来的级数也发散.

性质 11.1.5（级数收敛的必要条件）　如果 $\sum\limits_{n=1}^{\infty}u_n$ 收敛，则它的通项 u_n 趋于零，即 $\lim\limits_{n\to0}u_n=0$.

证　设级数 $\sum\limits_{n=1}^{\infty}u_n$ 的部分和为 s_n，且 $\lim\limits_{n\to\infty}s_n=s$，则

$$\lim_{n\to\infty}u_n=\lim_{n\to\infty}(s_n-s_{n-1})=\lim_{n\to\infty}s_n-\lim_{n\to\infty}s_{n-1}=s-s=0.$$

推论 4　若级数 $\sum\limits_{n=1}^{\infty}u_n$ 的通项 u_n，当 $n\to\infty$ 时不趋于零，则此级数必发散.

注意　级数的一般项趋于零并不是级数收敛的充分条件. 例如在例 11.1.3 中，通项 u_n 趋于零，即

$$\lim_{n\to\infty}u_n=\lim_{n\to\infty}(\sqrt{n+1}-\sqrt{n})=0,$$

但该级数发散.

例 11.1.5　证明调和级数 $\sum\limits_{n=1}^{\infty}\frac{1}{n}=1+\frac{1}{2}+\frac{1}{3}+\cdots+\frac{1}{n}+\cdots$ 是发散的.

解　假若级数 $\sum\limits_{n=1}^{\infty}\frac{1}{n}$ 收敛且其和为 s，s_n 是该级数的部分和，显然有 $\lim\limits_{n\to\infty}s_n=s$ 及 $\lim\limits_{n\to\infty}s_{2n}=s$. 于是 $\lim\limits_{n\to\infty}(s_{2n}-s_n)=0$. 但另一方面，

$$s_{2n}-s_n=\frac{1}{n+1}+\frac{1}{n+2}+\cdots+\frac{1}{2n}>\frac{1}{2n}+\frac{1}{2n}+\cdots+\frac{1}{2n}=\frac{1}{2},$$

故 $\lim\limits_{n\to\infty}(s_{2n}-s_n)\neq0$，矛盾.这说明级数 $\sum\limits_{n=1}^{\infty}\frac{1}{n}$ 必定发散.

11.2 正项级数的判别法

定义 11.2.1 在级数 $\sum_{n=1}^{\infty} u_n$ 中,若通项 u_n 满足 $u_n \geqslant 0(n=1,2,\cdots)$,则级数 $\sum_{n=1}^{\infty} u_n$ 称为正项级数.

正项级数是常数项级数中比较特殊而又非常重要的一类,许多级数的敛散性问题都可归结为正项级数的敛散性问题.

定理 11.2.1 正项级数 $\sum_{n=1}^{\infty} u_n$ 收敛的充分必要条件是它的部分和数列 $\{s_n\}$ 有界.

证(充分性) 由于 $u_n \geqslant 0$,故正项级数 $\sum_{n=1}^{\infty} u_n$ 的部分和数列 $\{s_n\}$ 是一个单调递增数列,即 $s_{n+1}=s_n+u_{n+1} \geqslant s_n$. 又因数列 $\{s_n\}$ 有界,由极限存在的准则知 $\lim\limits_{n\to\infty} s_n$ 存在,从而 $\sum_{n=1}^{\infty} u_n$ 收敛.

证(必要性) 若 $\sum_{n=1}^{\infty} u_n$ 收敛,由级数收敛的定义知 $\lim\limits_{n\to\infty} s_n$ 存在,则数列 $\{s_n\}$ 必有界.

11.2.1 比较判别法

定理 11.2.2(比较判别法) 设 $\sum_{n=1}^{\infty} u_n$ 和 $\sum_{n=1}^{\infty} v_n$ 都是正项级数,且 $u_n \leqslant v_n(n=1, 2,\cdots)$,

(1)若 $\sum_{n=1}^{\infty} v_n$ 收敛,则 $\sum_{n=1}^{\infty} u_n$ 收敛;

(2)若 $\sum_{n=1}^{\infty} u_n$ 发散,则 $\sum_{n=1}^{\infty} v_n$ 发散.

证 (1)设级数 $\sum_{n=1}^{\infty} v_n$ 收敛于和 σ,则级数 $\sum_{n=1}^{\infty} u_n$ 的部分和

$$s_n=u_1+u_2+\cdots+u_n \leqslant v_1+v_2+\cdots+v_n \leqslant \sigma \quad (n=1,2,\cdots),$$

即部分和数列 $\{s_n\}$ 有界,由定理 11.2.1 知级数 $\sum_{n=1}^{\infty} u_n$ 收敛.

(2)是(1)的逆否命题,即(2)也成立.

推论 1 设 $\sum_{n=1}^{\infty} u_n$ 和 $\sum_{n=1}^{\infty} v_n$ 都是正项级数,如果级数 $\sum_{n=1}^{\infty} v_n$ 收敛,且存在正整数 N,使得当 $n \geqslant N$ 时有 $u_n \leqslant kv_n(k>0)$ 成立,则级数 $\sum_{n=1}^{\infty} u_n$ 收敛;如果级数 $\sum_{n=1}^{\infty} v_n$ 发散,且当 $n \geqslant N$ 时有 $u_n \geqslant kv_n(k>0)$ 成立,则级数 $\sum_{n=1}^{\infty} u_n$ 发散.

例 11.2.1 判定级数 $\sum\limits_{n=1}^{\infty}\frac{n}{2^n(n+1)}$ 的敛散性.

证 因为 $\frac{n}{2^n(n+1)}\leqslant\frac{1}{2^n}$，而级数 $\sum\limits_{n=1}^{\infty}\frac{1}{2^n}$ 是公比为 $\frac{1}{2}$ 的几何级数，且收敛，由比较判别法知，级数 $\sum\limits_{n=1}^{\infty}\frac{n}{2^n(n+1)}$ 收敛.

例 11.2.2 证明级数 $\sum\limits_{n=1}^{\infty}\frac{1}{\sqrt{n(n-1)}}$ 是发散的.

证 因为 $\frac{1}{\sqrt{n(n-1)}}>\frac{1}{\sqrt{n^2}}=\frac{1}{n}$，而调和级数 $\sum\limits_{n=1}^{\infty}\frac{1}{n}$ 是发散的，由比较判别法知级数 $\sum\limits_{n=1}^{\infty}\frac{1}{\sqrt{n(n-1)}}$ 也是发散的.

例 11.2.3 讨论 p 级数 $\sum\limits_{n=1}^{\infty}\frac{1}{n^p}=1+\frac{1}{2^p}+\frac{1}{3^p}+\cdots+\frac{1}{n^p}+\cdots$ 的敛散性，其中常数 $p>0$.

解 当 $p\leqslant 1$ 时，$\frac{1}{n^p}\geqslant\frac{1}{n}(n=1,2,\cdots)$，而调和级数 $\sum\limits_{n=1}^{\infty}\frac{1}{n}$ 发散，由比较判别法知，p 级数 $\sum\limits_{n=1}^{\infty}\frac{1}{n^p}$ 发散.

当 $p>1$ 时，取 $k-1\leqslant x\leqslant k$，则有 $\frac{1}{k^p}\leqslant\frac{1}{x^p}$，所以

$$\frac{1}{k^p}=\int_{k-1}^{k}\frac{1}{k^p}\mathrm{d}x\leqslant\int_{k-1}^{k}\frac{1}{x^p}\mathrm{d}x\quad(k=2,3,\cdots),$$

从而 p 级数的部分和

$$\begin{aligned}s_n&=1+\sum_{k=2}^{n}\frac{1}{k^p}\leqslant 1+\sum_{k=2}^{n}\int_{k-1}^{k}\frac{1}{x^p}\mathrm{d}x=1+\int_{1}^{n}\frac{1}{x^p}\mathrm{d}x\\&=1+\frac{1}{1-p}x^{1-p}\Big|_1^n=1+\frac{1}{p-1}\left(1-\frac{1}{n^{p-1}}\right)<1+\frac{1}{p-1},\end{aligned}$$

即 $\{s_n\}$ 有上界，由定理 11.2.1 知，p 级数 $\sum\limits_{n=1}^{\infty}\frac{1}{n^p}$ 收敛.

综上所述，p 级数 $\sum\limits_{n=1}^{\infty}\frac{1}{n^p}$ 当 $p>1$ 时收敛，当 $p\leqslant 1$ 时发散.

推论 2（比较判别法的极限形式） 设 $\sum\limits_{n=1}^{\infty}u_n$ 和 $\sum\limits_{n=1}^{\infty}v_n$ 都是正项级数，且有 $\lim\limits_{n\to\infty}\frac{u_n}{v_n}=l$，

(1)若 $0<l<+\infty$，则级数 $\sum\limits_{n=1}^{\infty}u_n$ 和 $\sum\limits_{n=1}^{\infty}v_n$ 同时收敛或同时发散；

(2)若 $l=0$，且 $\sum\limits_{n=1}^{\infty}v_n$ 收敛，则 $\sum\limits_{n=1}^{\infty}u_n$ 也收敛；

(3)若 $l=+\infty$，且 $\sum\limits_{n=1}^{\infty}v_n$ 发散，则 $\sum\limits_{n=1}^{\infty}u_n$ 也发散.

证 (1)由极限定义,对于 $\varepsilon=\frac{l}{2}$,存在正整数 N,使得当 $n>N$ 时,有

$$\left|\frac{u_n}{v_n}-l\right|\leqslant\frac{l}{2},$$

即

$$l-\frac{l}{2}<\frac{u_n}{v_n}<l+\frac{l}{2},$$

故

$$\frac{l}{2}v_n<u_n<\frac{3l}{2}v_n,$$

再由推论 1 可得证.

对于(2)和(3)类似可证.

极限形式的比较判别法,在两个正项级数的一般项均趋于零的情况下,其实就是比较它们的一般项作为无穷小量的阶. 特别地,推论 2 进一步表明:当 $n\to\infty$ 时,若 u_n 与 v_n 是同阶无穷小量,则级数 $\sum\limits_{n=1}^{\infty}u_n$ 和 $\sum\limits_{n=1}^{\infty}v_n$ 同时收敛或同时发散;当 $n\to\infty$ 时,若 u_n 是 v_n 高阶的无穷小量,级数 $\sum\limits_{n=1}^{\infty}v_n$ 收敛,则级数 $\sum\limits_{n=1}^{\infty}u_n$ 也收敛;若 u_n 是 v_n 低阶的无穷小量,级数 $\sum\limits_{n=1}^{\infty}v_n$ 发散,则级数 $\sum\limits_{n=1}^{\infty}u_n$ 也发散.

例 11.2.4 判别级数 $\sum\limits_{n=1}^{\infty}\sin\frac{1}{n}$ 的敛散性.

解 因为 $\lim\limits_{n\to\infty}\frac{\sin\frac{1}{n}}{\frac{1}{n}}=1$,而级数 $\sum\limits_{n=1}^{\infty}\frac{1}{n}$ 发散,根据比较判别法的极限形式,级数 $\sum\limits_{n=1}^{\infty}\sin\frac{1}{n}$ 发散.

例 11.2.5 判别级数 $\sum\limits_{n=1}^{\infty}\ln\left(1+\frac{1}{n^2}\right)$ 的敛散性.

解 因为 $\lim\limits_{n\to\infty}\frac{\ln\left(1+\frac{1}{n^2}\right)}{\frac{1}{n^2}}=1$,而级数 $\sum\limits_{n=1}^{\infty}\frac{1}{n^2}$ 收敛,根据比较判别法的极限形式,级数 $\sum\limits_{n=1}^{\infty}\ln\left(1+\frac{1}{n^2}\right)$ 收敛.

在用比较判别法进行判别时,需要适当选取一个已知其收敛性的级数 $\sum\limits_{n=1}^{\infty}v_n$ 作为比较的基准. 最常选用作为基准级数的是等比级数和 p 级数.

将所给正项级数与 p 级数比较,便得到在使用上较为方便的极限判别法.

推论 3(极限判别法) 设 $\sum\limits_{n=1}^{\infty}u_n$ 为正项级数,

(1)如果 $\lim\limits_{n\to\infty} nu_n = l > 0$(或 $\lim\limits_{n\to\infty} nu_n = +\infty$),则级数 $\sum\limits_{n=1}^{\infty} u_n$ 发散;

(2)如果 $p > 1$,而 $\lim\limits_{n\to\infty} n^p u_n = l(0 \leqslant l < +\infty)$,则级数 $\sum\limits_{n=1}^{\infty} u_n$ 收敛.

证 (1)在极限形式的比较判别法中,取 $v_n = \dfrac{1}{n}$,由调和级数 $\sum\limits_{n=1}^{\infty} \dfrac{1}{n}$ 发散知结论成立.

(2)在极限形式的比较判别法中,取 $v_n = \dfrac{1}{n^p}$,当 $p > 1$ 时,p 级数 $\sum\limits_{n=1}^{\infty} \dfrac{1}{n^p}$ 收敛,故结论成立.

例 11.2.6 判别级数 $\sum\limits_{n=1}^{\infty} \ln\left(1 + \dfrac{1}{n^2}\right)$ 的敛散性.

解 因为 $\ln\left(1 + \dfrac{1}{n^2}\right) \sim \dfrac{1}{n^2}(n \to \infty)$,故

$$\lim_{n\to\infty} n^2 u_n = \lim_{n\to\infty} n^2 \ln\left(1 + \frac{1}{n^2}\right) = \lim_{n\to\infty} n^2 \cdot \frac{1}{n^2} = 1,$$

根据极限判别法知所给级数收敛.

例 11.2.7 判别级数 $\sum\limits_{n=1}^{\infty} \sqrt{n}\left(1 - \cos\dfrac{\pi}{n}\right)$ 的敛散性.

解 因为 $\sqrt{n}\left(1 - \cos\dfrac{\pi}{n}\right) \sim \sqrt{n}\,\dfrac{1}{2}\left(\dfrac{\pi}{n}\right)^2 = \dfrac{1}{2}\,\dfrac{\pi^2}{n^{\frac{3}{2}}}$,故

$$\lim_{n\to\infty} n^{\frac{3}{2}} \sqrt{n}\left(1 - \cos\frac{\pi}{n}\right) = \frac{1}{2}\pi^2,$$

根据极限判别法知所给级数收敛.

11.2.2 根值判别法

定理 11.2.3(根值判别法) 设 $\sum\limits_{n=1}^{\infty} u_n$ 是正项级数,如果 $\lim\limits_{n\to\infty} \sqrt[n]{u_n} = \rho$,则:

(1)当 $\rho < 1$ 时,级数收敛;

(2)当 $\rho > 1$(或为 $+\infty$)时,级数发散;

(3)当 $\rho = 1$ 时,级数可能收敛,也可能发散.

证 (1)当 $\rho < 1$ 时,取 q 满足 $\rho < q < 1$,可知存在 N,对一切 $n > N$,

$$\sqrt[n]{u_n} < q$$

成立,从而

$$u_n < q^n, \quad 0 < q < 1,$$

根据比较判别法知级数 $\sum\limits_{n=1}^{\infty} u_n$ 收敛.

(2)当 $\rho > 1$ 时,可知存在无穷多个 n 满足 $\sqrt[n]{u_n} > 1$,这说明数列 $\{u_n\}$ 不是无穷小量,

从而级数 $\sum\limits_{n=1}^{\infty} u_n$ 发散.

(3)当 $\rho=1$ 时,级数可能收敛,也可能发散.例如对于收敛级数 $\sum\limits_{n=1}^{\infty}\dfrac{1}{n^2}$ 有 $\rho=\sqrt[n]{\dfrac{1}{n^2}}=1$,而发散级数 $\sum\limits_{n=1}^{\infty}\dfrac{1}{n}$ 也有 $\rho=\sqrt[n]{\dfrac{1}{n}}=1$. 因此根据 $\rho=1$ 不能判断级数的敛散性.

例 11.2.8　证明:级数 $1+\dfrac{1}{2^2}+\dfrac{1}{3^3}+\cdots+\dfrac{1}{n^n}+\cdots$ 是收敛的.

证　因为 $\lim\limits_{n\to\infty}\sqrt[n]{u_n}=\lim\limits_{n\to\infty}\sqrt[n]{\dfrac{1}{n^n}}=\lim\limits_{n\to\infty}\dfrac{1}{n}=0$, 由根值判别法知所给级数收敛.

例 11.2.9　判别级数 $\sum\limits_{n=1}^{\infty}\dfrac{2+(-1)^n}{2^n}$ 的敛散性.

解　因为 $\lim\limits_{n\to\infty}\sqrt[n]{u_n}=\lim\limits_{n\to\infty}\dfrac{1}{2}\sqrt[n]{2+(-1)^n}=\dfrac{1}{2}$, 由根值判别法知所给级数收敛.

11.2.3　比值判别法

定理 11.2.4(比值判别法)　若正项级数 $\sum\limits_{n=1}^{\infty}u_n$ 的后项与前项之比值的极限等于 ρ, 即 $\lim\limits_{n\to\infty}\dfrac{u_{n+1}}{u_n}=\rho$, 则:

(1)当 $\rho<1$ 时,级数收敛;

(2)当 $\rho>1$(或为 $+\infty$)时,级数发散;

(3)当 $\rho=1$ 时,级数可能收敛,也可能发散.

证　(1)当 $\rho<1$ 时, 取一个适当小的正数 ε, 使 $\rho+\varepsilon=\gamma<1$, 根据极限定义,存在正整数 m,当 $n\geqslant m$ 时,有

$$\frac{u_{n+1}}{u_n}<\rho+\varepsilon=\gamma,$$

因此

$$u_{m+1}<\gamma u_m,u_{m+2}<\gamma u_{m+1}<\gamma^2u_m,\cdots,u_{m+k}<\gamma u_{m+k-1}<\gamma^k u_m,\cdots$$

这样,级数 $u_{m+1}+u_{m+2}+u_{m+3}+\cdots$ 的各项小于收敛的等比级数 $\gamma u_m+\gamma^2u_m+\gamma^3u_m+\cdots(\gamma<1)$ 的各对应项,所以 $\sum\limits_{n=m+1}^{\infty}u_n$ 也收敛. 由于 $\sum\limits_{n=1}^{\infty}u_n$ 只比 $\sum\limits_{n=m+1}^{\infty}u_n$ 多了前 m 项,因此 $\sum\limits_{n=1}^{\infty}u_n$ 也收敛.

(2)当 $\rho>1$ 时, 取一个适当小的正数 ε, 使 $\rho-\varepsilon>1$, 根据极限定义,当 $n\geqslant m$ 时,有

$$\frac{u_{n+1}}{u_n}>\rho-\varepsilon>1,$$

即

$$u_{n+1}>u_n,$$

这说明:当 $n\geqslant m$ 时, 级数的一般项是逐渐增大的,从而 $\lim\limits_{n\to\infty}u_n\neq 0$, 可知 $\sum\limits_{n=1}^{\infty}u_n$ 发散.

类似可证，当 $\lim\limits_{n\to\infty}\dfrac{u_{n+1}}{u_n}=\infty$ 时，$\sum\limits_{n=1}^{\infty}u_n$ 发散.

(3)当 $\rho=1$ 时，由 p 级数可知结论正确.

例 11.2.10 判别级数 $\sum\limits_{n=1}^{\infty}\dfrac{2^n\cdot n!}{n^n}$ 的敛散性.

解 因为

$$\frac{u_{n+1}}{u_n}=\frac{2^{n+1}\cdot(n+1)!}{(n+1)^{n+1}}\cdot\frac{n^n}{2^n\cdot n!}=2\cdot\left(\frac{n}{n+1}\right)^n=2\cdot\frac{1}{\left(1+\frac{1}{n}\right)^n},$$

所以

$$\lim_{n\to\infty}\frac{u_{n+1}}{u_n}=\lim_{n\to\infty}\frac{2}{\left(1+\frac{1}{n}\right)^n}=\frac{2}{\mathrm{e}}<1.$$

由比值判别法知所给级数收敛.

例 11.2.11 判别级数 $\dfrac{1}{10}+\dfrac{1\cdot 2}{10^2}+\dfrac{1\cdot 2\cdot 3}{10^3}+\cdots+\dfrac{n!}{10^n}+\cdots$ 的敛散性.

解 因为 $\lim\limits_{n\to\infty}\dfrac{u_{n+1}}{u_n}=\lim\limits_{n\to\infty}\dfrac{(n+1)!}{10^{n+1}}\cdot\dfrac{10^n}{n!}=\lim\limits_{n\to\infty}\dfrac{n+1}{10}=\infty$，由比值判别法知所给级数发散.

11.3 任意项级数

11.3.1 交错级数及其判别法

定义 11.3.1 在常数项级数 $\sum\limits_{n=1}^{\infty}u_n$ 中，若通项 u_n 为任意实数，则称 $\sum\limits_{n=1}^{\infty}u_n$ 为任意项级数；若级数 $\sum\limits_{n=1}^{\infty}u_n$ 的各项符号正负交错，则称其为交错级数.

交错级数的一般形式为

$$\sum_{n=1}^{\infty}(-1)^{n-1}u_n=u_1-u_2+u_3-u_4+\cdots+(-1)^{n-1}u_n+\cdots,$$

或

$$\sum_{n=1}^{\infty}(-1)^{n}u_n=-u_1+u_2-u_3+u_4+\cdots+(-1)^{n}u_n+\cdots,$$

其中 $u_n>0(n=1,2,\cdots)$.

例如，$\sum\limits_{n=1}^{\infty}(-1)^{n-1}\dfrac{1}{n}$ 是交错级数，$\sum\limits_{n=1}^{\infty}(-1)^{n-1}\dfrac{1-\cos n\pi}{n}$ 不是交错级数.

对于交错级数，给出下面一个重要的判别法.

定理 11.3.1(莱布尼茨判别法) 若交错级数 $\sum_{n=1}^{\infty}(-1)^{n-1}u_n$ 满足条件：

(1) $u_n \geqslant u_{n+1}(n=1,2,3,\cdots)$；

(2) $\lim_{n\to\infty} u_n=0$，

则级数 $\sum_{n=1}^{\infty}(-1)^{n-1}u_n$ 收敛，且其和 $s\leqslant u_1$，其余项 r_n 的绝对值 $|r_n|\leqslant u_{n+1}$.

证 设级数 $\sum_{n=1}^{\infty}(-1)^{n-1}u_n$ 前 $2n$ 项部分和为 s_{2n}，则

$$s_{2n}=(u_1-u_2)+(u_3-u_4)+\cdots+(u_{2n-1}-u_{2n}).$$

由 $u_n\geqslant u_{n+1}$ 知上式括号中的差值都是非负的，所以 $\{s_{2n}\}$ 为单调递增的数列，且 $s_{2n}\geqslant 0$. 又因为

$$s_{2n}=u_1-(u_2-u_3)-(u_4-u_5)-\cdots-(u_{2n-2}-u_{2n-1})-u_{2n}\leqslant u_1,$$

由极限存在的准则知，$\lim_{n\to\infty}s_{2n}$ 存在且不超过 u_1，即 $\lim_{n\to\infty}s_{2n}=s\leqslant u_1$. 而前 $2n+1$ 项部分和 $s_{2n+1}=s_{2n}+u_{2n+1}$，且 $\lim_{n\to\infty}u_n=0$，所以

$$\lim_{n\to\infty}s_{2n+1}=\lim_{n\to\infty}(s_{2n}+u_{2n+1})=s.$$

由于级数的前偶数项之和与奇数项之和有相同的极限，所以 $\lim_{n\to\infty}s_n=s$，从而级数 $\sum_{n=1}^{\infty}(-1)^{n-1}u_n$ 是收敛的，且其和 $s\leqslant u_1$.

而 $r_n=\pm(u_{n+1}-u_{n+2}+\cdots)$，$|r_n|=u_{n+1}-u_{n+2}+\cdots$，所以 $|r_n|$ 也是交错级数，且满足定理 11.3.1 中的条件，故 $|r_n|$ 必收敛，且其和不超过首项 u_{n+1}，即 $|r_n|\leqslant u_{n+1}$.

例 11.3.1 证明级数 $\sum_{n=1}^{\infty}(-1)^{n-1}\frac{1}{n}$ 收敛，并估计其和及余项.

证 这是一个交错级数.它满足

$$u_n=\frac{1}{n}\geqslant u_{n+1}=\frac{1}{n+1}\quad(n=1,2,3,\cdots),$$

$$\lim_{n\to\infty}u_n=\lim_{n\to\infty}\frac{1}{n}=0.$$

由莱布尼茨判别法知，该级数是收敛的，且其和 $s\leqslant u_1=1$，余项 $|r_n|\leqslant u_{n+1}=\frac{1}{n+1}$.

11.3.2 绝对收敛与条件收敛的概念

对任意项级数 $\sum_{n=1}^{\infty}u_n$ 中的各项 u_n 都取绝对值，得正项级数 $\sum_{n=1}^{\infty}|u_n|$.

定义 11.3.2 若级数 $\sum_{n=1}^{\infty}|u_n|$ 收敛，则称级数 $\sum_{n=1}^{\infty}u_n$ 绝对收敛；若级数 $\sum_{n=1}^{\infty}u_n$ 收敛，而级数 $\sum_{n=1}^{\infty}|u_n|$ 发散，则称级数 $\sum_{n=1}^{\infty}u_n$ 条件收敛.

例如，级数 $\sum_{n=1}^{\infty}(-1)^{n-1}\frac{1}{n^2}$ 是绝对收敛的，而级数 $\sum_{n=1}^{\infty}(-1)^{n-1}\frac{1}{n}$ 是条件收敛的.

任意项级数 $\sum_{n=1}^{\infty}u_n$ 的敛散性与正项级数 $\sum_{n=1}^{\infty}|u_n|$ 的敛散性有如下关系.

定理 11.3.2 若正项级数 $\sum_{n=1}^{\infty}|u_n|$ 收敛，则任意项级数 $\sum_{n=1}^{\infty}u_n$ 必收敛.

证 令 $v_n=\frac{1}{2}(u_n+|u_n|)$，则 $v_n\geqslant 0$，即 $\sum_{n=1}^{\infty}v_n$ 为正项级数，且 $v_n\leqslant|u_n|(n=1,2,\cdots)$. 因为级数 $\sum_{n=1}^{\infty}|u_n|$ 收敛，由比较判别法知 $\sum_{n=1}^{\infty}v_n$ 收敛.而 $u_n=2v_n-|u_n|(n=1,2,\cdots)$，且级数 $\sum_{n=1}^{\infty}v_n$ 和 $\sum_{n=1}^{\infty}|u_n|$ 都收敛，由收敛级数的性质知，级数 $\sum_{n=1}^{\infty}u_n$ 收敛.

定理 11.3.2 说明，对于任意项级数 $\sum_{n=1}^{\infty}u_n$，如果用正项级数的判别法判定级数 $\sum_{n=1}^{\infty}|u_n|$ 收敛，则此级数收敛. 这使得一大类级数的敛散性问题转化为正项级数的敛散性问题.

注意 ①如果级数 $\sum_{n=1}^{\infty}|u_n|$ 发散，则不能断定级数 $\sum_{n=1}^{\infty}u_n$ 也发散. 但是，如果用比值法或根值法判定级数 $\sum_{n=1}^{\infty}|u_n|$ 发散，则可以断定级数 $\sum_{n=1}^{\infty}u_n$ 必定发散. 这是因为，此时 $|u_n|$ 不趋于零，从而 u_n 也不趋于零，因此级数 $\sum_{n=1}^{\infty}u_n$ 也发散.

②定理 11.3.2 的逆命题不成立，即由级数 $\sum_{n=1}^{\infty}u_n$ 收敛推不出级数 $\sum_{n=1}^{\infty}|u_n|$ 收敛.如 $\sum_{n=1}^{\infty}(-1)^{n-1}\frac{1}{n}$ 是收敛的，但级数各项取绝对值后为调和级数，却是发散的.

例 11.3.2 判别级数 $\sum_{n=1}^{\infty}\frac{\sin na}{n^2}$ 的敛散性.

解 因为 $\left|\frac{\sin na}{n^2}\right|\leqslant\frac{1}{n^2}$，且级数 $\sum_{n=1}^{\infty}\frac{1}{n^2}$ 是收敛的，所以级数 $\sum_{n=1}^{\infty}\left|\frac{\sin na}{n^2}\right|$ 也收敛，从而级数 $\sum_{n=1}^{\infty}\frac{\sin na}{n^2}$ 绝对收敛.

例 11.3.3 判别级数 $\sum_{n=1}^{\infty}(-1)^{n-1}\frac{2^n}{2n+1}$ 的敛散性.

解 因为 $\lim\limits_{n\to\infty}\left|\frac{u_{n+1}}{u_n}\right|=\lim\limits_{n\to\infty}\frac{2^{n+1}}{2n+3}\cdot\frac{2n+1}{2^n}=2>1$，所以级数是发散的.

绝对收敛级数有很多性质是条件收敛所没有的，下面直接给出关于绝对收敛的两个性质供读者了解.

性质 11.3.1（绝对收敛级数具有可交换性） 若正项级数 $\sum_{n=1}^{\infty}|u_n|$ 收敛，则任意项级数

$\sum_{n=1}^{\infty}u_n$ 必绝对收敛,级数经改变项的位置后所构成的级数也收敛,且与原级数有相同的和.

性质 11.3.2 若级数 $\sum_{n=1}^{\infty}v_n$ 和 $\sum_{n=1}^{\infty}u_n$ 都绝对收敛,其和分别为 s 和 σ,则它们的乘积

$$u_1v_1+(u_1v_2+u_2v_1)+\cdots+(u_1v_n+u_2v_{n-1}+\cdots+u_nv_1)+\cdots$$

也绝对收敛,且和为 $s\sigma$.

11.4 幂级数

11.4.1 函数项级数的概念

前几节讨论的都是常数项级数及其收敛性,本节开始研究各项都是定义在某区间 I 上的函数的级数.

定义 11.4.1 给定一个定义在区间 I 上的函数列 $\{u_n(x)\}$,由该函数列各项所构成的表达式

$$u_1(x)+u_2(x)+u_3(x)+\cdots+u_n(x)+\cdots$$

称为定义在区间 I 上的函数项级数,记为 $\sum_{n=1}^{\infty}u_n(x)$.

当给变量 x 以确定的值 $x=x_0(x_0\in I)$ 时,函数项级数 $\sum_{n=1}^{\infty}u_n(x)$ 就变成一个常数项级数 $\sum_{n=1}^{\infty}u_n(x_0)$.

定义 11.4.2 对于区间 I 内的某一定点 x_0,

(1)若常数项级数 $\sum_{n=1}^{\infty}u_n(x_0)$ 收敛,则称点 x_0 是级数 $\sum_{n=1}^{\infty}u_n(x)$ 的收敛点;

(2)若常数项级数 $\sum_{n=1}^{\infty}u_n(x_0)$ 发散,则称点 x_0 是级数 $\sum_{n=1}^{\infty}u_n(x)$ 的发散点.

函数项级数 $\sum_{n=1}^{\infty}u_n(x)$ 的所有收敛点的全体称为它的收敛域;所有发散点的全体称为它的发散域. 对应于收敛域内的任意一个数 x,函数项级数成为一收敛的常数项级数,因而有一确定的和 s. 这样,在收敛域上,函数项级数 $\sum_{n=1}^{\infty}u_n(x)$ 的和是 x 的函数,记为 $s(x)$,称 $s(x)$ 为函数项级数 $\sum_{n=1}^{\infty}u_n(x)$ 的和函数,并写为

$$s(x)=\sum_{n=1}^{\infty}u_n(x).$$

和函数 $s(x)$ 的定义域就是函数项级数 $\sum_{n=1}^{\infty}u_n(x)$ 的收敛域.

函数项级数 $\sum_{n=1}^{\infty}u_n(x)$ 的前 n 项部分和记作 $s_n(x)$，即

$$s_n(x)=u_1(x)+u_2(x)+\cdots+u_n(x).$$

在收敛域上有

$$\lim_{n\to\infty}s_n(x)=s(x).$$

和函数 $s(x)$ 与部分和 $s_n(x)$ 的差 $s(x)-s_n(x)$ 称为函数项级数 $\sum_{n=1}^{\infty}u_n(x)$ 的余项，记为 $r_n(x)$. 在收敛域上有

$$\lim_{n\to\infty}r_n(x)=0.$$

例如，函数项级数 $1+x+x^2+\cdots+x^n+\cdots$ 可以看成是公比为 x 的几何级数. 当 $|x|<1$ 时，它是收敛的；当 $|x|\geqslant 1$ 时，它是发散的. 因此它的收敛域为 $(-1,1)$，在收敛域内有和函数 $\dfrac{1}{1-x}=1+x+x^2+x^3+\cdots+x^n+\cdots$.

11.4.2　幂级数及其收敛域

定义 11.4.3　当函数项级数的各项都是幂函数，即 $u_n(x)=a_nx^n(n=0,1,2,\cdots)$ 时，级数

$$a_0+a_1x+a_2x^2+\cdots+a_nx^n+\cdots \tag{11.4.1}$$

称为 x 的幂级数，记为 $\sum_{n=0}^{\infty}a_nx^n$，其中常数 $a_n(n=0,1,2,\cdots)$ 称为 x 的幂级数的系数.

幂级数是函数项级数中简单而常见的一类，其一般形式为

$$\sum_{n=0}^{\infty}a_n(x-x_0)^n=a_0+a_1(x-x_0)+a_2(x-x_0)^2+\cdots+a_n(x-x_0)^n+\cdots, \tag{11.4.2}$$

作变换 $t=x-x_0$，幂级数式(11.4.2)就转换成幂级数式(11.4.1)，称为 $x-x_0$ 的幂级数，故在以下的讨论中，只研究幂级数式(11.4.1)的敛散性及其在收敛域上的性质.

定理 11.4.1　若幂级数 $\sum_{n=0}^{\infty}a_nx^n$ 的系数满足 $\lim_{n\to\infty}\left|\dfrac{a_{n+1}}{a_n}\right|=\rho$，则：

(1)若 $0<\rho<+\infty$，则当 $|x|<\dfrac{1}{\rho}$ 时，幂级数 $\sum_{n=0}^{\infty}a_nx^n$ 绝对收敛；当 $|x|>\dfrac{1}{\rho}$ 时，幂级数 $\sum_{n=0}^{\infty}a_nx^n$ 发散.

(2)若 $\rho=0$，则对任意 x，幂级数 $\sum_{n=0}^{\infty}a_nx^n$ 绝对收敛.

(3)若 $\rho=+\infty$，则幂级数 $\sum_{n=0}^{\infty}a_nx^n$ 仅在 $x=0$ 处收敛.

证　作正项级数 $\sum_{n=0}^{\infty}|a_nx^n|$，则

$$\lim_{n\to\infty}\left|\frac{a_{n+1}x^{n+1}}{a_nx^n}\right|=\lim_{n\to\infty}\left|\frac{a_{n+1}}{a_n}\right|\cdot|x|=\rho|x|.$$

(1)若 $0<\rho<+\infty$，则当 $|x|<\frac{1}{\rho}$ 时，$\rho|x|<1$，故幂级数 $\sum_{n=0}^{\infty}a_nx^n$ 绝对收敛；当 $|x|>\frac{1}{\rho}$ 时，有 $\rho|x|>1$，故幂级数 $\sum_{n=0}^{\infty}a_nx^n$ 发散.

(2)若 $\rho=0$，则对任意的 x 都有 $\rho|x|=0<1$，故幂级数 $\sum_{n=0}^{\infty}a_nx^n$ 对任意的 x 都绝对收敛.

(3)若 $\rho=+\infty$，则当 $x=0$ 时，有 $\rho|x|=0$，故幂级数 $\sum_{n=0}^{\infty}a_nx^n$ 收敛；当 $x\neq0$ 时，有 $\rho|x|=+\infty$，幂级数 $\sum_{n=0}^{\infty}a_nx^n$ 发散.

定理11.4.1说明，当 $0<\rho<+\infty$ 时，幂级数在开区间 $\left(-\frac{1}{\rho},\frac{1}{\rho}\right)$ 上绝对收敛，在 $\left(-\infty,-\frac{1}{\rho}\right)\cup\left(\frac{1}{\rho},+\infty\right)$ 上发散，在点 $x=\pm\frac{1}{\rho}$ 处的敛散性有待讨论.

若令 $R=\frac{1}{\rho}$，称 R 为幂级数 $\sum_{n=0}^{\infty}a_nx^n$ 的收敛半径，开区间 $(-R,R)$ 称为幂级数的收敛区间，且规定当 $\rho=0$ 时 $R=+\infty$，当 $\rho=+\infty$ 时 $R=0$，因此，若幂级数 $\sum_{n=0}^{\infty}a_nx^n$ 的系数满足 $\lim_{n\to\infty}\left|\frac{a_{n+1}}{a_n}\right|=\rho$，则其收敛半径为

$$R=\begin{cases}\frac{1}{\rho}, & 0<\rho<+\infty,\\ +\infty, & \rho=0,\\ 0, & \rho=+\infty.\end{cases}$$

例 11.4.1 求幂级数 $\sum_{n=1}^{\infty}(-1)^{n-1}\frac{x^n}{n}=x-\frac{x^2}{2}+\frac{x^3}{3}-\cdots+(-1)^{n-1}\frac{x^n}{n}+\cdots$ 的收敛半径与收敛域.

解 因为 $\rho=\lim_{n\to\infty}\left|\frac{a_{n+1}}{a_n}\right|=\lim_{n\to\infty}\frac{n}{n+1}=1$，所以收敛半径 $R=\frac{1}{\rho}=1$.

当 $x=1$ 时，幂级数成为 $\sum_{n=1}^{\infty}(-1)^{n-1}\frac{1}{n}$，是收敛的；

当 $x=-1$ 时，幂级数成为 $\sum_{n=1}^{\infty}\left(-\frac{1}{n}\right)$，是发散的.

因此，收敛域为 $(-1,1]$.

例 11.4.2 求幂级数 $\sum_{n=0}^{\infty}\frac{1}{n!}x^n=1+x+\frac{1}{2!}x^2+\frac{1}{3!}x^3+\cdots+\frac{1}{n!}x^n+\cdots$ 的收敛域.

解　因为 $\rho=\lim\limits_{n\to\infty}\left|\dfrac{a_{n+1}}{a_n}\right|=\lim\limits_{n\to\infty}\dfrac{n!}{(n+1)!}=0$，所以收敛半径 $R=+\infty$，从而收敛域为 $(-\infty,+\infty)$.

例 11.4.3　求幂级数 $\sum\limits_{n=1}^{\infty}(-nx)^n$ 的收敛域.

解　因为 $\rho=\lim\limits_{n\to\infty}\sqrt[n]{|a_n|}=\lim\limits_{n\to\infty}n=+\infty$，所以收敛半径 $R=0$，级数只在 $x=0$ 处收敛.

例 11.4.4　求幂级数 $\sum\limits_{n=1}^{\infty}\dfrac{(x-1)^n}{2^n n}$ 的收敛域.

解　令 $t=x-1$，所求级数变为 $\sum\limits_{n=1}^{\infty}\dfrac{t^n}{2^n n}$. 因为 $\rho=\lim\limits_{n\to\infty}\left|\dfrac{a_{n+1}}{a_n}\right|=\lim\limits_{n\to\infty}\dfrac{2^n\cdot n}{2^{n+1}\cdot(n+1)}=\dfrac{1}{2}$，所以收敛半径 $R=2$.

当 $t=2$ 时，级数变为 $\sum\limits_{n=1}^{\infty}\dfrac{1}{n}$，此级数发散；当 $t=-2$ 时，级数变为 $\sum\limits_{n=1}^{\infty}\dfrac{(-1)^n}{n}$，此级数收敛.因此级数 $\sum\limits_{n=1}^{\infty}\dfrac{t^n}{2^n n}$ 的收敛域为 $-2\leqslant t<2$，即 $-1\leqslant x<3$，所以原级数的收敛域为 $[-1,3)$.

例 11.4.5　求幂级数 $\sum\limits_{n=1}^{\infty}\dfrac{2n-1}{2^n}x^{2n-2}$ 的收敛域.

解　因为该级数中只出现 x 的偶次幂，所以不能直接用定理 11.4.1 来求 R. 可设 $u_n=\dfrac{2n-1}{2^n}x^{2n-2}$，由比值判别法，有

$$\lim_{n\to\infty}\left|\frac{u_{n+1}(x)}{u_n(x)}\right|=\lim_{n\to\infty}\left|\frac{\dfrac{2n+1}{2^{n+1}}x^{2n}}{\dfrac{2n-1}{2^n}x^{2n-2}}\right|=\frac{x^2}{2},$$

当 $\dfrac{x^2}{2}<1$，即 $|x|<\sqrt{2}$ 时，幂级数绝对收敛；

当 $\dfrac{x^2}{2}>1$，即 $|x|>\sqrt{2}$ 时，幂级数发散，故 $R=\sqrt{2}$；

当 $x=\pm\sqrt{2}$ 时，级数变为 $\sum\limits_{n=1}^{\infty}\dfrac{2n-1}{2^n}$，是发散的，因此该幂级数的收敛域是 $(-\sqrt{2},\sqrt{2})$.

11.4.3　幂级数的运算及和函数的性质

1. 幂级数的运算

在解决实际问题时，需要对幂级数进行加、减、乘及求导和积分运算，这就需要了解幂级数的运算性质.下面不加证明地给出幂级数的运算性质.

设幂级数 $\sum\limits_{n=0}^{\infty}a_n x^n$，$\sum\limits_{n=0}^{\infty}b_n x^n$ 分别在区间 $(-R_1,R_1)$ 及 $(-R_2,R_2)$ 内收敛，其和函数分别为 $s_1(x)$ 及 $s_2(x)$，令 $R=\min(R_1,R_2)$，则在区间 $(-R,R)$ 内，两个幂级数有如下运算：

(1)加减法

运算表达式为

$$\sum_{n=0}^{\infty} a_n x^n \pm \sum_{n=0}^{\infty} b_n x^n = \sum_{n=0}^{\infty} c_n x^n \quad (c_n = a_n \pm b_n).$$

(2)乘　法

运算表达式为

$$\left(\sum_{n=0}^{\infty} a_n x^n\right) \cdot \left(\sum_{n=0}^{\infty} b_n x^n\right) = \sum_{n=0}^{\infty} c_n x^n \quad (c_n = a_1 \cdot b_n + a_2 \cdot b_{n-1} + \cdots + a_n \cdot b_1).$$

2. 幂级数的和函数的性质

关于幂级数的和函数有下列重要性质.

性质 11.4.1(和函数连续性) 幂级数 $\sum_{n=0}^{\infty} a_n x^n$ 的和函数 $s(x)$ 在其收敛域上连续.

性质 11.4.2(逐项微分运算) 幂级数 $\sum_{n=0}^{\infty} a_n x^n$ 的和函数 $s(x)$ 在其收敛区间 $(-R,R)$ 内可导,并且有逐项求导公式

$$s'(x) = \left(\sum_{n=0}^{\infty} a_n x^n\right)' = \sum_{n=0}^{\infty} (a_n x^n)' = \sum_{n=1}^{\infty} n a_n x^{n-1} \quad (|x| < R),$$

且逐项求导后得到的幂级数与原级数有相同的收敛半径.

性质 11.4.3(逐项积分运算) 幂级数 $\sum_{n=0}^{\infty} a_n x^n$ 的和函数 $s(x)$ 在其收敛区间 $(-R,R)$ 上可积,并且有逐项积分公式

$$\int_0^x s(x)\mathrm{d}x = \int_0^x \left(\sum_{n=0}^{\infty} a_n x^n\right)\mathrm{d}x = \sum_{n=0}^{\infty} \int_0^x a_n x^n \mathrm{d}x = \sum_{n=0}^{\infty} \frac{a_n}{n+1} x^{n+1} \quad (|x| < R),$$

且逐项积分后得到的幂级数与原级数有相同的收敛半径.

例 11.4.6 求幂级数 $\sum_{n=0}^{\infty} \frac{1}{n+1} x^n$ 的和函数.

解 由

$$\lim_{n\to\infty} \left|\frac{a_{n+1}}{a_n}\right| = \lim_{n\to\infty} \frac{n+1}{n+2} = 1$$

得收敛半径 $R = 1$.

当 $x = 1$ 时,幂级数变为 $\sum_{n=0}^{\infty} \frac{1}{n+1}$,是发散的;当 $x = -1$ 时,幂级数变为 $\sum_{n=0}^{\infty} \frac{(-1)^n}{n+1}$,是收敛的交错级数. 因此,幂级数的收敛域为 $[-1,1)$.

设和函数为 $s(x)$,即 $s(x) = \sum_{n=0}^{\infty} \frac{1}{n+1} x^n, x \in [-1,1)$,显然 $s(0) = 1$.

因为

$$[xs(x)]' = \sum_{n=0}^{\infty} \left(\frac{1}{n+1} x^{n+1}\right)' = \sum_{n=0}^{\infty} x^n = \frac{1}{1-x},$$

对上式从 0 到 x 积分,得

$$xs(x)=\int_0^x \frac{1}{1-x}\mathrm{d}x=-\ln(1-x),$$

于是，当 $x \neq 0$ 时，有

$$s(x)=-\frac{1}{x}\ln(1-x).$$

从而

$$s(x)=\begin{cases}-\dfrac{1}{x}\ln(1-x), & -1 \leqslant x<0 \text{ 或 } 0<x<1, \\ 1, & x=0.\end{cases}$$

例 11.4.7　求级数 $\sum_{n=0}^{\infty} \frac{(-1)^n}{n+1}$ 的和.

解　考虑幂级数 $\sum_{n=0}^{\infty} \frac{1}{n+1} x^n$，此级数在 $[-1,1)$ 上收敛，设其和函数为 $s(x)$，则

$$s(-1)=\sum_{n=0}^{\infty} \frac{(-1)^n}{n+1},$$

在例 11.4.6 中已得到 $s(x)=-\frac{1}{x}\ln(1-x)$，于是 $s(-1)=\ln 2$，即

$$\sum_{n=0}^{\infty} \frac{(-1)^n}{n+1}=\ln 2.$$

11.5　函数的幂级数展开

在许多应用中，常常需要用 n 次多项式来表示给定函数 $f(x)$，即要寻找一个幂级数，使该幂级数的和函数恰好为 $f(x)$. 这一问题称为把函数 $f(x)$ 展开成幂级数.

11.5.1　泰勒级数

若函数 $f(x)$ 为幂级数 $\sum_{n=0}^{\infty} a_n (x-x_0)^n$ 在 (x_0-R, x_0+R) 内的和函数，即

$$f(x)=\sum_{n=0}^{\infty} a_n (x-x_0)^n, \quad x \in (x_0-R, x_0+R), \tag{11.5.1}$$

则称函数 $f(x)$ 在点 x_0 处可展开成幂级数，或称式(11.5.1)的右端为函数 $f(x)$ 在点 $x=x_0$ 处的幂级数展开式.

由幂级数和函数的性质知，若式(11.5.1)成立，则在 $x=x_0$ 的邻域内，$f(x)$ 有任意阶的导数，且

$$f^{(k)}(x)=\sum_{n=k}^{\infty} n(n-1)\cdots(n-k+1)a_n (x-x_0)^{n-k}.$$

由此可以得到

$$f(x_0)=a_0, f'(x_0)=a_1, f''(x_0)=2!a_2, \cdots, f^{(k)}(x_0)=k!a_k,$$

即 $a_k=\dfrac{1}{k!}f^{(k)}(x_0)(k=0,1,2,\cdots)$.

由此可知,若 $f(x)$ 在点 x_0 处可展开成幂级数,则 $f(x)$ 在点 x_0 的邻域内必有任意阶导数,且其展开式为

$$f(x)=f(x_0)+f'(x_0)(x-x_0)+\frac{f''(x_0)}{2!}(x-x_0)^2+\cdots+\frac{f^{(n)}(x_0)}{n!}(x-x_0)^n+\cdots, \tag{11.5.2}$$

式(11.5.2)称为 $f(x)$ 在点 x_0 处的泰勒展开式,其右端的幂级数称为 $f(x)$ 在点 x_0 处的泰勒级数.

显然,当 $x=x_0$ 时,$f(x)$ 的泰勒级数收敛于 $f(x_0)$. 但除了 $x=x_0$ 外,$f(x)$ 的泰勒级数是否收敛? 如果收敛,它是否一定收敛于 $f(x)$?

定理 11.5.1 设函数 $f(x)$ 在点 x_0 的某一邻域 $U(x_0)$ 内具有各阶导数,则 $f(x)$ 在该邻域内能展开成泰勒级数的充分必要条件是:$f(x)$ 的泰勒公式中的余项 $R_n(x)$ 当 $n\to 0$ 时的极限为零,即

$$\lim_{n\to\infty}R_n(x)=0 \quad (x\in U(x_0)).$$

证 先证必要性. 设 $f(x)$ 在 $U(x_0)$ 内能展开为泰勒级数,即

$$f(x)=f(x_0)+f'(x_0)(x-x_0)+\frac{f''(x_0)}{2!}(x-x_0)^2+\cdots+\frac{f^{(n)}(x_0)}{n!}(x-x_0)^n+\cdots,$$

又设 $s_{n+1}(x)$ 是 $f(x)$ 的泰勒级数的前 $n+1$ 项的和,则在 $U(x_0)$ 内

$$s_{n+1}(x)\to f(x) \quad (n\to\infty).$$

而 $f(x)$ 的 n 阶泰勒公式可写成

$$f(x)=s_{n+1}(x)+R_n(x),$$

于是

$$R_n(x)=f(x)-s_{n+1}(x)\to 0 \quad (n\to\infty).$$

再证充分性. 设对一切 $x\in U(x_0)$,$R_n(x)\to 0(n\to\infty)$ 成立,于是

$$s_{n+1}(x)=f(x)-R_n(x)\to f(x),$$

即 $f(x)$ 的泰勒级数在 $U(x_0)$ 内收敛,并且收敛于 $f(x)$.

由此可见,$f(x)$ 与其泰勒级数的和函数 $s(x)$ 在 x_0 的邻域内近似相等,但若 $f(x)$ 是初等函数,则 $f(x)=s(x)$,也就是说,初等函数的幂级数展开式就是泰勒展开式.

在泰勒展开式(11.5.2)中,若令 $x_0=0$,则 $f(x)$ 的展开式为

$$f(x)=f(0)+f'(0)x+\frac{f''(0)}{2!}x^2+\cdots+\frac{f^{(n)}(0)}{n!}x^n+\cdots, \tag{11.5.3}$$

式(11.5.3)称为 $f(x)$ 的麦克劳林展开式,其右端的幂级数称为 $f(x)$ 的麦克劳林级数.

如果 $f(x)$ 能展开成 x 的幂级数,那么这种展开式是唯一的,它一定与 $f(x)$ 的麦克劳林级数一致. 这是因为,如果 $f(x)$ 在点 $x_0=0$ 的某邻域 $(-R,R)$ 内能展开成 x 的幂级数,即

$$f(x)=a_0+a_1x+a_2x^2+\cdots+a_nx^n+\cdots,$$

那么根据幂级数在收敛区间内可以逐项求导，有

$$f'(x)=a_1+2a_2x+3a_3x^2+\cdots+na_nx^{n-1}+\cdots,$$

$$f''(x)=2!a_2+3\cdot 2a_3x+\cdots+n\cdot(n-1)a_nx^{n-2}+\cdots,$$

$$\cdots,$$

$$f^{(n)}(x)=n!a_n+(n+1)n(n-1)\cdots 2a_{n+1}x+\cdots,$$

于是得

$$a_0=f(0),a_1=f'(0),a_2=\frac{f''(0)}{2!},\cdots,a_n=\frac{f^{(n)}(0)}{n!},\cdots$$

注意 如果 $f(x)$ 能展开成 x 的幂级数，那么该幂级数就是 $f(x)$ 的麦克劳林级数. 但是，反过来如果 $f(x)$ 的麦克劳林级数在点 $x_0=0$ 的某邻域内收敛，则它却不一定收敛于 $f(x)$. 因此，如果 $f(x)$ 在点 $x_0=0$ 处具有各阶导数，则 $f(x)$ 的麦克劳林级数虽然能作出来，但该级数是否在某个区间内收敛，以及是否收敛于 $f(x)$ 却需要进一步考察.

因而，把初等函数 $f(x)$ 展开成关于 x 的幂级数的一般步骤如下：

①求出 $f(x)$ 的各阶导数 $f'(x),f''(x),\cdots,f^{(n)}(x),\cdots$，如果在 $x=0$ 处的导数不存在，就停止进行.

②求 $f^{(n)}(x)$ 在 $x=0$ 处的值 $f^{(n)}(0)(n=0,1,2,\cdots)$.

③写出幂级数

$$f(0)+f'(0)x+\frac{f''(0)}{2!}x^2+\cdots+\frac{f^{(n)}(0)}{n!}x^n+\cdots,$$

并求出收敛半径与收敛域.

④考察在收敛域内 $R_n(x)$ 的极限

$$\lim_{n\to\infty}R_n(x)=\lim_{n\to\infty}\frac{f^{(n+1)}(\xi)}{(n+1)!}x^{n+1}\quad(\xi\text{ 介于 }0\text{ 与 }x\text{ 之间})$$

是否为零.若该极限为零，则 $f(x)$ 在收敛域内的幂级数展开式为

$$f(x)=f(0)+f'(0)x+\frac{f''(0)}{2!}x^2+\cdots+\frac{f^{(n)}(0)}{n!}x^n+\cdots.$$

例 11.5.1 将函数 $f(x)=e^x$ 展开成 x 的幂级数.

解 因为 $f^{(n)}(x)=e^x(n=1,2,\cdots)$，所以 $f^{(0)}(x)=e^0=1(n=1,2,\cdots)$，于是得级数

$$1+x+\frac{1}{2!}x^2+\cdots+\frac{1}{n!}x^n+\cdots.$$

由于 $\lim\limits_{n\to\infty}\left|\frac{a_{n+1}}{a_n}\right|=\lim\limits_{n\to\infty}\frac{1}{n+1}=0$，所以 $R=+\infty$.

对于任何有限的数 x、ξ（ξ 介于 0 与 x 之间），有

$$|R_n(x)|=\left|\frac{e^{\xi}}{(n+1)!}x^{n+1}\right|<e^{|x|}\cdot\frac{|x|^{n+1}}{(n+1)!},$$

而 $\lim\limits_{n\to\infty}\frac{|x|^{n+1}}{(n+1)!}=0$，所以 $\lim\limits_{n\to\infty}|R_n(x)|=0$，从而得 e^x 的展开式

$$e^x=\sum_{n=0}^{\infty}\frac{x^n}{n!}=1+x+\frac{1}{2!}x^2+\cdots+\frac{1}{n!}x^n+\cdots\quad(-\infty<x<+\infty).\qquad(11.5.4)$$

例 11.5.2 将函数 $f(x)=\sin x$ 展开成 x 的幂级数.

解 因为 $f^{(n)}(x)=\sin\left(x+n\cdot\frac{\pi}{2}\right)(n=1,2,\cdots)$，所以 $f^{(n)}(0)$ 依次循环地取 $0,1,0,-1,\cdots(n=0,1,2,\cdots)$，于是得级数

$$x-\frac{x^3}{3!}+\frac{x^5}{5!}-\cdots+(-1)^{n-1}\frac{x^{2n-1}}{(2n-1)!}+\cdots,$$

易得其收敛半径为 $R=+\infty$.

对于任何有限的数 x、ξ（ξ 介于 0 与 x 之间），有

$$|R_n(x)|=\left|\frac{\sin\left[\xi+\frac{(n+1)\pi}{2}\right]}{(n+1)!}x^{n+1}\right|\leqslant\frac{|x|^{n+1}}{(n+1)!}\to 0\quad(n\to\infty).$$

因此得 $\sin x$ 的展开式

$$\begin{aligned}\sin x&=\sum_{n=0}^{\infty}\frac{(-1)^n x^{2n+1}}{(2n+1)!}\\&=x-\frac{x^3}{3!}+\frac{x^5}{5!}-\cdots+(-1)^n\frac{x^{2n+1}}{(2n+1)!}+\cdots\quad(-\infty<x<+\infty).\end{aligned}\tag{11.5.5}$$

同理可得

$$\begin{aligned}\cos x&=\sum_{n=0}^{\infty}\frac{(-1)^n x^{2n}}{(2n)!}\\&=1-\frac{x^2}{2!}+\frac{x^4}{4!}-\cdots+(-1)^n\frac{x^{2n}}{(2n)!}+\cdots\quad(-\infty<x<+\infty).\end{aligned}\tag{11.5.6}$$

例 11.5.3 将函数 $f(x)=(1+x)^m$ 展开成 x 的幂级数，其中 m 为任意常数.

解 $f(x)$ 的各阶导数为

$$f'(x)=m(1+x)^{m-1},f''(x)=m(m-1)(1+x)^{m-2},\cdots,$$
$$f^{(n)}(x)=m(m-1)\cdots(m-n+1)(1+x)^{m-n}\quad(n=1,2,3,\cdots),$$

所以

$$f(0)=1,f'(0)=m,f''(0)=m(m-1),\cdots,f^{(n)}(0)=m(m-1)\cdots(m-n+1).$$

于是得幂级数

$$1+mx+\frac{m(m-1)}{2!}x^2+\cdots+\frac{m(m-1)\cdots(m-n+1)}{n!}x^n+\cdots.$$

可以证明

$$(1+x)^m=1+mx+\frac{m(m-1)}{2!}x^2+\cdots+\frac{m(m-1)\cdots(m-n+1)}{n!}x^n+\cdots\quad(-1<x<1).\tag{11.5.7}$$

式(11.5.7)在端点处是否成立要看 m 的值而定.

11.5.2 函数展开成幂级数

利用泰勒或麦克劳林展开式把初等函数展开成幂级数的方法称为直接展开法.但它需

要求出函数的各阶导数，有时计算量很大.其实可以用已知的一些函数的展开式，运用幂级数的运算性质（四则运算、逐项微分、积分）及变量替换，将函数展开成幂级数，这种方法称为间接展开法.

例 11.5.4 将函数 $f(x)=\dfrac{1}{1+x^2}$ 展开成 x 的幂级数.

解 因为

$$\frac{1}{1-x}=1+x+x^2+\cdots+x^n+\cdots \quad (-1<x<1),$$

把 x 换成 $-x^2$，得

$$\frac{1}{1+x^2}=1-x^2+x^4-\cdots+(-1)^n x^{2n}+\cdots \quad (-1<x<1).$$

注意 收敛半径由 $-1<-x^2<1$ 得 $-1<x<1$.

例 11.5.5 将函数 $f(x)=\ln(1+x)$ 展开成 x 的幂级数.

解 因为

$$\begin{aligned}f'(x)&=\frac{1}{1+x}=\sum_{n=0}^{\infty}(-1)^n x^n\\&=1-x+x^2-x^3+\cdots+(-1)^n x^n+\cdots \quad (-1<x<1),\end{aligned}$$

所以将上式从 0 到 x 逐项积分，得

$$\begin{aligned}\ln(1+x)&=\int_0^x \frac{1}{1+x}\mathrm{d}x\\&=x-\frac{x^2}{2}+\frac{x^3}{3}-\frac{x^4}{4}+\cdots+(-1)^n\frac{x^{n+1}}{n+1}+\cdots \quad (-1<x\leqslant 1).\end{aligned} \tag{11.5.8}$$

展开式(11.5.8)对 $x=1$ 也成立，这是因为式(11.5.8)右端的幂级数当 $x=1$ 时收敛，而 $\ln(1+x)$ 在 $x=1$ 处有定义且连续.

例 11.5.6 将函数 $f(x)=\dfrac{1}{x^2+4x+3}$ 展开成 $(x-1)$ 的幂级数.

解 因为

$$\begin{aligned}f(x)&=\frac{1}{x^2+4x+3}=\frac{1}{(x+1)(x+3)}\\&=\frac{1}{2(1+x)}-\frac{1}{2(3+x)}=\frac{1}{4\left(1+\dfrac{x-1}{2}\right)}-\frac{1}{8\left(1+\dfrac{x-1}{4}\right)},\end{aligned}$$

而

$$\frac{1}{1+\dfrac{x-1}{2}}=\sum_{n=0}^{\infty}(-1)^n\frac{(x-1)^n}{2^n} \quad \left(-1<\frac{x-1}{2}<1\right),$$

$$\frac{1}{1+\dfrac{x-1}{4}}=\sum_{n=0}^{\infty}(-1)^n\frac{(x-1)^n}{4^n} \quad \left(-1<\frac{x-1}{4}<1\right),$$

所以
$$f(x)=\frac{1}{4}\sum_{n=0}^{\infty}(-1)^n\frac{(x-1)^n}{2^n}-\frac{1}{8}\sum_{n=0}^{\infty}(-1)^n\frac{(x-1)^n}{4^n}$$
$$=\sum_{n=0}^{\infty}(-1)^n\left(\frac{1}{2^{n+2}}-\frac{1}{2^{2n+3}}\right)(x-1)^n \quad (-1<x<3).$$

例 11.5.7 将函数 $f(x)=\sin x$ 展开成 $\left(x-\frac{\pi}{4}\right)$ 的幂级数.

解 因为
$$\sin x=\sin\left[\frac{\pi}{4}+\left(x-\frac{\pi}{4}\right)\right]=\frac{\sqrt{2}}{2}\left[\cos\left(x-\frac{\pi}{4}\right)+\sin\left(x-\frac{\pi}{4}\right)\right],$$
而
$$\cos\left(x-\frac{\pi}{4}\right)=1-\frac{1}{2!}\left(x-\frac{\pi}{4}\right)^2+\frac{1}{4!}\left(x-\frac{\pi}{4}\right)^4-\cdots \quad (-\infty<x<+\infty),$$
$$\sin\left(x-\frac{\pi}{4}\right)=\left(x-\frac{\pi}{4}\right)-\frac{1}{3!}\left(x-\frac{\pi}{4}\right)^3+\frac{1}{5!}\left(x-\frac{\pi}{4}\right)^5-\cdots \quad (-\infty<x<+\infty),$$
所以
$$\sin x=\frac{\sqrt{2}}{2}\left[1+\left(x-\frac{\pi}{4}\right)-\frac{1}{2!}\left(x-\frac{\pi}{4}\right)^2-\frac{1}{3!}\left(x-\frac{\pi}{4}\right)^3+\cdots\right] \quad (-\infty<x<+\infty).$$

习题 11

1.利用级数 $\sum\limits_{n=1}^{\infty}u_n$ 的部分和 $S_n=\frac{2^n-3}{4^n}$,求 u_1、u_2 和 u_n 以及和值 S.

2. 判断下列级数是否收敛;若收敛,求其和值:

(1) $\sum\limits_{n=1}^{\infty}\frac{1}{(3n-1)(3n+2)}$;　　(2) $\sum\limits_{n=1}^{\infty}\ln\frac{n}{n+1}$.

3.已知级数 $\sum\limits_{n=1}^{\infty}u_n$ 收敛,且和值为 S,证明:

(1)级数 $\sum\limits_{n=1}^{\infty}(u_{n+1}+u_{n+2})$ 收敛,且和值为 $2S-2u_1-u_2$;

(2)级数 $\sum\limits_{n=1}^{\infty}\left(u_n+\frac{1}{2^n}\right)$ 收敛.

4.利用无穷级数的性质以及几何级数与调和级数的敛散性,判别下列级数的敛散性:

(1) $\frac{1}{20}+\frac{1}{\sqrt{20}}+\frac{1}{\sqrt[3]{20}}+\cdots+\frac{1}{\sqrt[n]{20}}+\cdots$;

(2) $1+\frac{1}{5}+\sum\limits_{n=1}^{\infty}\left(\frac{2}{n^2}+\frac{1}{3^n}\right)$;

(3) $\frac{2}{1}-\frac{2}{3}+\frac{4}{3}-\frac{2^2}{3^2}+\frac{6}{5}-\frac{2^3}{3^3}+\frac{8}{7}-\frac{2^4}{3^4}+\cdots$.

5.利用级数定义判别下列级数的敛散性,并求出其中收敛级数的和:

(1) $\sum\limits_{n=1}^{\infty}\left(\frac{3}{4}\right)^n$;　　(2) $\sum\limits_{n=1}^{\infty}\sin\frac{n\pi}{6}$;　　(3) $\sum\limits_{n=1}^{\infty}\ln\left(1+\frac{1}{n}\right)$.

6.利用级数的性质判断下列级数的敛散性：

(1) $\sum_{n=1}^{\infty}\left(\frac{1}{2^n}-\frac{1}{3^n}\right)$；

(2) $\sum_{n=1}^{\infty}\left(\frac{1}{n}-\frac{1}{3^n}\right)$；

(3) $\sum_{n=1}^{\infty}\frac{n}{3n+1}$；

(4) $\sum_{n=1}^{\infty}n\ln\left(1+\frac{1}{n}\right)$.

7.判断下列级数的敛散性：

(1) $\frac{3}{4}-\frac{3^2}{4^2}+\frac{3^3}{4^3}-\frac{3^4}{4^4}+\cdots+(-1)^{n-1}\left(\frac{3}{4}\right)^n+\cdots$；

(2) $\left(\frac{2}{3}-\frac{3}{5}\right)+\left(\frac{2}{3^2}-\frac{3}{5^2}\right)+\cdots+\left(\frac{2}{3^n}-\frac{3}{5^n}\right)+\cdots$；

(3) $1+\sqrt{\frac{4}{5}}+\sqrt{\frac{6}{8}}+\sqrt{\frac{8}{11}}+\cdots+\sqrt{\frac{2n}{3n-1}}+\cdots$.

8.利用比较判别法或其极限形式判断下列级数的敛散性：

(1) $\sum_{n=1}^{\infty}2^n\sin\frac{\pi}{5^n}$；

(2) $\sum_{n=1}^{\infty}(\sqrt[n]{4}-1)$；

(3) $\sum_{n=1}^{\infty}\frac{1-\cos\frac{\pi}{n}}{\sqrt{n+3}}$；

(4) $\sum_{n=1}^{\infty}\frac{\ln n}{\sqrt{n}}$.

9.利用比值判别法或根值法判断下列级数的敛散性：

(1) $\sum_{n=1}^{\infty}\frac{3^n}{(2n+1)!}$；

(2) $\sum_{n=1}^{\infty}\frac{1\cdot5\cdot9\cdot\cdots\cdot(4n-3)}{2\cdot5\cdot8\cdot\cdots\cdot(3n-1)}$；

(3) $\sum_{n=1}^{\infty}\frac{1}{2^n}\left(\frac{n+1}{n}\right)^{n^2}$；(4) $\sum_{n=1}^{\infty}\left(\frac{2nx}{1+n}\right)^n$.

10.利用比较判别法或其极限形式判断下列级数的敛散性：

(1) $\sum_{n=1}^{\infty}\frac{1}{2n}$；

(2) $\sum_{n=1}^{\infty}\left(\frac{n}{2n+1}\right)^n$；

(3) $\sum_{n=1}^{\infty}\frac{n}{(n+1)(2n+1)}$；

(4) $\sum_{n=1}^{\infty}\sin\frac{\pi}{2^n}$；

(5) $\sum_{n=1}^{\infty}\frac{1}{\sqrt{n^2+2n-2}}$.

11.利用比值或根值判别法判断下列级数的敛散性：

(1) $\sum_{n=1}^{\infty}\frac{n}{2^n}$；

(2) $\sum_{n=1}^{\infty}\frac{2^n\cdot n!}{n^n}$；

(3) $\sum_{n=1}^{\infty}n\sin\frac{\pi}{3^n}$；

(4) $\sum_{n=1}^{\infty}\left(\frac{n}{3n-1}\right)^{2n-1}$.

12.判断下列级数的敛散性：

(1) $\sum_{n=1}^{\infty}\frac{1}{2n+1}$；

(2) $\sum_{n=1}^{\infty}\frac{1}{n}(\sqrt{n+1}-\sqrt{n-1})$；

(3) $\sum_{n=1}^{\infty}\frac{n}{1\cdot3\cdot5\cdot\cdots\cdot(2n+1)}$；

(4) $\sum_{n=1}^{\infty}\frac{1}{\sqrt[n]{n+2}}$；

(5) $\sum_{n=1}^{\infty}\left(1-\cos\frac{\pi}{n}\right)$；　　(6) $\sum_{n=1}^{\infty}\sin\frac{1}{n^p}(p>0)$.

13.判断下列级数的敛散性；若收敛，试说明是绝对收敛还是条件收敛：

(1) $\sum_{n=1}^{\infty}(-1)^{n-1}\frac{1}{\sqrt{n}}$；　　(2) $\sum_{n=1}^{\infty}\frac{(-1)^n}{\sqrt{n}(n+2)}$；

(3) $\sum_{n=1}^{\infty}(-1)^{n-1}(\sqrt{n+1}-\sqrt{n})$；　　(4) $\sum_{n=1}^{\infty}(-1)^n\frac{(2n+1)^{2n+1}}{(2n+1)!}$；

(5) $\sum_{n=1}^{\infty}(-1)^{\frac{n(n+1)}{2}}\frac{n}{2^n}$；　　(6) $\sum_{n=1}^{\infty}(-1)^{n-1}2^n\sin\frac{\pi}{3^n}$；

(7) $\sum_{n=1}^{\infty}\frac{\sin n\alpha}{(n+1)^2}(\alpha\neq 0)$；　　(8) $\sum_{n=1}^{\infty}\frac{\cos n!}{n\sqrt{n}}$.

14.判断下列级数是绝对收敛、条件收敛，还是发散？

(1) $\sum_{n=1}^{\infty}(-1)^n\sqrt{\frac{n}{n+2}}$；　　(2) $\sum_{n=1}^{\infty}\frac{\cos na}{(n+1)^2}$；

(3) $\sum_{n=1}^{\infty}(-1)^{n-1}\frac{1}{\sqrt{n+1}}$；　　(4) $\sum_{n=1}^{\infty}(-1)^n(1-\sqrt[n]{3})$；

(5) $\sum_{n=1}^{\infty}\frac{(-1)^{n-1}2^{n^2}}{n!}$.

15.判断下列交错级数的敛散性：

(1) $\sum_{n=2}^{\infty}\frac{(-1)^{n-1}}{[n+(-1)^n]^2}$；

(2) $\frac{1}{\sqrt{2}-1}-\frac{1}{\sqrt{2}+1}+\frac{1}{\sqrt{3}-1}-\frac{1}{\sqrt{3}+1}+\cdots+\frac{1}{\sqrt{n}-1}-\frac{1}{\sqrt{n}+1}+\cdots$.

16.求下列幂级数的收敛区间：

(1) $\sum_{n=1}^{\infty}\frac{n^2}{n!}x^n$；　　(2) $\sum_{n=1}^{\infty}(-1)^n\frac{2^n}{\sqrt{n}}x^n$；

(3) $\sum_{n=1}^{\infty}n^n x^n$；　　(4) $\sum_{n=1}^{\infty}\frac{x^{2n+1}}{3^n}$；

(5) $\sum_{n=1}^{\infty}\frac{(-1)^n}{2n+1}x^{2n+1}$；　　(6) $\sum_{n=1}^{\infty}\frac{(x-5)^n}{\sqrt{n}}$.

17.求下列幂级数的和函数：

(1) $\sum_{n=0}^{\infty}(-1)^n\frac{x^{n+1}}{n+1}$；　　(2) $\sum_{n=0}^{\infty}nx^n$；　　(3) $\sum_{n=0}^{\infty}\frac{x^n}{2^n}$.

18.求下列级数的收敛域：

(1) $\sum_{n=0}^{\infty}5^n x^n$；　　(2) $\sum_{n=1}^{\infty}\frac{(2x+1)^n}{n}$；　　(3) $\sum_{n=1}^{\infty}\frac{2^n+(-3)^n}{n}x^n$.

19.求下列级数的收敛域，以及它们在收敛域上的和函数：

(1) $\sum_{n=1}^{\infty}\frac{1}{2n+1}x^{2n+1}$；　　(2) $\sum_{n=1}^{\infty}n(n+1)x^n$.

20.求幂级数 $\sum_{n=0}^{\infty}\frac{2n-1}{2^n}x^{2n-2}$ 的收敛域及和函数，并求 $\sum_{n=0}^{\infty}\frac{2n-1}{2^n}$ 的值.

21.已知 $\sum_{n=0}^{\infty}a_n(2x-3)^n$ 在 $x=3$ 时收敛，试判断 $\sum_{n=0}^{\infty}a_n(2x-3)^n$ 在以下各点处的敛散性，并说明理由：

(1) $x=0$；　(2) $x=2$；　(3) $x=\frac{1}{2}$；　(4) $x=4$.

22.将下列函数展开成 x 的幂级数，并写明后者的收敛域：

(1) $f(x)=\frac{x^2}{1+x}$；　(2) $f(x)=\ln(4-3x)$.

23.把函数 $f(x)=\frac{2}{(1-x)^3}$ 展开为 x 的幂级数.

24.将下列函数展开成 x 的幂级数，并求展开式成立的区间：

(1) $x\mathrm{e}^{-x^2}$；　(2) $\sin^2 x$；　(3) $\frac{x^3}{1-x^2}$；　(4) $\frac{1}{\sqrt{1-x^2}}$.

25.将 $f(x)=\frac{1}{3-x}$ 分别展开成 $(x-1)$ 和 $(x-2)$ 的幂级数.

26.将 $f(x)=\frac{1}{x^2+3x+2}$ 展开成 $(x+4)$ 的幂级数.

27*. 求幂级数 $\sum_{n=1}^{\infty}\frac{(-1)^{n-1}}{2n-1}x^{2n}$ 的收敛域及和函数.

28*.已知函数 $f(x)$ 可导，且 $f(0)=1, 0<f'(x)<\frac{1}{2}$，设数列 $\{x_n\}$ 满足 $x_{n+1}=f(x_n)(n=1,2,\cdots)$，证明：

(1)级数 $\sum_{n=1}^{\infty}(x_{n+1}-x_n)$ 绝对收敛；

(2) $\lim_{n\to\infty}x_n$ 存在，且 $0<\lim_{n\to\infty}x_n<2$.

29*.设数列 $\{a_n\},\{b_n\}$ 满足 $0<a_n<\frac{\pi}{2}, 0<b_n<\frac{\pi}{2}, \cos a_n-a_n=\cos b_n$，且级数 $\sum_{i=1}^{\infty}b_n$ 收敛.证明：

(1) $\lim_{n\to\infty}a_n=0$；

(2)级数 $\sum_{i=1}^{\infty}\frac{a_n}{b_n}$ 收敛.

30*.设数列 $\{a_n\}$ 满足条件 $a_0=3, a_1=1, a_{n-2}=n(n-1)a_n$，$S(x)$ 是幂级数 $\sum_{i=1}^{\infty}a_n$ 的和函数.求 $S(x)$ 的表达式.

第 12 章

常微分方程

函数是客观事物的内部联系在数量上的反映，利用函数关系可以对客观事物的规律性进行研究.但实际上，很多问题常常无法直接求得所需要的函数关系，而只能定出这些量与它们的导数之间的关系.这样，便得到一个含有未知函数及其导数的方程，即所谓的微分方程.

微分方程在科学技术中有着十分广泛的应用，它的内容丰富，涉及面广.本章主要介绍几种常用的微分方程及其解法.

12.1 微分方程的基本概念

12.1.1 引 例

下面通过几何、物理学中的几个具体例子来阐明微分方程的基本概念.

例 12.1.1 已知一曲线 $y=f(x)$ 上任意一点处切线的斜率为该点横坐标平方的 3 倍，且此曲线经过点(1,3)，求此曲线的方程.

解 根据导数的几何意义得方程

$$y'=3x^2, \tag{12.1.1}$$

此外，未知函数还应满足条件：当 $x=1$ 时 $y=3$，记作

$$y|_{x=1}=3, \tag{12.1.2}$$

把式(12.1.1)两端积分得 $y=x^3+c$，其中 c 为任意常数.

再将条件式(12.1.2)代入 $y=x^3+c$ 得 $c=2$，即所求曲线方程为 $y=x^3+2$.

例 12.1.2 一质量为 m 的物体仅受重力的作用而下落，如果其初始位置和初始速度都为 0，试确定物体下落的距离 s 与时间 t 的函数关系.

解 设物体在任一时间 t 下落的距离为 $s=s(t)$，则物体运动的加速度为

$$a=s''=\frac{\mathrm{d}^2 s}{\mathrm{d}t^2},$$

现物体仅受重力的作用，重力加速度为 g，由牛顿第二定律可知

$$\frac{d^2 s}{dt^2}=g, \tag{12.1.3}$$

此外，未知函数 $s=s(t)$ 还应满足条件：当 $t=0$ 时，$s=0, v=\frac{ds}{dt}=0$，记作

$$s\big|_{t=0}=0,\quad v\big|_{t=0}=\frac{ds}{dt}\bigg|_{t=0}=0, \tag{12.1.4}$$

把式(12.1.3)两端积分一次得

$$V=\frac{ds}{dt}=gt+c_1, \tag{12.1.5}$$

再积分一次，得

$$S=\frac{g}{2}t^2+c_1 t+c_2. \tag{12.1.6}$$

这里 c_1, c_2 都是任意常数.

把条件 $v\big|_{t=0}=0$ 代入式(12.1.5)，得 $c_1=0$.

把条件 $s\big|_{t=0}=0$ 代入式(12.1.6)，得 $c_2=0$.

把 c_1, c_2 的值代入式(12.1.6)，得

$$S=\frac{1}{2}gt^2. \tag{12.1.7}$$

12.1.2 常微分方程的概念

例 12.1.1 和例 12.1.2 中的式(12.1.1)和式(12.1.3)都含有未知函数的导数，它们都是微分方程，一般地，可归纳得出以下有关微分方程的概念.

定义 12.1.1 凡含有未知函数、未知函数的导数与自变量之间关系的方程叫做微分方程，未知函数的导数是一元函数的，叫做常微分方程；未知函数是多元函数的，叫做偏微分方程.

本章只讨论常微分方程，所以以后凡不特殊说明，常微分方程就简称为微分方程或方程.

例如

$$y'=2x+1,\quad \frac{d^2 y}{dx^2}+x\frac{dy}{dx}-y=x^3,$$

$$y'''+3y''+y=0,\quad 3x^2 dy-2y dx=0$$

都是常微分方程.

定义 12.1.2 在微分方程中出现的未知函数的导数或微分的最高阶数，叫做微分方程的阶.

例如，方程 $x^3 y'''+x^2(y'')-4xy'=3x^2$ 是三阶微分方程.

一般地，n 阶微分方程的形式是

$$F(x, y, y', \cdots, y^{(n)})=0, \tag{12.1.8}$$

这里需要指出，在方程(12.1.8)中，$y^{(n)}$ 是必须出现的，而 $x, y, y', \cdots, y^{(n-1)}$ 等变量则可以不

必出现,例如 n 阶微分方程

$$y^{(n)}+1=0,$$

如果能从方程(12.1.8)中解出最高阶导数,则可得微分方程

$$y^{(n)}=f(x,y,y',\cdots,y^{(n-1)}), \tag{12.1.9}$$

以后讨论的微分方程都是已解出最高阶导数的方程或能解出最高阶导数的方程.

由前面的例子可以看到,在研究某实际问题时,首先要建立微分方程,然后找出满足微分方程的函数(即解微分方程).也就是说,要找出这样的函数,把此函数代入微分方程能使该方程成为恒等式,这个函数就叫做该微分方程的解.

例如,函数式(12.1.6)和式(12.1.7)都是方程(12.1.3)的解.

如果微分方程的解中含有相互独立的任意常数(即它们不能合并而使得任意常数的个数减少),且任意常数的个数与微分方程的阶数相同,则这样的解称为微分方程的通解.例如,函数式(12.1.6)是方程(12.1.3)的解,它含有两个任意常数,而方程(12.1.3)是二阶的,所以函数式(12.1.6)是方程(12.1.3)的通解.

由于通解中含有任意常数,所以它还是不能完全确定地反映某一客观事物的规律性.要想完全确定地反映客观事物的规律性,必须确定这些常数的值,为此,需根据问题的实际情况,提出确定这些常数的条件,例如,例 12.1.1 中的条件式(12.1.2)和例 12.1.2 中的条件式(12.1.4)都是这样的条件.

设微分方程中的未知函数为 $y=\varphi(x)$,如果微分方程是一阶的,则通常用来确定任意常数的条件是:当 $x=x_0$ 时,$y=y_0$,或写为

$$y\big|_{x=x_0}=y_0.$$

如果微分方程是二阶的,则通常用来确定任意常数的条件是:当 $x=x_0$ 时,$y=y_0$,$y'=y_0'$,或写为

$$y\big|_{x=x_0}=y_0,\quad y'\big|_{x=x_0}=y_0',$$

其中,x_0、y_0 和 y_0' 都是给定的值,上述这种条件叫做初始条件.

确定了通解中的任意常数以后,就能得到微分方程的特解,例如式(12.1.7)是方程(12.1.3)满足条件式(12.1.4)的特解.

求微分方程 $F(x,y,y',\cdots,y^{(n)})$ 满足初始条件的特解的问题,叫做微分方程的初值问题.

特别地,求一阶微分方程 $y'=f(x,y)$ 的初值问题,可以记作

$$\begin{cases}y'=f(x,y),\\ y\big|_{x=x_0}=y_0.\end{cases}$$

例 12.1.3 验证 $y=c_1\cos x+c_2\sin x+x$ 是微分方程 $y''+y=x$ 的解,并求满足初始条件 $y\big|_{x=0}=1,y'\big|_{x=0}=3$ 的特解.

解 由于 $y'=-c_1\sin x+c_2\cos x+1,y''=-c_1\cos x-c_2\sin x$,代入方程得

$$y''+y=-c_1\cos x-c_2\sin x+c_1\cos x+c_2\sin x+x=x,$$

即方程成立,所以 $y=c_1\cos x+c_2\sin x+x$ 为方程 $y''+y=x$ 的解.

将条件 $y\big|_{x=0}=1,y'\big|_{x=0}=3$ 代入 y,y' 可得

$$c_1 = 1, \quad c_2 = 2,$$

故所求特解为

$$y = \cos x + 2\sin x + x.$$

12.2　一阶微分方程

本节将讨论一阶微分方程的一些解法.一阶微分方程的一般形式为 $y' = f(x, y)$，有时也写为如下的对称形式 $P(x, y)\mathrm{d}x + Q(x, y)\mathrm{d}y = 0$.

12.2.1　可分离变量的微分方程

可分离变量的微分方程是一类最简单的一阶微分方程，它的形式是

$$y' = f(x)g(y), \tag{12.2.1}$$

也可以把它变为形式

$$g(y)\mathrm{d}y = f(x)\mathrm{d}x, \tag{12.2.2}$$

就是说，能把微分方程写为一端只含有 y 的函数和 $\mathrm{d}y$，另一端只含有 x 的函数和 $\mathrm{d}x$，这类方程称为可分离变量的方程.

若 $g(y)$ 与 $f(x)$ 都是连续函数，则对式(12.2.2)两端积分，得到

$$\int g(y)\mathrm{d}y = \int f(x)\mathrm{d}x + c,$$

设 $G(y)$ 与 $F(x)$ 分别是 $g(y)$ 与 $f(x)$ 的原函数，于是有

$$G(y) = F(x) + c, \tag{12.2.3}$$

利用隐函数求导法则不难验证，当 $g(y) \neq 0$ 时，由式(12.2.3)所确定的隐函数 $y = \varphi(x)$ 是微分方程(12.2.2)的解；当 $f(x) \neq 0$ 时，由式(12.2.3)所确定的隐函数 $x = \varphi(y)$ 也可认为是方程(12.2.3)的解.

式(12.2.3)叫做微分方程(12.2.2)的隐式解.又由于关系式(12.2.3)中含有任意常数，因此式(12.2.3)所确定的隐函数是方程(12.2.2)的通解，也把式(12.2.3)叫做微分方程(12.2.2)的隐式通解.

如果一个一阶微分方程能化为式(12.2.2)的形式，则该一阶微分方程就称为可分离变量的微分方程.把可分离变量的微分方程化为式(12.2.2)的过程称为分离变量，而方程的上述求解方法称为分离变量法.

例 12.2.1　求微分方程 $\dfrac{\mathrm{d}y}{\mathrm{d}x} = \mathrm{e}^x y$ 的通解.

解　所给方程是可分离变量的，分离变量后得

$$\frac{\mathrm{d}y}{y} = \mathrm{e}^x \mathrm{d}x,$$

两边积分，得

$$\ln|y| = \mathrm{e}^x + c_1,$$

从而

$$|y|=e^{e^x+c_1}=e^{c_1}\cdot e^{e^x}=c_2e^{e^x},$$

这里 $c_2=e^{c_1}$ 为任意常数,所以

$$y=(\pm c_2)e^{e^x}=c_3e^{e^x},$$

其中 c_3 为任意非零常数.

注意到 $y=0$ 也是方程的解,令 c 为任意常数,则所给微分方程的通解为 $y=ce^{e^x}$.

例 12.2.2 求微分方程 $(1+y^2)dx-x(1+x^2)ydy=0$ 的通解.

解 用 $x(1+x^2)(1+y^2)$ 除方程两边得

$$\frac{dx}{x(1+x^2)}-\frac{ydy}{1+y^2}=0,$$

即

$$\frac{dx}{x(1+x^2)}=\frac{ydy}{1+y^2},$$

两边积分,得

$$\int\frac{dx}{x(1+x^2)}=\int\frac{y}{1+y^2}dy,$$

即

$$\ln|x|-\frac{1}{2}\ln(1+x^2)=\frac{1}{2}\ln(1+y^2)+c_1,$$

化简,得

$$\ln\frac{x^2}{(1+x^2)(1+y^2)}=2c_1 \quad 或 \quad \frac{x^2}{(1+x^2)(1+y^2)}=e^{2c_1}=\frac{1}{c},$$

则所给方程的通解为

$$(1+x^2)(1+y^2)=cx^2.$$

例 12.2.3 一曲线通过点(2,3),其在两坐标轴间的任一切线线段均被切点所平分,求该曲线方程.

解 设曲线方程为 $y=y(x)$,曲线上任一点 (x,y) 的切线方程为

$$\frac{Y-y}{X-x}=y',$$

由假设,当 $Y=0$ 时,将 $X=2x$ 代入上式,得

$$\frac{dy}{dx}=-\frac{y}{x},$$

且由题意,初始条件为

$$y|_{x=2}=3,$$

于是得出如下的初值问题

$$\begin{cases}\dfrac{dy}{dx}=-\dfrac{y}{x},\\ y|_{x=2}=3.\end{cases}$$

将上述微分方程分离变量后积分得

$$xy=c,$$

又因为 $y|_{x=2}=3$,故

$$c=6,$$

从而所求曲线为

$$xy=6.$$

有些微分方程从形式上看不是可分离变量的方程,但只要作适当的变量代换,就可以化为可分离变量的方程.下面仅举一例说明这种方程的解法.

例 12.2.4 求方程 $\dfrac{\mathrm{d}y}{\mathrm{d}x}=\dfrac{1}{x-y}+1$ 的通解.

解 作变换 $z=x-y$ 且两边对 x 求导,得

$$z'_x=1-y'.$$

又因为 $\dfrac{\mathrm{d}y}{\mathrm{d}x}=\dfrac{1}{z}+1$,于是$\dfrac{\mathrm{d}z}{\mathrm{d}x}=1-\dfrac{1}{z}-1$,化简得

$$z\,\mathrm{d}z=-\mathrm{d}x,$$

两边积分得

$$z^2=-2x+c,$$

代回原变量代换得通解为

$$(x-y)^2=-2x+c.$$

例 12.2.5 有高为 1 m 的半球形容器,水从它的底部小孔流出,小孔的横截面面积为 1 cm^2(图 12.2.1).开始时容器内盛满了水,求水从小孔流出过程中容器里水面的高度 h(水面与孔口中心间的距离)随时间 t 的变化规律.

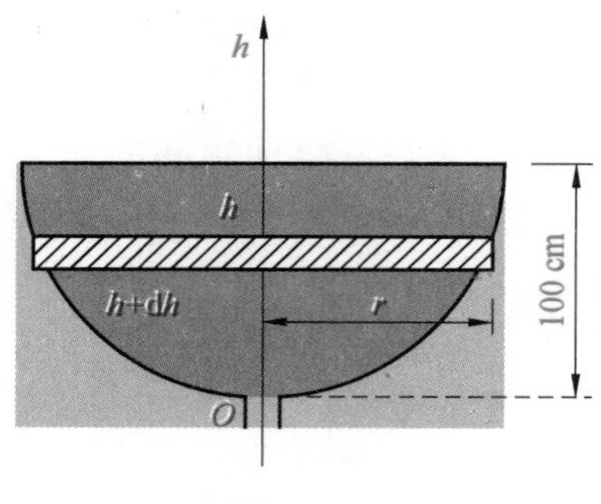

图 12.2.1

解 由力学知识得,水从孔口流出的流量为

$$Q=\frac{\mathrm{d}V}{\mathrm{d}t}=0.62\cdot S\sqrt{2gh}, \tag{1}$$

其中,0.62 为流量系数,S 为孔口截面面积,g 为重力加速度.

因为 $S=1\ \mathrm{cm}^2$,所以 $\mathrm{d}V=0.62\sqrt{2gh}\,\mathrm{d}t$.

设在微小的时间间隔 $[t,t+\Delta t]$ 上,水面的高度由 h 降至 $h+\Delta h$,则 $\mathrm{d}V=-\pi r^2\mathrm{d}h$,因为 $r=\sqrt{100^2-(100-h)^2}=\sqrt{200h-h^2}$,所以

$$dV=-\pi(200h-h^2)dh, \tag{2}$$

比较式(1)和式(2)得

$$-\pi(200h-h^2)dh=0.62\sqrt{2gh}\,dt,$$

即为未知函数的微分方程,则有

$$dt=-\frac{\pi}{0.62\sqrt{2g}}(200\sqrt{h}-\sqrt{h^3})dh,$$

两边积分得

$$t=-\frac{\pi}{0.62\sqrt{2g}}\left(\frac{400}{3}\sqrt{h^3}-\frac{2}{5}\sqrt{h^5}\right)+C,$$

又 $h\mid_{t=0}=100$,所以

$$C=\frac{\pi}{0.62\sqrt{2g}}\times\frac{14}{15}\times10^5,$$

故所求规律为

$$t=\frac{\pi}{4.65\sqrt{2g}}(7\times10^5-10^3\sqrt{h^3}+3\sqrt{h^5}).$$

12.2.2 齐次方程

如果一个一阶方程具有形式

$$\frac{dy}{dx}=f\left(\frac{y}{x}\right), \tag{12.2.4}$$

则称之为齐次方程.例如 $\frac{dy}{dx}=\frac{xy}{x^2-y^2}$ 是齐次方程,因为它可化为式(12.2.4)的形式

$$\frac{dy}{dx}=\frac{\frac{y}{x}}{1-\left(\frac{y}{x}\right)^2}.$$

在齐次方程 $\frac{dy}{dx}=f\left(\frac{y}{x}\right)$ 中,引进新的未知函数

$$u=\frac{y}{x}, \tag{12.2.5}$$

即可将齐次方程化为可分离变量的微分方程.因为由式(12.2.5)有 $y=ux$,故得

$$\frac{dy}{dx}=u+x\frac{du}{dx},$$

代入方程(12.2.4)中,便得方程

$$u+x\frac{du}{dx}=f(u),$$

即

$$x\frac{du}{dx}=f(u)-u,$$

分离变量,得

$$\frac{\mathrm{d}u}{f(u)-u}=\frac{\mathrm{d}x}{x},$$

两边积分,得

$$\int\frac{\mathrm{d}u}{f(u)-u}=\int\frac{\mathrm{d}x}{x}+c.$$

求出积分后,再以 $\frac{y}{x}$ 代替 u,便得给定齐次方程的通解.

例 12.2.6 求解方程 $\frac{\mathrm{d}y}{\mathrm{d}x}=\frac{xy}{x^2-y^2}$.

解 这是齐次方程,令 $y=ux$,得

$$u+x\frac{\mathrm{d}u}{\mathrm{d}x}=\frac{u}{1-u^2}$$

分离变量后,得

$$\frac{(1-u^2)\mathrm{d}u}{u^3}=\frac{\mathrm{d}x}{x},$$

两边积分后,得

$$-\frac{1}{2u^2}-\ln|u|=\ln|x|+c_1,$$

代回 $u=\frac{y}{x}$,得原方程的通解

$$y-c\mathrm{e}^{\frac{-x^2}{2y^2}}=0.$$

例 12.2.7 解方程 $y^2+x^2\frac{\mathrm{d}y}{\mathrm{d}x}=xy\frac{\mathrm{d}y}{\mathrm{d}x}$.

解 原方程可写为

$$\frac{\mathrm{d}y}{\mathrm{d}x}=\frac{y^2}{xy-x^2}=\frac{\left(\frac{y}{x}\right)^2}{\frac{y}{x}-1},$$

因此是齐次方程.令 $\frac{y}{x}=u$,则

$$y=ux,\quad \frac{\mathrm{d}y}{\mathrm{d}x}=u+x\frac{\mathrm{d}u}{\mathrm{d}x},$$

于是原方程变为

$$u+x\frac{\mathrm{d}u}{\mathrm{d}x}=\frac{u^2}{u-1},$$

即

$$x\frac{\mathrm{d}u}{\mathrm{d}x}=\frac{u}{u-1},$$

分离变量得

$$\left(1-\frac{1}{u}\right)\mathrm{d}u=\frac{\mathrm{d}x}{x},$$

两边积分,得

$$u-\ln|u|+c=\ln|x|.$$

即

$$\ln|ux|=u+c.$$

把 $\frac{y}{x}$ 代入上式中的 u,便得所给的通解为

$$\ln|y|=\frac{y}{x}+c.$$

例 12.2.8 如图 12.2.2 所示,探照灯的聚光镜的镜面是一张旋转曲面,其形状由 xOy 坐标面上的一条曲线 L 绕 x 轴旋转而成.按照聚光镜性能的要求,在旋转轴(x 轴)上一点 O(原点)处发出的一切光,经过其反射后都与旋转轴平行。求曲线 L 的方程.

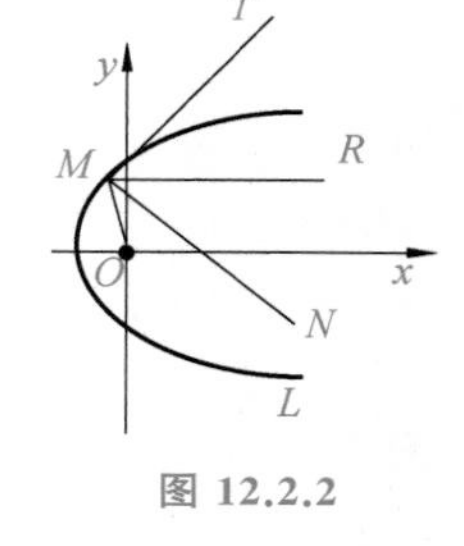

图 12.2.2

解 设 $L:y=y(x)$,$M(x,y)$ 为曲线 L 上的任一点,MT 为切线,斜率为 y',MN 为法线,斜率为 $-\frac{1}{y'}$.原点 O 处发出的一束光,经过 M 点反射后方向为 MR,与旋转轴平行.因为 $\angle OMN=\angle NMR$,所以 $\tan\angle OMN=\tan\angle NMR$,由夹角正切公式得

$$\begin{cases}\tan\angle OMN=\dfrac{-\dfrac{1}{y'}-\dfrac{y}{x}}{1-\dfrac{y}{xy'}},\\ \tan\angle NMR=\dfrac{1}{y'},\end{cases}$$

于是得微分方程

$$yy'^2+2xy'-y=0,$$

即

$$y'=-\frac{x}{y}\pm\sqrt{\left(\frac{x}{y}\right)^2+1},$$

令 $u=\frac{y}{x}$,得

$$u+x\frac{\mathrm{d}u}{\mathrm{d}x}=\frac{-1\pm\sqrt{1+u^2}}{u},$$

分离变量得

$$\frac{u\,\mathrm{d}u}{(1+u^2)\pm\sqrt{1+u^2}}=-\frac{\mathrm{d}x}{x},$$

令 $1+u^2=t^2$,得

$$\frac{t\,\mathrm{d}t}{t(t\pm1)}=-\frac{\mathrm{d}x}{x},$$

两边积分得

$$\ln|t\pm1|=\ln\left|\frac{C}{x}\right|,\quad 即\quad \sqrt{u^2+1}=\frac{C}{x}\pm1,$$

平方化简得

$$u^2=\frac{C^2}{x^2}+\frac{2C}{x},$$

代回 $u=\frac{y}{x}$，得曲线 L 的方程为

$$y^2=2C\left(x+\frac{C}{2}\right).$$

形如

$$\frac{\mathrm{d}y}{\mathrm{d}x}=\frac{a_1x+b_1y+c_1}{a_2x+b_2y+c_2}\quad (a_1,a_2,b_1,b_2,c_1,c_2\text{ 为常数，其中 }c_1,c_2\text{ 不全为 }0)\tag{12.2.6}$$

的方程称为可化为齐次方程的微分方程.下面分两种情况讨论：

①如果 $\frac{a_1}{a_2}=\frac{b_1}{b_2}=\lambda$，即 $a_1=\lambda a_2,b_1=\lambda b_2$，则方程(12.2.6)可化为

$$\frac{\mathrm{d}y}{\mathrm{d}x}=\frac{\lambda(a_2x+b_2y)+c_1}{(a_2x+b_2y)+c_2},\tag{12.2.7}$$

令 $z=a_2x+b_2y$，则

$$\frac{\mathrm{d}z}{\mathrm{d}x}=a_2+b_2\frac{\mathrm{d}y}{\mathrm{d}x},$$

将方程(12.2.7)代入上式得

$$\frac{\mathrm{d}z}{\mathrm{d}x}=a_2+b_2\frac{\lambda z+c_1}{z+c_2}.$$

这是一个可分离变量的方程，解出 z 后再用 $z=a_2x+b_2y$ 回代.

②如果 $\frac{a_1}{a_2}\neq\frac{b_1}{b_2}$，作变换 $\begin{cases}x=u+h,\\y=v+k,\end{cases}$ 其中 h,k 是待定常数，由 $\begin{cases}\mathrm{d}x=\mathrm{d}u,\\\mathrm{d}y=\mathrm{d}v\end{cases}$ 知 $\frac{\mathrm{d}y}{\mathrm{d}x}=\frac{\mathrm{d}v}{\mathrm{d}u}$，方程(12.2.6)化为

$$\frac{\mathrm{d}v}{\mathrm{d}u}=\frac{a_1u+b_1v+a_1h+b_1k+c_1}{a_2u+b_2v+a_2h+b_2k+c_2},\tag{12.2.8}$$

为将方程(12.2.8)化为齐次方程，可令 $\begin{cases}a_1h+b_1k+c_1=0,\\a_2h+b_2k+c_2=0,\end{cases}$ 由于 $\frac{a_1}{a_2}\neq\frac{b_1}{b_2}$，因此两直线相交于一点，从中一定能解出唯一的 h,k，则方程(12.2.8)变为

$$\frac{\mathrm{d}v}{\mathrm{d}u}=\frac{a_1u+b_1v}{a_2u+b_2v},$$

这是一个齐次方程，再按齐次方程的解法求出通解，最后回代 $u=x-h,v=y-k$ 即可得原

方程的通解.

例 12.2.9 求解 $\dfrac{dy}{dx}=\dfrac{x+2y+1}{2x+4y-1}$.

解 令 $x+2y=z$,并两边同时对 x 求导得

$$1+2y'=z',$$

代入原方程得

$$y'=\frac{z'-1}{2}=\frac{z+1}{2z-1},$$

化简得

$$z'=\frac{4z+1}{2z-1},$$

分离变量得

$$\frac{(2z-1)dz}{4z+1}=dx,$$

两边同时积分得

$$z-\frac{3}{4}\ln|4z+1|=2x+c_1,$$

代回原变量并移项,得

$$\frac{8y}{3}-\frac{4x}{3}=\ln|c(4x+8y+1)|,$$

即通解为

$$c^3(4x+8y+1)^3=e^{4(2y-x)}\quad(c\neq 0).$$

例 12.2.10 求解 $\dfrac{dy}{dx}=\dfrac{x+y-1}{x-y+1}$.

解 令 $\begin{cases}x=u+h,\\ y=v+k,\end{cases}$ $\dfrac{dy}{dx}=\dfrac{dv}{du}$,则方程变为

$$\frac{dv}{du}=\frac{(u+v)+(h+k-1)}{(u-v)+(h-k+1)},$$

由 $\begin{cases}h-k+1=0,\\ h+k-1=0\end{cases}$ 解出

$$\begin{cases}h=0,\\ k=1.\end{cases}$$

再解 $\dfrac{dv}{du}=\dfrac{u+v}{u-v}$,这是齐次方程,令 $v=uz$,两边同时对 u 求导得 $v'_u=z+uz'_u$,代入齐次方程后为

$$z+uz'_u=\frac{1+z}{1-z},$$

化简得

$$uz'_u=\frac{1+z^2}{1-z},$$

分离变量得

$$\frac{(1-z)\mathrm{d}z}{1+z^2}=\frac{\mathrm{d}u}{u},$$

两边积分得

$$\arctan z-\frac{\ln(1+z^2)}{2}=\ln|cu|.$$

代回原变量得通解为

$$\arctan\frac{y-1}{x}-\frac{\ln\left[1+\frac{(y-1)^2}{x^2}\right]}{2}=\ln|cx|\quad(c\neq 0).$$

12.2.3 一阶线性微分方程

在一阶微分方程中，如果其未知函数和未知函数的导数都是一次的，则称其为一阶线性微分方程.

一阶线性微分方程的一般形式为

$$\frac{\mathrm{d}y}{\mathrm{d}x}+P(x)y=Q(x),\tag{12.2.9}$$

其中 $P(x),Q(x)$ 都是 x 的已知连续函数.

若 $Q(x)=0$，则式(12.2.9)变为

$$\frac{\mathrm{d}y}{\mathrm{d}x}+P(x)y=0,\tag{12.2.10}$$

称为一阶线性齐次方程.

当 $Q(x)\neq 0$ 时，方程(12.2.9)称为一阶线性非齐次方程.下面分两步求它的通解：

(1)求一阶线性齐次方程的通解

方程(12.2.10)是可分离变量的方程，当 $y\neq 0$ 时可改写为

$$\frac{\mathrm{d}y}{y}=-P(x)\mathrm{d}x,$$

两边积分得 $\ln|y|=-\int P(x)\mathrm{d}x+C_1$，故通解为 $y=\pm\mathrm{e}^{-\int P(x)\mathrm{d}x+C_1}=C\mathrm{e}^{-\int P(x)\mathrm{d}x}$，$C$ 为任意常数.

(2)求一阶线性非齐次方程的通解

前面已求得一阶线性齐次方程(12.2.10)的通解为

$$y=C\mathrm{e}^{-\int P(x)\mathrm{d}x},\tag{12.2.11}$$

其中 C 为任意常数.现在设想非齐次方程(12.2.9)也有这种形式的解，但其中 C 不是任意常数，而是 x 的函数，即有

$$y=C(x)\mathrm{e}^{-\int P(x)\mathrm{d}x},\tag{12.2.12}$$

确定 $C(x)$ 之后，可得非齐次方程的通解.

将式(12.2.12)及其导数

$$y' = C'(x)e^{-\int P(x)dx} - C(x)P(x)e^{-\int P(x)dx}$$

代入方程(12.2.9)中，得

$$C'(x)e^{-\int P(x)dx} - C(x)P(x)e^{-\int P(x)dx} + C(x)P(x)e^{-\int P(x)dx} = Q(x),$$

即

$$C'(x)e^{-\int P(x)dx} = Q(x),$$

移项得

$$C'(x) = Q(x)e^{\int P(x)dx},$$

两边积分得

$$C(x) = \int Q(x)e^{\int P(x)dx} + C_1.$$

代入式(12.2.12)得式(12.2.9)的通解为

$$y = C(x)e^{-\int P(x)dx} = e^{-\int P(x)dx}\left[\int Q(x)e^{\int P(x)dx}dx + C_1\right]. \tag{12.2.13}$$

上述将相应齐次方程通解中任意常数 C 换为函数 $C(x)$ 求非齐次方程通解的方法，称为常数变易法.

在实际求解一阶线性方程时，可以把式(12.2.13)当作通解的公式来使用，但最好按照上述方法直接求解.

例 12.2.11　求方程 $\dfrac{dy}{dx} - \dfrac{2y}{x+1} = (x+1)^2$ 的通解.

解　先求对应的齐次方程

$$\frac{dy}{dx} - \frac{2}{x+1}y = 0$$

的通解，分离变量得

$$\frac{dy}{y} = \frac{2}{x+1}dx,$$

两边积分得

$$\ln|y| = 2\ln|x+1| + \ln C,$$

即

$$y = C(x+1)^2,$$

用常数变易法把 C 换成 $C(x)$，即令

$$y = C(x)(x+1)^2,$$

那么

$$y' = C'(x)(x+1)^2 + 2C(x)(x+1),$$

代入所给非齐次线性微分方程，得

$$C'(x) = 1,$$

两边积分得

$$C(x) = x + C,$$

回代得通解为

$$y=(x+1)^2(x+C).$$

例 12.2.12　求微分方程 $y\mathrm{d}x+(x-y^3)\mathrm{d}y=0(y>0)$ 的通解.

解　如果将方程改写为

$$y'+\frac{y}{x-y^3}=0,$$

则显然不是线性微分方程.

如果将原方程改写为

$$\frac{\mathrm{d}x}{\mathrm{d}y}+\frac{x-y^3}{y}=0,$$

即

$$\frac{\mathrm{d}x}{\mathrm{d}y}+\frac{1}{y}x=y^2,$$

将 x 看作 y 的函数，则它是形如

$$x'+P(y)x=Q(y)$$

的线性微分方程.运用公式(12.2.13)可得通解为

$$\begin{aligned}x&=\mathrm{e}^{-\int P(y)\mathrm{d}y}\left[\int Q(y)\mathrm{e}^{\int P(y)\mathrm{d}y}\mathrm{d}y+C_1\right]\\&=\mathrm{e}^{-\int\frac{1}{y}\mathrm{d}y}\left(\int y^2\mathrm{e}^{\int\frac{1}{y}\mathrm{d}y}\mathrm{d}y+C_1\right)\\&=\frac{1}{y}\left(\frac{1}{4}y^4+C_1\right)\\&=\frac{1}{4}y^3+\frac{C_1}{y}.\end{aligned}$$

12.2.4　伯努利方程

有一种方程，虽然看起来不是线性的，但在通过变量置换后，可以化为线性的，这种方程有如下形式：

$$\frac{\mathrm{d}y}{\mathrm{d}x}+P(x)y=Q(x)y^n\quad(n\neq 0,1),\tag{12.2.14}$$

并称之为伯努利方程.

当 $n=0$ 或 1 时，式(12.2.14)是一阶线性微分方程.

当 $n\neq 0$ 或 1 时，可以用 y^n 除全式得

$$y^{-n}y'+P(x)y^{1-n}=Q(x),$$

如果令 $z=y^{1-n}$，便有

$$\frac{1}{1-n}z'+P(x)z=Q(x),$$

或

$$z'+(1-n)P(x)z=(1-n)Q(x),$$

这是线性方程，求出通解后以 y^{1-n} 代回 z 便得到伯努利方程的通解.

例 12.2.13 求方程 $\dfrac{dy}{dx}+\dfrac{y}{x}=y^2\ln x$ 的通解.

解 以 y^2 除方程两端,得

$$y^{-2}\cdot y'+\frac{1}{x}y^{-1}=\ln x,$$

令 $z=y^{-1}$,则上式化为

$$-\frac{dz}{dx}+\frac{1}{x}z=\ln x,$$

这是一个线性方程,它的通解为

$$z=x\left(C-\frac{1}{2}\ln^2 x\right),$$

以 y^{-1} 代回 z,得所求方程的通解为

$$yx\left(C-\frac{1}{2}\ln^2 x\right)=1.$$

12.2.5* 全微分方程及其求法

若方程有全微分形式 $du(x,y)=P(x,y)dx+Q(x,y)dy$,则

$$P(x,y)dx+Q(x,y)dy=0 \tag{12.2.15}$$

称为全微分方程或恰当方程.例如,对于 $xdx+ydy=0$,有 $u(x,y)=\dfrac{1}{2}(x^2+y^2)$,$du(x,y)=xdx+ydy$,所以是全微分方程.

应用前面所学的曲线积分与路径无关的知识,有 $\dfrac{\partial P}{\partial y}=\dfrac{\partial Q}{\partial x}$,故方程(12.2.15)的通解为

$$\begin{aligned}u(x,y)&=\int_{x_0}^{x}P(x,y)dx+\int_{y_0}^{y}Q(x_0,y)dy\\&=\int_{y_0}^{y}Q(x,y)dy+\int_{x_0}^{x}P(x,y_0)dx,\quad u(x,y)=C.\end{aligned}$$

例 12.2.14 求方程 $(x^3-3xy^2)dx+(y^3-3x^2y)dy=0$ 的通解.

解 $\dfrac{\partial P}{\partial y}=-6xy=\dfrac{\partial Q}{\partial x}$ 是全微分方程,则有

$$u(x,y)=\int_0^x(x^3-3xy^2)dx+\int_0^y y^3dy=\frac{x^4}{4}-\frac{3}{2}x^2y^2+\frac{y^4}{4},$$

故原方程的通解为

$$\frac{x^4}{4}-\frac{3}{2}x^2y^2+\frac{y^4}{4}=C.$$

例 12.2.15 求方程 $\dfrac{2x}{y^3}dx+\dfrac{y^2-3x^2}{y^4}dy=0$ 的通解.

解 $\dfrac{\partial P}{\partial y}=-\dfrac{6x}{y^4}=\dfrac{\partial Q}{\partial x}$ 是全微分方程,将左端重新组合得

$$\frac{1}{y^2}dy+\left(\frac{2x}{y^3}dx-\frac{3x^2}{y^4}dy\right)=d\left(-\frac{1}{y}\right)+d\left(\frac{x^2}{y^3}\right)=d\left(-\frac{1}{y}+\frac{x^2}{y^3}\right),$$

故原方程的通解为

$$-\frac{1}{y}+\frac{x^2}{y^3}=C.$$

下表是一些常见的全微分表达式:

$\frac{x\mathrm{d}y-y\mathrm{d}x}{x^2}=\mathrm{d}\left(\frac{y}{x}\right)$	$\frac{x\mathrm{d}y-y\mathrm{d}x}{x^2}=\mathrm{d}\left(\frac{y}{x}\right)$
$\frac{x\mathrm{d}y-y\mathrm{d}x}{x^2+y^2}=\mathrm{d}\left(\arctan\frac{y}{x}\right)$	$\frac{x\mathrm{d}y+y\mathrm{d}x}{xy}=\mathrm{d}(\ln xy)$
$\frac{x\mathrm{d}x+y\mathrm{d}y}{x^2+y^2}=\mathrm{d}\left[\frac{1}{2}\ln(x^2+y^2)\right]$	
$\frac{x\mathrm{d}y-y\mathrm{d}x}{x^2-y^2}=\mathrm{d}\left(\frac{1}{2}\ln\frac{x+y}{x-y}\right)$	

从以上例题的解题过程可以看出,给定一个微分方程首先要判断它是哪一类方程:是否是一阶?变量是否可分离?是否为齐次方程?是否是线性的?如果是线性的,再区分是齐次的,还是非齐次的.最后按照不同方程的不同解法来求解方程.此过程也适用于12.3节开始讲的高阶方程的求解.

12.3 可降阶的高阶微分方程

前面讨论了几种一阶微分函数的求解问题,本节开始讨论二阶及二阶以上微分方程,即所谓高阶微分方程的求解问题.对于有些高阶微分方程,可以通过代换将其化为较低阶的方程来求解.

下面介绍三种容易降阶的高阶微分方程的求解方法.

12.3.1 $y^{(n)}=f(x)$情形

这种微分方程的右端仅含有自变量 x,容易看出,只要把 $y^{(n-1)}$ 作为新的未知函数,两边积分,就得到一个 $n-1$ 阶的微分方程

$$y^{(n-1)}=\int f(x)\mathrm{d}x+C_1,$$

同理可得

$$y^{(n-2)}=\int\left[\int f(x)\mathrm{d}x+C_1\right]\mathrm{d}x+C_2.$$

依此法继续进行,积分 n 次即可求得通解.

例 12.3.1 求微分方程 $y'''=\mathrm{e}^{2x}-\cos x$ 的通解.

解 对方程接连积分三次,分别得

$$y''=\frac{1}{2}e^{2x}-\sin x+C,$$

$$y'=\frac{1}{4}e^{2x}+\cos x+Cx+C_2,$$

$$y=\frac{1}{8}e^{2x}+\sin x+C_1x^2+C_2x+C_3\quad\left(C_1=\frac{C}{2}\right).$$

这就是所求的通解.

例 12.3.2 试求 $y''=x$ 经过点 $M(0,1)$ 且在此点与直线 $y=\frac{x}{2}+1$ 相切的积分曲线.

解 由题意,该问题可归结为如下微分方程的初值问题:

$$y''=x,\quad y|_{x=0}=1,\quad y'|_{x=0}=\frac{1}{2},$$

对方程 $y''=x$ 两边积分,得

$$y'=\frac{1}{2}x^2+\frac{1}{2},$$

由条件 $y'|_{x=0}=\frac{1}{2}$ 得 $C_1=\frac{1}{2}$,从而

$$y'=\frac{1}{2}x^2+\frac{1}{2},$$

对上式两边再积分一次,得

$$y=\frac{1}{6}x^3+\frac{1}{2}x+C_2.$$

由条件 $y|_{x=0}=1$ 得 $C_2=1$,故所求曲线为

$$y=\frac{x^3}{6}+\frac{x}{2}+1.$$

12.3.2 $F(x,y',y'')=0$ 情形

方程 $F(x,y',y'')=0$ 的左端不显含未知函数 y,如果设 $y'=p(x)$,那么 $y''=p'=\frac{dp}{dx}$,从而方程就变为 $F(x,p,p')=0$,这是一个关于变量 x,p 的微分方程.如果求出它的通解为 $P=\varphi(x,C_1)$,又因为 $P=\frac{dy}{dx}$,因此又得到一个一阶微分方程

$$\frac{dy}{dx}=\varphi(x,C_1),$$

对上式进行积分,便得通解为

$$y=\int\varphi(x,C_1)dx+C_2.$$

例 12.3.3 求方程 $y''-y'=e^x$ 的通解.

解 令 $y'=p(x)$,则 $y''=p'=\frac{dp}{dx}$,原方程化为

$$\frac{\mathrm{d}p}{\mathrm{d}x}-p=\mathrm{e}^{x},$$

这是一阶线性微分方程，可由一阶微分方程的解法得通解

$$p(x)=\mathrm{e}^{x}(x+C_{1}),$$

故原方程的通解为

$$y=\int \mathrm{e}^{x}(x+C_{1})\mathrm{d}x,$$

$$=x\mathrm{e}^{x}-\mathrm{e}^{x}+C_{1}\mathrm{e}^{x}+C_{2}.$$

例 12.3.4 求微分方程 $(1+x^{2})y''=2xy'$ 满足初始条件 $y|_{x=0}=1,y'|_{x=0}=3$ 的特解.

解 设 $y'=p(x)$，代入方程并分离变量后，得

$$\frac{\mathrm{d}p}{p}=\frac{2x}{1+x^{2}}\mathrm{d}x,$$

两端积分，得

$$\ln|p|=\ln(1+x^{2})+C,$$

即

$$P=y'=C_{1}(1+x^{2})\quad(C_{1}=\pm\mathrm{e}^{C}),$$

由条件 $y'|_{x=0}=3$，得

$$C_{1}=3,$$

所以

$$y'=3(1+x^{2}),$$

两端积分得

$$y=x^{3}+3x+C_{2},$$

又由条件 $y|_{x=0}=1$，得 $C_{2}=1$，于是所求特解为

$$y=x^{3}+3x+1.$$

12.3.3 $F(y,y',y'')=0$ 情形

方程 $F(y,y',y'')=0$ 的特点是不明显地含有自变量 x，令 $y'=p(y)$，利用复合函数的求导法则，把 y'' 代为对 y 的导数，即

$$y''=\frac{\mathrm{d}p}{\mathrm{d}x}=\frac{\mathrm{d}p}{\mathrm{d}y}\cdot\frac{\mathrm{d}y}{\mathrm{d}x}=p\cdot\frac{\mathrm{d}p}{\mathrm{d}y},$$

这样，方程化为

$$F(y,p,y'')=0,$$

这是一个关于 y,p 的微分方程.如果求出它的通解为

$$y'=P=\varphi(y,C_{1}),$$

那么分离变量并两端积分，便得原方程的通解为

$$\int\frac{\mathrm{d}y}{\varphi(y,C_{1})}=x+C_{2}.$$

例 12.3.5 求方程 $yy''-(y')^{2}=0$ 的通解.

解　令 $y'=p(x)$,则 $y''=\frac{dp}{dy}p$,原方程化为

$$yp\frac{\mathrm{d}p}{\mathrm{d}y}-p^2=0,$$

分离变量得

$$\frac{\mathrm{d}p}{p}=\frac{\mathrm{d}y}{y},$$

两边积分得

$$p=C_1y,$$

即

$$\frac{\mathrm{d}y}{\mathrm{d}x}=C_1y,$$

再分离变量得

$$\frac{1}{y}\mathrm{d}y=C_1\mathrm{d}x,$$

两边积分得方程通解

$$y=C_2\mathrm{e}^{C_1x}.$$

例 12.3.6　求方程 $y''=3\sqrt{y}$ 满足初始条件 $y\,|_{x=0}=1, y'\,|_{x=0}=2$ 的通解.

解　令 $y'=p(y)$,则

$$y''=p\frac{\mathrm{d}p}{\mathrm{d}x},$$

原方程化为

$$p\frac{\mathrm{d}p}{\mathrm{d}y}=3y^{\frac{1}{2}},$$

分离变量得

$$p\mathrm{d}y=3y^2\mathrm{d}y,$$

两边积分得

$$\frac{1}{2}P^2=2y^{\frac{3}{2}}+C_1,$$

由 $x=0$ 有

$$y'=P(y)=2,\quad y=1,$$

可得

$$C_1=0,$$

故

$$y'=P=\pm 2y^{\frac{3}{4}}.$$

又由于 $y''=3\sqrt{y}>0$,所以 $y'=2y^{\frac{3}{4}}$,即

$$\frac{\mathrm{d}y}{\mathrm{d}x}=2y^{\frac{3}{4}},$$

分离变量并积分得

$$4y^{\frac{1}{4}}=2x+C_2,$$

由当 $x=0$ 时 $y=1$ 可得

$$C_2=4,$$

从而特解为

$$y=\left(\frac{1}{2}x+1\right)^4.$$

12.4 线性微分方程解的性质与解的结构

一个 n 阶微分方程，如果方程中出现的未知函数及未知函数的各阶导数都是一次的，则称该方程为 n 阶线性微分方程，它的一般形式为

$$y^{(n)}+p_1(x)y^{(n-1)}+\cdots+p_{n-1}(x)y'+p_n(x)y=f(x), \tag{12.4.1}$$

其中 $p_1(x),\cdots,p_n(x),f(x)$ 都是 x 的连续函数.

若 $f(x)=0$，则方程(12.4.1)变为

$$y^{(n)}+p_1(x)y^{(n-1)}+\cdots+p_{n-1}(x)y'+p_n(x)y=0, \tag{12.4.2}$$

方程(12.4.2)称为 n 阶线性齐次方程.

当 $n=2$ 时，方程(12.4.1)和方程(12.4.2)分别写为

$$y''+p_1(x)y'+p_2(x)y=f(x), \tag{12.4.3}$$

$$y''+p_1(x)y'+p_2(x)y=0. \tag{12.4.4}$$

下面讨论二阶线性微分方程的解具有的一些性质，事实上，二阶线性微分方程的这些性质，对于 n 阶线性微分方程也成立.

定理 12.4.1 设 $y_1(x)$ 与 $y_2(x)$ 是方程(12.4.4)的两个解，则 $y=C_1y_1(x)+C_2y_2(x)$ 也是方程(12.4.4)的解，其中 C_1,C_2 是任意常数.

证 由假设有

$$y_1''(x)+p_1(x)y_1'(x)+p_2(x)y_1(x)=0,$$

$$y_2''(x)+p_1(x)y_2'(x)+p_2(x)y_2(x)=0,$$

将 $y=C_1y_1(x)+C_2y_2(x)$ 代入方程(12.4.4)左边得

$$\begin{aligned}&[C_1y_1(x)+C_2y_2(x)]''+p_1(x)[C_1y_1(x)+C_2y_2(x)]'+\\&\qquad p_2(x)[C_1y_1(x)+C_2y_2(x)]\\=&C_1[y_1''(x)+p_1(x)y_1'(x)+p_2(x)y_1(x)]+\\&C_2[y_2''(x)+p_1(x)y_2'(x)+p_2(x)y_2(x)]\\=&0.\end{aligned}$$

由此看来，如果 $y_1(x)$ 与 $y_2(x)$ 是方程(12.4.4)的解，那么 $C_1y_1(x)+C_2y_2(x)$ 就是方程(12.4.4)含有两个任意常数的解.但是，它是否为方程(12.4.4)的通解呢？为了解决这个问题，需要引入两个函数线性无关的概念.

如果 $y_1(x)$ 与 $y_2(x)$ 中任意一个都不是另一个的常数倍,也就是说 $\dfrac{y_1(x)}{y_2(x)}$ 不恒等于非零常数,则称 $y_1(x)$ 与 $y_2(x)$ 线性无关,否则称 $y_1(x)$ 与 $y_2(x)$ 线性相关.

例如,函数 $y_1(x)=x^2$ 与 $y_2(x)=x$,它们的比值不等于非零常数,所以 $y_1(x)$ 与 $y_2(x)$ 是线性无关的.

在定理 12.4.1 中须注意,并不是任意两个解的线性组合都是方程(12.4.4)的通解.

例如,$y_1(x)=\mathrm{e}^x$ 与 $y_2(x)=2\mathrm{e}^x$ 都是方程 $y''-y'=0$ 的解,但方程

$$y=C_1y_1(x)+C_2y_2(x)=(C_1+2C_2)\mathrm{e}^x$$

实际上只含有一个任意常数 $C=C_1+2C_2$,y 就不是该方程的通解.那么怎样的解才能构成通解呢？事实上,有下面的定理.

定理 12.4.2 设 $y_1(x)$ 与 $y_2(x)$ 是方程(12.4.4)的两个线性无关的解,则

$$y=C_1y_1(x)+C_2y_2(x)\quad(C_1,C_2\text{ 是任意常数})$$

就是方程(12.4.4)的通解.

例如,函数 $y_1(x)=1$ 与 $y_2(x)=\mathrm{e}^x$ 是方程 $y''-y'=0$ 的解,易知 $y_1(x)$ 与 $y_2(x)$ 线性无关,所以该方程的通解为 $y=C_1+C_2\mathrm{e}^x$.

定理 12.4.2 不难推广到 n 阶齐次线性方程.

推论 1 如果 $y_1(x),y_2(x),\cdots,y_n(x)$ 是 n 阶齐次线性方程

$$y^{(n)}+p_1(x)y^{(n-1)}+\cdots+p_{n-1}(x)y'+p_n(x)y=0$$

的 n 个线性无关的解,那么,此方程的通解为

$$y=C_1y_1(x)+C_2y_2(x)+\cdots+C_ny_n(x),$$

其中 $C_1,C_2,\cdots,C_n$ 为任意常数.

下面讨论二阶非齐次线性方程(12.4.3),并把方程(12.4.4)叫做与非齐次方程(12.4.3)对应的齐次方程.

定理 12.4.3 设 $y_1(x)$ 是方程(12.4.3)的一个特解,$y_2(x)$ 是相应的齐次方程(12.4.4)的通解,则 $Y=y_1(x)+y_2(x)$ 是方程(12.4.3)的通解.

证 因为 $y_1(x)$ 是方程(12.4.3)的一个特解,即

$$y_1''(x)+p_1(x)y_1'(x)+p_2(x)y_1(x)=0,$$

又 $y_2(x)$ 是方程(12.4.4)的通解,即

$$y_2''(x)+p_1(x)y_2'(x)+p_2(x)y_2(x)=f(x),$$

对 $Y=y_1(x)+y_2(x)$ 有

$$\begin{aligned}
&Y''+p_1(x)Y'+p_2(x)Y\\
&=[y_1''(x)+y_2''(x)]+p_1(x)[y_1''(x)+y_2''(x)]+p_2(x)[y_1(x)+y_2(x)]\\
&=[y_1''(x)+p_1(x)y_1'(x)+p_2(x)y_1(x)]+[y_2''(x)+p_1(x)y_2'(x)+p_2(x)y_2(x)]\\
&=f(x)+0=f(x),
\end{aligned}$$

因此 $Y=y_1(x)+y_2(x)$ 是方程(12.4.3)的解;又因 $y_1(x)$ 是方程(12.4.3)的特解,$y_2(x)$ 是方程(12.4.4)的通解,在其中含有两个任意常数,故 $y_1(x)+y_2(x)$ 也含有两个任意常数,所以它们是非齐次方程(12.4.3)的通解.

例如，方程 $y''+y=x^2$ 是二阶非齐次线性微分方程，已知 $y_1(x)=C_1\cos x+C_2\sin x$ 对应齐次方程 $y''+y=0$ 的通解；又容易验证 $y_2(x)=x^2-2$ 是方程 $y''+y=x^2$ 的一个特解，因此 $Y=C_1\cos x+C_2\sin x+x^2-2$ 是方程 $y''+y=x^2$ 的通解.

非齐次线性方程(12.4.3)的特解有时可用下述定理来帮助求出.

定理 12.4.4 设 $y_1(x)$，$y_2(x)$ 分别是方程 $y''(x)+p_1(x)y'(x)+p_2(x)y(x)=f_1(x)$ 和 $y''(x)+p_1(x)y'(x)+p_2(x)y(x)=f_2(x)$ 的解，则 $y_1(x)+y_2(x)$ 是方程 $y''(x)+p_1(x)y'(x)+p_2(x)y(x)=f_1(x)+f_2(x)$ 的解.

定理 12.4.4 请读者自证.此定理通常称为线性微分方程的解的叠加原理，定理 12.4.3 和定理 12.4.4 也可推广到 n 阶非齐次线性方程，这里不再赘述.

12.5 常系数齐次线性微分方程

在实际中应用较多的一类高阶微分方程是二阶常系数线性微分方程.下面先讨论它的解法，再把二阶方程的解法推广到 n 阶方程.

二阶常系数线性微分方程的一般形式为

$$y''+py'+qy=f(x), \tag{12.5.1}$$

其中 p，q 为常数，$f(x)$ 为 x 的已知函数，当 $f(x)=0$ 时方程叫做齐次的，当 $f(x)\neq 0$ 时，方程叫做非齐次的，本节主要讨论齐次的，即

$$y''+py'+qy=0. \tag{12.5.2}$$

由定理 12.4.2 求方程(12.5.2)的通解，只需求出它的两个线性无关的特解.由于方程(12.5.2)的左端是关于 y''，y'，y 的线性关系式，且系数都为常数.而当 r 为常数时，指数函数 e^{rx} 及其各阶导数都只差一个常数因子，因此用 $y=e^{rx}$ 来尝试，看能否取到适当的常数 r，使得 $y=e^{rx}$ 满足方程(12.5.2).

对 $y=e^{rx}$ 求导，得 $y'=re^{rx}$，$y''=r^2e^{rx}$，把 y''，y'，y 代入方程(12.5.2)得

$$(r^2+pr+q)e^{rx}=0,$$

由于 $e^{rx}\neq 0$，所以

$$r^2+pr+q=0, \tag{12.5.3}$$

这是一元二次方程，有两个根

$$r_{1,2}=\frac{-p\pm\sqrt{p^2-4q}}{2},$$

因此，如果 r_1 和 r_2 分别为方程(12.5.3)的根，则 $y=e^{r_1x}$，$y=e^{r_2x}$ 就都是方程(12.5.2)的特解.代数方程(12.5.3)称为微分方程的特征方程，它的根称为特征根.

下面就特征方程根的三种情况讨论方程(12.5.2)的通解.

(1)特征方程有两个不等的实根

当 $p^2-4q>0$ 时，特征方程(12.5.3)有两个不相等的实根 r_1 和 r_2，这时 $y_1=e^{r_1x}$ 和 $y_2=e^{r_2x}$ 就是方程(12.5.2)的两个特解.由于 $\dfrac{y_1}{y_2}=\dfrac{e^{r_1x}}{e^{r_2x}}\neq$ 常数，所以 y_1，y_2 线性无关，故方程(12.5.2)的通解为

$$y=C_1e^{r_1x}+C_2e^{r_2x}.$$

(2)特征方程有两个相等的实根

当 $p^2-4q=0$ 时，$r=r_1=r_2=-\frac{p}{2}$，这时仅得方程(12.5.2)的一个特解 $y_1=e^{r_1x}$，要想求通解，还需找一个与 $y_1=e^{r_1x}$ 线性无关的特解 y_2，既然 $\frac{y_1}{y_2}\neq$ 常数，则必有

$$\frac{y_1}{y_2}=u(x),$$

其中 $u(x)$ 为待定函数.设 $y_2=u(x)e^{rx}$，则

$$y_2'=e^{rx}[ru(x)+u'(x)],\quad y_2''=e^{rx}[r^2u(x)+2ru'(x)+u''(x)],$$

代入方程(12.5.2)整理后得

$$e^{rx}[u''(x)+(2r+p)u'(x)+(r^2+pr+q)u(x)]=0,$$

因 $e^{rx}\neq 0$，且 r 为特征方程(12.5.3)的重根，故 $r^2+pr+q=0$ 及 $2r+p=0$，于是上式变为 $u''(x)=0$，可得 $u(x)=D_1x+D_2$，其中 D_1,D_2 为任意常数，取最简单的 $u(x)=x$，于是 $y_2=xe^{rx}$，故方程(12.5.2)的通解为

$$y=e^{r_1x}(C_1+C_2x).$$

(3)特征方程有一对共轭复根

当 $p^2-4q<0$ 时，特征方程(12.5.3)有两个复根 $r_1=\alpha+i\beta,r_2=\alpha-i\beta$，因此，方程(12.5.2)有两个特解 $y_1=e^{(\alpha+i\beta)x},y_2=e^{(\alpha-i\beta)x}$，它们是线性无关的，故方程(12.5.2)的通解为

$$y_1=C_1e^{(\alpha+i\beta)x}+C_2e^{(\alpha-i\beta)x},$$

这是复数函数形式的解.为了表示为实数函数形式的解，利用欧拉公式得

$$e^{(\alpha\pm i\beta)x}=e^{\alpha x}\quad(\cos\beta x\pm i\sin\beta x),$$

故有 $\frac{y_1+y_2}{2}=e^{\alpha x}\cos\beta x,\frac{y_1-y_2}{2i}=e^{\alpha x}\sin\beta x$.

由定理 12.4.1 知，$e^{\alpha x}\cos\beta x,e^{\alpha x}\sin\beta x$ 也是方程(12.5.2)的特解.显然它们是线性无关的，因此，方程(12.5.2)的通解为

$$y=e^{\alpha x}(C_1\cos\beta x+C_2\sin\beta x).$$

综上所述，求二阶常系数齐次线性微分方程 $y''+py'+qy=0$ 的通解的步骤是：

①写出微分方程(12.5.2)的特征方程 $r^2+pr+q=0$；

②求出特征方程(12.5.3)的两个根；

③根据特征方程(12.5.3)的两个根的不同情形，按照下列表格写出微分方程(12.5.2)的通解.

特征方程 $r^2+pr+q=0$ 的两个根 r_1,r_2	微分方程 $y''+py'+qy=0$ 的通解
两个不相等的实根 r_1,r_2	$y=C_1e^{r_1x}+C_2e^{r_2x}$
两个相等的实根 r_1,r_2	$y=e^{r_1x}(C_1+C_2x)$
一对共轭复根 $r_{1,2}=\alpha\pm i\beta$	$y=e^{\alpha x}(C_1\cos\beta x+C_2\sin\beta x)$

例 12.5.1　求微分方程 $y''-2y'-8y=0$ 的通解.

解　所给微分方程为

$$r^2-2r-8=0,$$

其根为

$$r_1=4,\quad r_2=-2,$$

因此所求通解为

$$y=C_1e^{4x}+C_2e^{-2x}.$$

例 12.5.2　求方程 $\frac{d^2s}{dt^2}+2\frac{ds}{dt}+s=0$ 满足初始条件 $s|_{t=0}=4,s'|_{t=0}=-2$ 的特解.

解　所给微分方程的特征方程为

$$r^2+2r+1=0,$$

其根为

$$r_1=r_2=1,$$

因此,所求通解为

$$s=(C_1+C_2t)e^{-t}.$$

将上式对 t 求导,得

$$s'=(C_2-C_1-C_2t)e^{-t},$$

然后将条件 $s|_{t=0}=4$ 代入通解,得

$$C_1=4,$$

再把条件 $s'|_{t=0}=-2$ 代入一阶导数公式 s',得

$$C_2-C_1=-2,$$

于是 $C_2=2$,所求特解为

$$s=(4+2t)e^{-t}.$$

例 12.5.3　求微分方程 $y''+6y'+25y=0$ 的通解.

解　所给方程的特征方程为

$$r^2+6r+25=0,$$

其根为

$$r_{1,2}=-3\pm 4i.$$

因此所求微分方程的通解为

$$y=e^{-3x}(C_1\cos 4x+C_2\sin 4x).$$

上面讨论二阶常系数齐次线性微分方程时所用的方法以及方程通解的形式,可推广到 n 阶常系数齐次线性微分方程中,对此不再详细讨论,只简单地叙述如下.

n 阶常系数齐次线性微分方程的一般形式是

$$y^{(n)}+p_1y^{(n-1)}+p_2y^{(n-2)}+\cdots+p_{n-1}y+p_n=0, \tag{12.5.4}$$

其中 $p_1,p_2,\cdots,p_n$ 都是常数,它的特征方程为

$$r^n+p_1r^{n-1}+p_2r^{n-2}+\cdots+p_{n-1}r+p_n=0. \tag{12.5.5}$$

根据特征方程的根的情况,可写出对应的解如下表所列.

特征方程的根	微分方程通解中对应项
单实根 r	给出一项：Ce^{rx}
一对单复根 $r_{1,2}=\alpha\pm i\beta$	给出两项：$e^{\alpha x}(C_1\cos\beta x+C_2\sin\beta x)$
k 重实根 r	给出 k 项 $e^{rx}(C_1+C_2x+\cdots+C_kx^{k-1})$
一对 k 重复根 $r_{1,2}=\alpha\pm i\beta$	给出 $2k$ 项： $e^{\alpha x}[(C_1+C_2x+\cdots+C_kx^{k-1})\cos\beta x+(D_1+D_2x+\cdots+D_kx^{k-1})\sin\beta x]$

从代数学知道，n 次代数方程有 n 个根(重根按重数计算)，而特征方程的每一个根都对应着通解中的一项，且每项各含有一个任意常数，这样就得到 n 阶常系数齐次线性微分方程的通解

$$y=C_1y_1+C_2y_2+\cdots+C_ny_n.$$

例 12.5.4 求方程 $y^{(4)}-2y'''+5y''=0$ 的通解.

解 特征方程为

$$r^4-2r^3+5r^2=0,$$

即

$$r^2(r^2-2r+5)=0,$$

它的根是

$$r_1=r_2=0 \quad 和 \quad r_{3,4}=1\pm 2i,$$

因此，所求通解为

$$y=C_1+C_2+e^x(C_3\cos 2x+C_4\sin 2x).$$

12.6* 二阶常系数非齐次线性微分方程

本节主要讨论二阶常系数非齐次线性微分方程

$$y''+py'+qy=f(x) \tag{12.6.1}$$

的解法，并对 n 阶方程的解法做必要说明.

12.6.1 非齐次项为多项式与指数函数之积的情形

方程(12.6.1)变为

$$y''+py'+qy=P_n(x)e^{\lambda x}. \tag{12.6.2}$$

方程(12.6.2)的右端是一个 n 次多项式 $P_n(x)$ 与一个指数函数 $e^{\lambda x}$ 的乘积，由求导规则可推测方程(12.6.2)的一个特解也是一个多项式 $g(x)$ 与指数函数 $e^{\lambda x}$ 的乘积，为此设特解为

$$\bar{y}=g(x)e^{\lambda x},$$

对特解求导后代入方程(12.6.2)，得

$$[g''(x)+2\lambda g'(x)+\lambda^2 g(x)]e^{\lambda x}+p[g'(x)+\lambda g(x)]e^{\lambda x}+qg(x)e^{\lambda x}=P_n(x)e^{\lambda x},$$

整理得

$$g''(x)+(2\lambda+p)g'(x)+(\lambda^2+p\lambda+q)g(x)e^{\lambda x}=P_n(x).$$

下面就三种情况讨论：

①当 $\lambda^2+p\lambda+q\neq 0$ 时，即当 λ 不是方程(12.6.2)对应的齐次方程的特征根时，$g(x)$ 应是一个 n 次多项式，可设特解为

$$\bar{y}=g_n(x)e^{\lambda x};$$

②当 $\lambda^2+p\lambda+q=0$，而 $2\lambda+p\neq 0$ 时，即当 λ 是特征方程的根，但不是重根时，$g(x)$ 应是一个 $n+1$ 次多项式，可设特解为

$$\bar{y}=g_{n+1}(x)e^{\lambda x}\quad 或\quad \bar{y}=xg_n(x)e^{\lambda x};$$

③当 $\lambda^2+p\lambda+q=0$ 且 $2\lambda+p=0$ 时，即当 λ 是特征方程的重根时，$g(x)$ 应是一个 $n+2$ 次多项式，可设特解为

$$\bar{y}=g_{n+2}(x)e^{\lambda x}\quad 或\quad \bar{y}=x^2g_n(x)e^{\lambda x}.$$

综上所述，方程(12.6.2)的特解具有形式

$$y=\begin{cases}g_n(x)e^{\lambda x}, & \lambda\text{ 不是特征方程的根},\\ xg_n(x)e^{\lambda x}, & \lambda\text{ 是特征根，但不是重根},\\ x^2g_n(x)e^{\lambda x}, & \lambda\text{ 为特征方程的重根},\end{cases}$$

其中 $g_n(x)$ 是一个与 $P_n(x)$ 有相同次数、系数待定的多项式.

上述结论可推广到 n 阶常系数非齐次线性微分方程，但要注意特征方程含根 λ 的重复次数，即若 λ 是 k 重根，则特解设为 $\bar{y}=x^k g_n(x)e^{\lambda x}$.

例 12.6.1 求微分方程 $y''-5y'+6y=xe^{2x}$ 的通解.

解 所给方程对应的齐次方程为

$$y''-5y'+6y=0,$$

所给方程的特征方程为

$$r^2-5r+6=0,$$

其根为

$$r_1=2,\quad r_2=3,$$

于是，所给方程对应的齐次方程的通解为

$$Y=C_1e^{2x}+C_2e^{3x}.$$

由于 $\lambda=2$ 是特征方程的单根，所以应设特解 $\bar{y}$ 为

$$\bar{y}=x(Ax+B)e^{2x},$$

把它代入所给方程，得

$$-2Ax+2A-B=x,$$

比较等式两端的系数，得

$$\begin{cases}-2A=1,\\ 2A-B=0,\end{cases}$$

解得

$$A=-\frac{1}{2},\quad B=-1.$$

因此所求特解为

$$\bar{y}=x\left(-\frac{1}{2}x-1\right)e^{2x},$$

从而所求通解为

$$y=C_1e^{2x}+C_2e^{3x}-x\left(\frac{1}{2}x+1\right)e^{2x}.$$

12.6.2* 非齐次项为多项式与指数函数、正弦函数之积的情形

方程(12.6.1)变为

$$y''+py'+qy=e^{\lambda x}[P_l(x)\cos\omega x+P_n(x)\sin\omega x], \tag{12.6.3}$$

式中，$P_l(x)$ 表示一个 l 次多项式，$P_n(x)$ 表示一个 n 次多项式. 利用欧拉公式，得

$$\begin{aligned}&e^{\lambda x}(P_l\cos\omega x+P_n\sin\omega x)\\&=e^{\lambda x}\left(P_l\frac{e^{i\omega x}+e^{-i\omega x}}{2}+P_n\frac{e^{i\omega x}-e^{-i\omega x}}{2i}\right)\\&=\left(\frac{P_l}{2}+\frac{P_n}{2i}\right)e^{(\lambda+i\omega)x}+\left(\frac{P_l}{2}-\frac{P_n}{2i}\right)e^{(\lambda-i\omega)x}\\&=P(x)e^{(\lambda+i\omega)x}+\bar{P}(x)e^{(\lambda-i\omega)x},\end{aligned}$$

其中：

- 设 $y''+py'+qy=P(x)e^{(\lambda+i\omega)x}$，则有特解 $\bar{y}_1=x^kQ_me^{(\lambda+i\omega)x}$；
- 设 $y''+py'+qy=\bar{P}(x)e^{(\lambda-i\omega)x}$，则有特解 $\bar{y}_2=x^k\bar{Q}_me^{(\lambda-i\omega)x}$.

故特解为

$$\begin{aligned}\bar{y}&=x^ke^{\lambda x}(Q_me^{i\omega x}+\bar{Q}_me^{-i\omega x})\\&=x^ke^{\lambda x}[R_m^{(1)}(x)\cos\omega x+R_m^{(2)}(x)\sin\omega x],\end{aligned}$$

其中，$R_m^{(1)}(x)$，$R_m^{(2)}(x)$ 是 m 次多项式，$m=\max\{l,n\}$，$k=\begin{cases}0, & \lambda\pm i\omega\ \text{不是根},\\1, & \lambda\pm i\omega\ \text{是单根}.\end{cases}$

注意 上述结论可推广到 n 阶常系数非齐次线性微分方程.

例 12.6.2 求微分方程 $y''+y=4\sin x$ 的通解.

解 对应齐次方程的通解为

$$Y=C_1\cos x+C_2\sin x,$$

作辅助方程

$$y''+y=4e^{ix},$$

因 $\lambda=i$ 是特征方程的单根，故

$$\bar{y}^*=Axe^{ix},$$

代入辅助方程得 $2Ai=4$，则

$$A=-2i,$$

进而

$$\bar{y}^* = -2\mathrm{i}x\mathrm{e}^{\mathrm{i}x} = 2x\sin x - (2x\cos x)\mathrm{i},$$

所求非齐次方程的特解为

$$\bar{y} = -2x\cos x \quad (\text{取虚部}),$$

故原方程的通解为

$$y = C_1\cos x + C_2\sin x - 2x\cos x.$$

例 12.6.3　求微分方程 $y'' + y = x\cos 2x$ 的通解.

解　对应齐次方程的通解为

$$Y = C_1\cos x + C_2\sin x,$$

作辅助方程

$$y'' + y = x\mathrm{e}^{2\mathrm{i}x},$$

因 $\lambda = 2\mathrm{i}$ 不是特征方程的根，设 $\bar{y}^* = (Ax + B)\mathrm{e}^{2\mathrm{i}x}$，代入辅助方程得 $\begin{cases} 4A\mathrm{i} - 3B = 0, \\ -3A = 1, \end{cases}$ 则

$$A = -\frac{1}{3}, \quad B = -\frac{4}{9}\mathrm{i},$$

所以

$$\bar{y}^* = \left(-\frac{1}{3}x - \frac{4}{9}\mathrm{i}\right)\mathrm{e}^{2\mathrm{i}x} = \left(-\frac{1}{3}x - \frac{4}{9}\mathrm{i}\right)(\cos 2x + \mathrm{i}\sin 2x)$$
$$= -\frac{1}{3}x\cos 2x + \frac{4}{9}\sin 2x - \left(\frac{4}{9}\cos 2x + \frac{1}{3}x\sin 2x\right)\mathrm{i},$$

所求非齐次方程的特解为

$$\bar{y} = -\frac{1}{3}x\cos 2x + \frac{4}{9}\sin 2x \quad (\text{取实部}),$$

故原方程的通解为

$$y = C_1\cos x + C_2\sin x - \frac{1}{3}x\cos 2x + \frac{4}{9}\sin 2x.$$

注意　$A\mathrm{e}^{\lambda x}\cos\omega x$，$A\mathrm{e}^{\lambda x}\sin\omega x$ 分别是 $A\mathrm{e}^{(\lambda+\mathrm{i}\omega)x}$ 的实部和虚部.

习题 12

1.简述微分方程的概念及其分类.

2.指出下列各微分方程的阶数：

(1) $x(y')^2 - 2yy' + x = 0$；　(2) $x^2y'' - xy' + y = 0$；

(3) $xy''' + 2y'' + x^2y = 0$；　(4) $(7x - 6y)\mathrm{d}x + (x + y)\mathrm{d}y = 0$；

(5) $\dfrac{\mathrm{d}^2s}{\mathrm{d}t^2} + \dfrac{\mathrm{d}s}{\mathrm{d}t} = 0$；　(6) $y^{(4)} - y''' + 5y = \sin x$.

3.在下列各题中，验证所给的函数是否为微分方程的解.如果是，则指明是通解还是特解.

(1) $xy' = 2y$，$y = 5x^2$；

(2) $y'' + y = 0$，$y = 3\sin x - 4\cos x$；

(3) $y''-2y'+y=0, y=x^2e^2$;

(4) $y''-(\lambda_1+\lambda_2)y'+\lambda_1\lambda_2 y=0, y=c_1e^{\lambda_1 x}+c_2e^{\lambda_2 x}$;

(5) $(x-2y)y'=2x-y, x^2-xy+y^2=c$;

(6) $(xy-x)y''+x(y')^2+yy'-2y'=0, y=\ln(xy)$.

4.若 $y=\cos\omega t$ 是微分方程 $\dfrac{d^2y}{dt^2}+9y=0$ 的解,求 ω 的值.

5.求下列方程的通解:

(1) $y'=3x^2(1+y^2)$;

(2) $2(xy+x)y'=y$;

(3) $(y+x^2y)dy=(xy^2-x)dx$;

(4) $yy'=2(xy+x)$;

(5) $ye^{x+y}dy=dx$;

(6) $\dfrac{dy}{dx}=\left(\dfrac{y+1}{x+1}\right)^2$;

(7) $\sec^2x\tan y\,dx+\sec^2y\tan x\,dy=0$;

(8) $\cos x\sin y\,dx+\sin x\cos y\,dy=0$.

6.求下列方程满足给定初值条件的特解:

(1) $y'+2y=0, y|_{x=0}=100$;

(2) $dy=x(2y\,dx-x\,dy), y|_{x=1}=4$;

(3) $y'\sin x=y\ln y, y|_{x=\frac{\pi}{2}}=e$;

(4) $y'=e^{2x-y}, y|_{x=0}=0$.

7.经过点(2,1)作一曲线,使该曲线上任意一点 p_0 处的切线跟原点与 p 点的连线相重合,求该曲线的方程.

8.求下列齐次方程的通解:

(1) $x^2y'+y^2=xyy'$;

(2) $xy'=y\ln\dfrac{y}{x}$;

(3) $\left(x+y\cos\dfrac{y}{x}\right)=xy'\cos\dfrac{y}{x}$;

(4) $(x^2-2y^2)dx+xy\,dy=0$;

(5) $x^2y'=3(x^2+y^2)\arctan\dfrac{y}{x}+xy$;

(6) $x\sin\dfrac{y}{x}\cdot\dfrac{dy}{dx}=y\sin\dfrac{y}{x}+x$.

9.求下列齐次方程满足所给初始条件的特解:

(1) $(y^2-3x^2)dy+2xy\,dy=0, y|_{x=0}=1$;

(2) $y'=\dfrac{x}{y}+\dfrac{y}{x}, y|_{x=1}=2$;

(3) $(x^2+2xy-y^2)dx+(y^2+2xy-x^2)dy=0, y|_{x=1}=1$.

10.化下列方程为齐次方程,并求出通解:

(1) $\dfrac{dy}{dx}=\dfrac{x-2y+2}{x-2y+1}$;

(2) $\dfrac{dy}{dx}=\dfrac{3x-y+1}{x+y+1}$;

(3) $(x+y)dx+(3x+3y-4)dy=0$;

(4) $(3y-7x+7)dx+(7y-3x+3)dy=0$.

11.求下列各线性方程的通解:

(1) $x\dfrac{dy}{dx}-3y=x^4$;

(2) $(1+x^2)dy+2xy\,dx=\cot x\,dx$;

(3) $y'+y\tan x=\sec x$;

(4) $y'+\dfrac{y}{1-x}=x^2-x$;

(5) $y'+y\cos x=e^{-\sin x}$;

(6) $y'+y\tan x=\sin 2x$;

(7) $(x^2-1)y'+2xy-\cos x=0$;

(8) $y^2dx+(3xy-4y^3)dy=0$.

12.求下列各方程满足初值条件的特解:

(1) $\frac{dy}{dx}-y\tan x=\sec x, y|_{x=0}=0$;　　(2) $\frac{dy}{dx}+\frac{y}{x}=\frac{\sin x}{x}, y|_{x=\pi}=1$;

(3) $\frac{dy}{dx}+y\cot x=5e^{\cos x}, y|_{x=\frac{\pi}{2}}=-4$;　　(4) $\frac{dy}{dx}+3y=8, y|_{x=0}=2$;

(5) $\frac{dy}{dx}+\frac{2-3x^2}{x^3}y=1, y|_{x=1}=0$.

13.求下列伯努利方程的通解:

(1) $xy'+y=x^4y^3$;　　(2) $y\mathrm{d}x+(ax^2y^n-2x)\mathrm{d}y=0$;

(3) $\frac{dy}{dx}+y=y^2(\cos x-\sin x)$;　　(4) $x\mathrm{d}y-[y+xy^3(1+\ln x)]\mathrm{d}x=0$.

14.求下列微分方程的通解:

(1) $y''=2x+\cos x$;　　(2) $x^3y^{(4)}=1$;

(3) $xy''=y'\ln y'$;　　(4) $y''-\frac{y'}{x}=0$;

(5) $\frac{1}{(y')^2}y''=\cot y$;　　(6) $y''=y'[1+(y')^2]$;

(7) $xy''+y'=\ln x$;　　(8) $yy''-2(y')^2=0$;

(9) $y''=(y')^3+y'$.

15.求下列各微分方程满足所给初始条件的特解:

(1) $y^3y''+1=0, y|_{x=1}=1, y'|_{x=1}=0$;

(2) $y''-a(y')^2=0, y|_{x=0}=0, y'|_{x=0}=-1$;

(3) $y'''=e^{ax}, y|_{x=1}=y'|_{x=1}=y''|_{x=1}=0$;

(4) $y''=e^{2y}, y|_{x=0}=y'|_{x=0}=0$;

(5) $y''+(y')^2=1, y|_{x=0}=0, y'|_{x=0}=0$.

16.试求 $xy''=y'+x^2$ 经过点(1,0)且在此点处的切线与直线 $y=3x-3$ 垂直的积分曲线.

17.判定下列各组函数哪些是线性相关的,哪些是线性无关的:

(1) $e^{\alpha x}, e^{\beta x}(\alpha=\beta)$;　　(2) $e^{\alpha x}\cos\beta x, e^{\alpha x}\sin\beta x$;

(3) $(\cos x-\sin x)^2, \sin 2x$;　　(4) $x, x-1$;

(5) xe^{ax}, e^{ax};　　(6) $e^x, \sin 2x$;

(7) $\sin 2x, \cos x\sin x$;　　(8) $x, \ln x$.

18.验证下列函数 $y_1(x)$ 和 $y_2(x)$ 是否为所给方程的解.若是,则说明能否由它们组成通解,并写出通解.

(1) $y''+y'-2y=0, y_1(x)=e^x, y_2(x)=2e^x$;

(2) $y''+y'=0, y_1(x)=\sin x, y_2(x)=\cos x$;

(3) $y''-4y'+4y=0, y_1(x)=e^{2x}, y_2(x)=xe^{2x}$.

19.证明:如果函数 $y_1(x)$ 和 $y_2(x)$ 是方程 $y''+p(x)y'+q(x)y=f(x)$ 的两个解,那么 $y_1(x)-y_2(x)$ 是方程 $y''+p(x)y'+q(x)y=0$ 的解.

20.求下列方程的通解:

(1) $y''-5y'+6y=0$；

(2) $2y''+y'-y=0$；

(3) $y''-2y'+y=0$；

(4) $y''+2y'+5y=0$；

(5) $3y''-2y'-8y=0$；

(6) $y''+y'=0$；

(7) $\frac{d^2s}{dt^2}-4\frac{ds}{dt}+4s=0$；

(8) $y''-2\sqrt{3}y'+3y=0$；

(9) $y^{(4)}-y=0$；

(10) $y^{(4)}+2y''+y=0$.

21.求下列微分方程的解：

(1) $y''-4y'+3y=0, y|_{x=0}=6, y'|_{x=0}=10$；

(2) $y''-3y'-4y=0, y|_{x=0}=0, y'|_{x=0}=-5$；

(3) $y''+4y'+29y=0, y|_{x=0}=0, y'|_{x=0}=15$；

(4) $y''+4y'+y=0, y|_{x=0}=2, y'|_{x=0}=0$；

(5) $2y''+3y=2\sqrt{6}y', y|_{x=0}=0, y'|_{x=0}=1$.

22. $y''+9y=0$ 的一条积分曲线过点$(\pi,1)$，且在该点处与直线 $y+1=x-\pi$ 相切，求此曲线.

23.求下列微分方程的通解：

(1) $2y''+y'-y=2e^x$；

(2) $y''+a^2y=e^x$；

(3) $2y''+5y'=5x^2-2x-1$；

(4) $y''+3y'+2y=3xe^{-x}$；

(5) $y''-6y'+9y=(x+1)e^{3x}$；

(6) $y''+5y'+4y=3-2x$；

(7) $y''+y=e^x+\cos x$；

(8) $y''-y=\sin^2 x$.

24.求下列微分方程满足所给初始条件的特解：

(1) $y''-3y'+2y=5, y|_{x=0}=1, y'|_{x=0}=2$；

(2) $y''+2y+\sin 2x=0, y|_{x=\pi}=1, y'|_{x=\pi}=1$；

(3) $y''-y=4xe^x, y|_{x=0}=0, y'|_{x=0}=1$.

25. 设函数 $\varphi(x)$ 连续，且满足 $\varphi(x)=e^x+\int_0^x(t-x)\varphi(t)dt$，求 $\varphi(x)$.

26.已知某曲线经过点(1,1)，它的切线在纵轴上的截距等于切点的横坐标，求它的方程.

27. 设可导函数 $\varphi(x)$ 满足 $\varphi(x)\cos x+2\int_0^x\varphi(t)\sin t\,dt=x+1$，求 $\varphi(x)$.

28*.已知函数 $y(x)$ 是微分方程 $y'+xy=e^{-\frac{1}{2}x^2}$ 满足条件 $y(0)=0$ 的特解.

(1)求 $y(x)$；

(2)求曲线 $y=y(x)$ 的凹凸区间及拐点.

29*.已知微分方程 $y'+y=f(x)$，其中 $f(x)$ 是 R 上的连续函数.

(1)若 $f(x)=x$，求方程的通解；

(2)其中 $f(x)$ 是周期为 T 的函数，证明：方程存在唯一以 T 为周期的解.

30*.已知函数 $y(x)$ 满足微分方程 $y'+2y'+ky=0$，其中 $0<k<1$.

(1)证明反常积分 $\int_0^{+\infty}y(x)dx$ 收敛；

(2)若 $y(0)=1, y'(0)=1$，求$\int_0^{+\infty}y(x)dx$ 的值.

综合练习 3

1.单项选择题.

(1)设 $z=f(x,y)$ 在点(x_0,y_0)处连续,则下列说法中正确的是(   ).

A. $z=f(x,kx)$ 在 $x=x_0$ 处一定连续

B. $z=f(x,y_0)$ 在 $x=x_0$ 处与 $z=f(x_0,y)$ 在 $y=y_0$ 处仅有一个连续

C. $z=f(x,y_0)$ 与 $z=f(x_0,y)$ 分别在 $x=x_0$ 与 $y=y_0$ 处连续

D. $z=f(x,y_0)$ 在 $x=x_0$ 处与 $z=f(x_0,y)$ 在 $y=y_0$ 处都不一定连续

(2)已知反常积分 $\int_0^{+\infty}\frac{1}{1+kx^2}\mathrm{d}x$ 收敛于 $1(k>0)$,则 $k=$(   ).

A. $\frac{\pi}{2}$　　B. $\frac{\pi^2}{2}$　　C. $\frac{\sqrt{\pi}}{2}$　　D. $\frac{\pi^2}{4}$

(3)下列级数中绝对收敛的是(   ).

A. $\sum_{n=1}^{\infty}(-1)^{n-1}\frac{n}{2n-1}$　　B. $\sum_{n=1}^{\infty}(-1)^{\frac{n(n+1)}{2}}\frac{n!}{3^n}$

C. $\sum_{n=1}^{\infty}(-1)^{n-1}\frac{n^3}{2^n}$,　　D. $\sum_{n=1}^{\infty}(-1)^{n-1}\frac{\sqrt{n}}{n+100}$

(4)设 $\rho=\sqrt{(\Delta x)^2+(\Delta y)^2}$,则函数 $z=f(x,y)$ 在点(x_0,y_0)处可微的充分条件是(   ).

A. $f(x,y)$ 在点(x_0,y_0)处连续

B. $f(x,y)$ 在点(x_0,y_0)处存在偏导数

C. $\lim\limits_{\rho\to 0}[\Delta z-f'_x(x_0,y_0)\Delta x-f'_y(x_0,y_0)\Delta y]=0$

D. $\lim\limits_{\rho\to 0}\frac{\Delta z-f'_x(x_0,y_0)\Delta x-f'_y(x_0,y_0)\Delta y}{\rho}=0$

(5)若 $\iint\limits_D \mathrm{d}x\mathrm{d}y=1$,则积分区域 D 为(   ).

A.由 x 轴、y 轴及 $x+y-2=0$ 所围成的区域

B.由 $x=1,x=2$ 及 $y=2,y=4$ 所围成的区域

C.由 $|x|=\frac{1}{2},|y|=\frac{1}{2}$ 所围成的区域

D.由 $|x+y|=1,|x-y|=1$ 所围成的区域

(6)下列二元函数在点(0,0)处不可微的是(   ).

A. $f(x,y)=\begin{cases}\dfrac{x^2y^2}{x^2+y^2}, & x^2+y^2\neq 0,\\ 0, & x^2+y^2=0\end{cases}$

B. $f(x,y)=\begin{cases}xy\dfrac{x^2-y^2}{x^2+y^2}, & x^2+y^2\neq 0,\\ 0, & x^2+y^2=0\end{cases}$

C. $f(x,y)=\begin{cases}xy\dfrac{x-y}{x^2+y^2}, & x^2+y^2\neq 0,\\ 0, & x^2+y^2=0\end{cases}$

D. $f(x,y)=\begin{cases}xy\dfrac{x-y}{\sqrt{x^2+y^2}}, & x^2+y^2\neq 0,\\ 0, & x^2+y^2=0\end{cases}$

2.填空题.

(1)级数 $\sum\limits_{n=1}^{\infty}\dfrac{1}{n^p}$ 收敛,则参数 p 满足的条件为________;

(2)设 $z=\ln(x+y^2)$,则 $dz|_{(0,1)}=$________,$\dfrac{\partial^2 z}{\partial x\partial y}=$________;

(3)交换积分次序:$\int_0^1 dy\int_0^{\sqrt{y}} f(x,y)dx=$________;

(4)设级数 $\sum\limits_{n=1}^{\infty}u_n$ 的部分和 $S_n=\dfrac{3n}{n+1}$,则 $u_n=$________,该级数的和为________;

(5)函数 $f(x)=\ln x$ 展开成 $x-1$ 的幂级数为________,后者的收敛域为________;

(6)微分方程 $y^2dx+(x^2-1)dy=0$ 的通解为________.

3. 计算二重积分 $\iint\limits_D e^{-(x^2+y^2)}d\sigma$,其中 $D=\{(x,y)\mid x\in\mathbf{R},y\in\mathbf{R}\}$,并计算概率积分 $\int_{-\infty}^{+\infty}e^{-x^2}dx$.

4.设 $z=e^{xy}\sin(x+y)$,求$\dfrac{\partial z}{\partial x}$.

5.设 $z=z(x,y)$ 由方程 $x^3+y^3+z^3+xyz=6$ 所确定,求偏导函数 $\dfrac{\partial z}{\partial x}$ 在点$(1,2,-1)$处的值.

6.求 $\iint\limits_D x^2y\,dx\,dy$,其中 D 是由 $y=x$、$y=\dfrac{x}{2}$ 和 $x=2$ 所围成的区域.

7.求 $\iint\limits_D xy\,dx\,dy$,其中 D 是由 $x=2,y=0,y=x^2-x$ 所围成的图形.

8. $z=f(x,y)$ 由 $xyz+\sqrt{x^2+y^2+z^2}=\sqrt{2}$ 所确定,求 $dz|_{(1,0,-1)}$.

9.求级数 $\sum\limits_{n=1}^{\infty}(-1)^n\dfrac{(2x-5)^n}{2n-1}$ 的收敛域.

10.设有幂级数 $\sum\limits_{n=1}^{\infty}\frac{x^n}{n}$，求：

(1)该级数的收敛域；

(2)在其收敛域内的和函数.

11.求数项级数 $\sum\limits_{n=1}^{\infty}\left[\frac{(-1)^n}{4^n n}+\frac{3^n}{n!}\right]$ 的和.

12.求级数 $\sum\limits_{n=1}^{\infty}(-1)^{n-1}\frac{x^{n+1}}{n}$ 的和函数 $S(x)$.

13.设 $0<a<1$，证明：函数 $f(x)=\int_a^x e^{-t^2}dt+\int_1^x\frac{\sin t}{t}dt$ 在区间 $(a,1)$ 内有唯一零点.

14.方程 $F\left(\frac{y}{z},\frac{z}{x}\right)=0$ 确定 $z=f(x,y)$，$F(u,v)$ 有连续的偏导数，试证：$x\frac{\partial z}{\partial x}+y\frac{\partial z}{\partial y}=z$.

15.求二元函数 $f(x,y)=-x^3-y^3-9x^2+3y^2-24x+9y+1$ 的极值.

16.二元函数 $f(x,y)=\begin{cases}\frac{xy}{x^2+y^2}, & (x,y)\neq(0,0),\\ 0, & (x,y)=(0,0),\end{cases}$ 问：

(1) $f(x,y)$ 在点(0,0)处是否连续？说明理由.

(2) $f(x,y)$ 在点(0,0)处关于 y 的一阶偏导数是否存在？说明理由.

17.设平面图形由 $y=\sqrt{x}$，$x=1$，$x=4$，$y=0$ 所围成，试求：

(1) $\iint\limits_D dx\,dy$；

(2)此平面图形绕 y 轴旋转而成的旋转体体积.

18.设生产某种产品的数量与所用两种原料A，B的数量 x，y 间有关系式 $Q(x,y)=0.005x^2y$，欲用150元购料，已知A，B原料的单价分别为1元和2元，问购进两种原料各多少，可使生产的产品数量最多？

19.某厂家生产的一种产品分别在两个市场销售，销售量分别为 x 和 y，边际收益分别为 $R_1'(x)=120-10x$，$R_2'(y)=200-40y$，总成本函数为 $C(x,y)=35+40(x+y)$，问厂家如何确定两个市场的销售量，能使其获得的总利润最大？最大利润是多少？此时两市场的销售价格是多少？

20.求由方程 $y^2-2xy+3=0$ 确定的曲线 $y=f(x)$ 在点(2,1)处的法线方程.

21.将 $\ln x$ 展开成 $x-1$ 的幂级数.

22.交换积分次序：$\int_0^1 dx\int_0^x f(x,y)dy+\int_1^2 dx\int_0^{2-x}f(x,y)dy$.

23.已知 $D=\{(x,y)\mid x^2+y^2\leqslant\pi\}$，求 $\iint\limits_D\sin(x^2+y^2)dx\,dy$.

24.设函数 $f(u,v)$ 具有2阶连续偏导数，$y=f(e^x,\cos x)$，求 $\left.\frac{dy}{dx}\right|_{x=0}$ 和 $\left.\frac{d^2y}{dx^2}\right|_{x=0}$.

25.求 $\lim\limits_{n\to k}\sum\limits_{k=1}^{n}\frac{k}{n^2}\ln\left(1+\frac{k}{n}\right)$.

26.已知函数 $y(x)$ 由方程 $x^3+y^3-3x+3y-2=0$ 所确定,求 $y(x)$ 的极值.

27.已知平面区域 $D=\left\{(r,\theta)\middle|2\leqslant r\leqslant 2(1+\cos\theta),-\frac{\pi}{2}\leqslant\theta\leqslant\frac{\pi}{2}\right\}$,试计算二重积分 $\iint\limits_{D}x\,\mathrm{d}x\,\mathrm{d}y$.

28.设函数 $y(x)$ 满足方程 $y''+2y''+y=0$,若 $y(0)=1,y'(0)=1$,求 $\int_0^{+\infty}y(x)\mathrm{d}x$ 的值.

29.设函数 $f(x,y)$ 满足 $\frac{\partial f(x,y)}{\partial x}=(2x+1)\mathrm{e}^{2x-y}$,且 $f(0,y)=y+1$,L_t 是从点 $(0,0)$ 到点 $(1,t)$ 的光滑曲线,试计算曲线积分 $I(t)=\int_{L_t}\frac{\partial f(x,y)}{\partial x}\mathrm{d}x+\frac{\partial f(x,y)}{\partial y}\mathrm{d}y$,并求 $I(t)$ 的最小值.

30.设有界区域 Ω 由平面 $2x+y+2z=2$ 与三个坐标平面围成,Σ 为 Ω 整个表面的外侧,试计算曲面积分 $I=\iint\limits_{\Sigma}(x^2+1)\mathrm{d}y\mathrm{d}z-2y\mathrm{d}z\mathrm{d}x+3z\mathrm{d}x\mathrm{d}y$.

综合练习 4

1.单项选择题.

(1)直线 $\frac{x-1}{1}=\frac{y}{-4}=\frac{z+3}{1}$ 与平面 $\frac{x}{2}=\frac{y+2}{-2}=\frac{z}{-1}$ 的夹角为(　　).

A. 0　　B. $\frac{\pi}{4}$　　C. $\frac{\pi}{3}$　　D. $\frac{\pi}{2}$

(2)设函数 $f(x,y)$ 可微,且 $f(x+1,e^x)=x(x+1)^2$,$f(x,x^2)=2x^2\ln x$,则 $df(1,1)=$(　　).

A. $dx+dy$　　B. $dx-dy$　　C. dy　　D. $-dy$

(3)设 $f(x,y)$ 是连续函数,则 $\int_0^1 dy\int_{-\sqrt{1-y^2}}^{1-y} f(x,y)dx=$(　　).

A. $\int_0^1 dx\int_1^{x-1} f(x,y)dy+\int_{-1}^0 dx\int_0^{\sqrt{1-x^2}} f(x,y)dy$

B. $\int_0^1 dx\int_1^{1-x} f(x,y)dy+\int_{-1}^0 dx\int_{-\sqrt{1-x^2}}^0 f(x,y)dy$

C. $\int_0^{\frac{\pi}{2}} d\theta\int_0^{\frac{1}{\cos\theta+\sin\theta}} f(r\cos\theta,r\sin\theta)dr+\int_{\frac{\pi}{2}}^{\pi} d\theta\int_0^1 f(r\cos\theta,r\sin\theta)dr$

D. $\int_0^{\frac{\pi}{2}} d\theta\int_0^{\frac{1}{\cos\theta+\sin\theta}} f(r\cos\theta,r\sin\theta)r\,dr+\int_{\frac{\pi}{2}}^{\pi} d\theta\int_0^1 f(r\cos\theta,r\sin\theta)r\,dr$

(4)设 $\frac{(x+ay)dx+ydy}{(x+y)^2}$ 为某二元函数的全微分,则 $a=$(　　).

A.0　　B.1　　C.2　　D.3

(5)设 $\{u_n\}$ 是单调增加的有界数列,则下列级数中收敛的是(　　).

A. $\sum_{n=1}^{\infty}\frac{u_n}{n}$　　B. $\sum_{n=1}^{\infty}\frac{(-1)^n}{u_n}$

C. $\sum_{n=1}^{\infty}\left(1-\frac{u_n}{u_{n+1}}\right)$　　D. $\sum_{n=1}^{\infty}(u_{n+1}^2-u_n^2)$

(6)函数 $y=c_1e^x+c_2e^{-2x}+xe^x$ 满足的一个微分方程是(　　).

A. $y''-y'-2y=3xe^x$　　B. $y''-y'-2y=3e^x$

C. $y''+y'-2y=3xe^x$　　D. $y''+y'-2y=3e^x$

2.填空题.

(1)过点 $(1,-2,4)$ 且与平面 $2x-3y+z-1=0$ 垂直的直线方程为________;

(2)设函数 $f(u)$ 可导,$z=f(\sin y-\sin x)+xy$,则 $\frac{1}{\cos x}\cdot\frac{\partial z}{\partial x}+\frac{1}{\cos y}\cdot\frac{\partial z}{\partial y}=$

________；

(3)交换二次积分的积分次序：$\int_{-1}^{0}\mathrm{d}y\int_{2}^{1-y}f(x,y)\mathrm{d}x=$________；

(4)若曲线积分 $\int_L \dfrac{x\mathrm{d}x-ay\mathrm{d}y}{x^2+y^2-1}$ 在区域 $D=\{(x,y)\mid x^2+y^2<1\}$ 内与路径无关，则 $a=$

________；

(5)幂级数 $\sum\limits_{n=0}^{\infty}\dfrac{(-1)^n}{(2n)!}x^n$ 在$(0,+\infty)$内的和函数 $S(x)=$________；

(6)微分方程 $y'+xy=\mathrm{e}^{-\frac{x^2}{2}}$ 满足条件 $y(0)=0$ 的特解为________.

3.设函数 $f(u,v)$ 具有二阶连续偏导数，$y=f(\mathrm{e}^x,\cos x)$，求$\left.\dfrac{\mathrm{d}y}{\mathrm{d}x}\right|_{x=0}$，$\left.\dfrac{\mathrm{d}^2y}{\mathrm{d}x^2}\right|_{x=0}$.

4.设函数 $f(u,v)$ 可微，$z=z(x,y)$ 由方程$(x+1)z-y^2=x^2f(x-z,y)$ 所确定，求$\mathrm{d}z\big|_{(0,1)}$.

5.已知函数 $y(x)$ 由方程 $x^3+y^3-3x+3y-2=0$ 所确定，求 $y(x)$ 的极值.

6.求 $f(x,y)=x^3+8y^3-xy$ 的极值.

7.将长为 2 m 的铁丝分成三段，依次围成圆、正方形和正三角形，问三个图形的面积之和是否存在最小值？若存在，求出最小值.

8.计算二重积分 $I=\iint\limits_D|x^2+y^2-1|\mathrm{d}\sigma$，其中区域 $D=\{(x,y)\mid 1\leqslant x\leqslant 1,1\leqslant y\leqslant 1\}$.

9.设区域 $D=\{(x,y)\mid x^2+y^2\leqslant 1,x\geqslant 0\}$，计算二重积分 $I=\iint\limits_D\dfrac{1+xy}{1+x^2+y^2}\mathrm{d}x\mathrm{d}y$.

10.已知平面区域 $D=\left\{(\rho,\theta)\mid 2\leqslant\rho\leqslant 2(1+\cos\theta),-\dfrac{\pi}{2}\leqslant\theta\leqslant\dfrac{\pi}{2}\right\}$，计算二重积分 $\iint\limits_D x\mathrm{d}x\mathrm{d}y$.

11.设曲线 $(x^2+y^2)^2=x^2-y^2(x\geqslant 0,y\geqslant 0)$ 与 x 轴所围成的区域为 D，求二重积分 $\iint\limits_D xy\mathrm{d}x\mathrm{d}y$.

12.计算 $\int_L(y^2\sin x+x^2y^5)\mathrm{d}s$，其中曲线 L 为 $x^2+y^2=2$.

13.计算 $\oint_L xyz\mathrm{d}z$，其中 L 是用平面 $y=z$ 截球面 $x^2+y^2+z^2=1$ 所得的截痕，从 z 轴的正向看沿逆时针方向.

14.计算 $\oint_L\dfrac{\mathrm{d}x+\mathrm{d}y}{|x|+|y|}$，其中 L 是以点 $A(1,0)$，$B(0,1)$，$C(-1,0)$，$D(0,-1)$ 为顶点的正方形的正向周界.

15.计算 $\oint_L -2x^3y\mathrm{d}x+x^2y^2\mathrm{d}y$，其中 L 为 $x^2+y^2\geqslant 1$ 与 $x^2+y^2\leqslant 2y$ 所围区域的正向边界.

16.计算 $\int_L (2xy^3-y^3\cos x)\mathrm{d}x+(1-2y\sin x+3x^2y^2)\mathrm{d}y$，其中 L 为抛物线 $2x=\pi y^2$ 上的由点 $(0,0)$ 到 $\left(\frac{\pi}{2},1\right)$ 的一段弧.

17.计算 $\oint_L (y-z)\mathrm{d}x+(z-x)\mathrm{d}y+(x-y)\mathrm{d}z$，其中 L 为柱面 $x^2+y^2=a^2$ 与平面 $\frac{x}{a}+\frac{z}{b}=1(a>0,b>0)$ 的交线，从 z 轴正向看为逆时针方向.

18.计算 $\oiint\limits_{\Sigma}(ax+by+cz+d)^2\mathrm{d}S$，其中曲面 $\Sigma: x^2+y^2+z^2=R^2(R>0)$.

19.计算 $\iint\limits_{\Sigma} z\mathrm{d}S$，其中曲面 Σ 为 $z=\sqrt{x^2+y^2}$ 在柱体 $x^2+y^2\leqslant 2x$ 内的部分.

20.计算 $\iint\limits_{\Sigma}(2x+z)\mathrm{d}y\mathrm{d}z+z\mathrm{d}x\mathrm{d}y$，其中曲面 $\Sigma: z=x^2+y^2(0\leqslant z\leqslant 1)$，其法向量与 z 轴正向的夹角为锐角.

21.计算 $\oiint\limits_{\Sigma}\frac{1}{x}\mathrm{d}y\mathrm{d}z+\frac{1}{y}\mathrm{d}x\mathrm{d}z+\frac{1}{z}\mathrm{d}x\mathrm{d}y$，其中曲面 Σ 为球面 $x^2+y^2+z^2=a^2$ 的外侧.

22.计算 $\oiint\limits_{\Sigma}\frac{\mathrm{e}^z\mathrm{d}x\mathrm{d}y}{\sqrt{x^2+y^2}}$，其中曲面 Σ 为锥面 $z=\sqrt{x^2+y^2}$ 及平面 $z=1,z=2$ 所围成的空间闭区域的整个边界曲面的外侧.

23.计算 $\iint\limits_{S}\frac{x\mathrm{d}y\mathrm{d}z+z^2\mathrm{d}x\mathrm{d}y}{x^2+y^2+z^2}$，其中 S 为柱面 $x^2+y^2=R^2$ 及平面 $z=R,z=-R(R>0)$ 所围成的立体表面的外侧.

24.设薄片型物体 S 是圆锥面 $z=\sqrt{x^2+y^2}$ 被柱面 $z^2=2x$ 割下的有限部分，其上任一点的密度为 $\mu(x,y,z)=9\sqrt{x^2+y^2+z^2}$. 记圆锥面与柱面的交线为 C.

(1)求 C 在 xOy 面上的投影曲线的方程；

(2)求 S 的质量 M.

25.设 Σ 为曲面 $x=\sqrt{1-3y^2-3z^2}$ 的前侧，计算曲面积分 $\iint\limits_{\Sigma}x\mathrm{d}y\mathrm{d}z+(y^2+2)\mathrm{d}z\mathrm{d}x+z^2\mathrm{d}x\mathrm{d}y$.

26.设 Σ 为曲面 $z=\sqrt{x^2+y^2}(x^2+y^2\leqslant 4)$ 的下侧，$f(x)$ 为连续函数，计算

$$I=\iint\limits_{\Sigma}[xf(xy)+2xy-y]\mathrm{d}y\mathrm{d}z+[yf(xy)+2y+x]\mathrm{d}z\mathrm{d}x+[zf(xy)+z]\mathrm{d}x\mathrm{d}y.$$

27.求下列级数的收敛域：

(1) $\sum\limits_{n=1}^{\infty}\frac{(-1)^n}{2n-1}(x+1)^{2n}$；　　(2) $\sum\limits_{n=0}^{\infty}\frac{n^2+1}{2^n n!}x^n$；

(3) $\sum\limits_{n=1}^{\infty}\frac{(n-1)^2}{n+1}x^n$；　　(4) $\sum\limits_{n=1}^{\infty}\frac{(-1)^{n+1}}{4n^2-1}x^{2n+1}$.

28.将函数 $f(x)=\frac{1}{2x+4}$ 展开成 $x-1$ 的幂级数.

29.求级数 $\sum_{n=0}^{\infty} \frac{x^{2n}}{2n+1}$ 的和函数 $S(x)$.

30.求微分方程 $2yy' - y^2 - 2 = 0$ 满足条件 $y(0) = 1$ 的特解.

31.设函数 $f(u)$ 二阶连续可导，$z = f(e^x \cos y)$ 满足 $\frac{\partial^2 z}{\partial x^2} + \frac{\partial^2 z}{\partial y^2} = (4z + e^x \cos y)e^{2x}$，若 $f(0) = 0, f'(0) = 0$，求 $f(u)$ 的表达式.

参考文献

[1] 同济大学应用数学系.高等数学.7版.北京:高等教育出版社,2014.

[2] 吴传生.经济数学——微积分.北京:高等教育出版社,2003.

[3] 钱吉林,等.高等数学辞典.武汉:华中师范大学出版社,1999.

[4] 郭镜明,等.美国微积分教材精粹选编.北京:高等教育出版社,2012.

[5] 齐民友,等.高等数学.2版.北京:高等教育出版社,2019.

[6] 齐民友,等.微积分学学习指导.2版.武汉:武汉大学出版社,2019.

[7] 湛少锋,等.高等数学学习与提高.武汉:武汉大学出版社,2009.

[8] 华东师范大学数学系.数学分析.北京:高等教育出版社,2001.